有机禽营养与饲养

NUTRITION AND FEEDING OF ORGANIC POULTRY

[加] Robert Blair　编著

顾宪红　宋志刚　邓胜齐　主译

顾宪红　审校

中国农业大学出版社

·北京·

内容简介

本书系统地阐述了有机禽生产的基本原理、品种选择、饲料原料、日粮配制及养殖技术等方面的专业知识，同时对有机禽营养与饲养过程中所面临的问题进行了深入分析，不但可以向广大有机禽生产者在日粮配制、饲养方案制订等方面提供指导和帮助，而且对有关权威机构进一步修订和完善有机禽饲养标准有一定的借鉴作用。

本书可供我国种植业和养殖业相关管理部门、家禽生态养殖企业、农业科研机构及农业中高等学校相关专业的师生阅读。

图书在版编目(CIP)数据

有机禽营养与饲养/(加)布莱尔编著；顾宪红，宋志刚，邓胜齐主译.—北京：中国农业大学出版社，2012.12

书名原文：Nutrition and Feeding of Organic Poultry

ISBN 978-7-5655-0609-3

Ⅰ.①有… Ⅱ.①布…②顾…③宋…④邓… Ⅲ.①家禽-营养学②家禽-饲养管理-无污染工艺 Ⅳ.①S83

中国版本图书馆 CIP 数据核字(2012)第 231189 号

书　　名　有机禽营养与饲养(Nutrition and Feeding of Organic Poultry)

作　　者　Robert Blair　编著　　顾宪红　宋志刚　邓胜齐　主译

策划编辑　宋俊果　　**责任编辑**　王艳欣

封面设计　郑　川　　**责任校对**　陈　莹　王晓凤

出版发行　中国农业大学出版社

社　　址　北京市海淀区圆明园西路 2 号　　**邮政编码**　100193

电　　话　发行部 010-62818525,8625　　读者服务部 010-62732336

编辑部 010-62732617,2618　　出　版　部 010-62733440

网　　址　http://www.cau.edu.cn/caup　　**e-mail**　cbsszs@cau.edu.cn

经　　销　新华书店

印　　刷　涿州市星河印刷有限公司

版　　次　2013 年 2 月第 1 版　　2013 年 2 月第 1 次印刷

规　　格　787×1 092　　16 开本　　16.5 印张　　405 千字

定　　价　60.00 元

著作权合同登记图字:01 - 2011 - 1665

作　者

［加］罗伯特·布莱尔　编著
加拿大不列颠哥伦比亚省温哥华市
不列颠哥伦比亚大学土地和粮食系统学院

Robert Blair
Faculty of Land and Food Systems
The University of British Columbia
Vancouver，British Columbia，
Canada

翻译人员

主　　译　顾宪红　宋志刚　邓胜齐

译 校 者　顾宪红　宋志刚　邓胜齐　赵景鹏
　　　　　刘　磊　王晓鹃　郝　月　郭春伟
　　　　　李　柱　杨春合　杨培歌　张　伟

审　　校　顾宪红

译者的话

近年来，有机动物生产在许多国家得到快速发展。这种发展反映了消费者对以环境可持续、不使用转基因作物的方式生产的新鲜、健康、美味且不含激素、抗生素和有害化学物质的食品需求增加。食品安全和污染问题成为购买有机肉品的重要决定因素，缺乏有效的供给和较高的价格将成为购买有机产品的主要障碍。

有机农业可定义为采用综合的、人道的、环境友好的和经济高效的农业技术以维持持续稳定的农业生产体系的一种农业生产方式，因此必须最大限度地依赖于当地或农场的可再生资源。在许多欧洲国家，有机农业被看成生态农业，强调生态系统的管理。有机生产和产品的定义在欧盟内部也不尽相同。

很明显，最初提出的有机农业原则已经在实践中得以调整，采用的标准不得不在消费者对有机产品的要求、伦理和生态完整性方面的考虑与生产者实际的、经济的需要之间寻求平衡。结果，合成维生素已获准在有机禽饲料中使用。下一步需要考虑的是，在日粮中能不能添加氨基酸。目前，一些国家禁止在有机日粮中添加纯氨基酸。

由加拿大不列颠哥伦比亚大学罗伯特・布莱尔（Robert Blair）先生编著的本书为生产者提供了与有机禽认证标准相关的营养和饲养实践指南，包括批准使用的饲料原料（第 4 章），特别强调了当地生长或可以获得的饲料以及在不添加氨基酸的情况下配制的家禽日粮配方。

按照现行有机生产条例配制的日粮往往低于动物的饲养标准。本书第 5 章对如何配制合适的日粮、在生产系统中如何进行饲养管理均作出了详细的阐述。此外，作者还描述了一些不使用转基因成分的实用例子，有关机榨油、鱼粉在有机日粮中的使用规定及遇到的实际困难也有论述。

本书在有机禽日粮配制和有机禽饲养管理方面将会给营养学家和有机生产者提供很大的帮助。

顾宪红

中国农业科学院北京畜牧兽医研究所

2012 年 7 月

致　谢

笔者感谢下列人员提供的帮助：为获得出版提供援助的英国哥伦比亚大学图书馆工作人员，为中国有机法规提供翻译的王彼得(Peter Wang)博士，协助提供某些国家有机标准信息的几位加拿大大使馆贸易专员，提供建议的国际有机农业运动联盟(IFOAM)和土壤协会，作为礼物提供了布里尔饲料配方系统(Brill Feed Formulation system)的美国佐治亚州诺克罗斯布里尔公司(Brill Corporation)。

特别感谢美国明尼苏达大学杰奎琳·雅各布(Jacqueline Jacob)博士在编写第6章过程中提供的专业协助。

书中复制自《有机猪的营养与饲养》(*Nutrition and Feeding of Organic Pigs*)的一些数据和插图已得到出版商许可。

（顾宪红译校）

目　　录

第1章 前言与背景

近些年来,许多国家的有机动物生产增长迅速,这与消费者对有机食品需求增加相一致。有机食品是新鲜、健康、风味好、无激素、无抗生素、无有害化学物质并且在环境可持续、没有饲喂转基因(gene-modified,GM)作物的方式下生产的食品(图1.1)。

例如,最近的一项研究调查了爱尔兰消费者对有机肉的看法(O′Donovan和McCarthy,2002)。有机肉类的购买者们认为,有机肉类在品质、安全性、标注、生产方式及营养价值方面都优于普通肉。Scholten(2006)研究了西雅图(美国,华盛顿)和纽卡斯尔(英国)的当地人对有机食品消费及风险性的看法,还报道了其它一些有趣的数据。Scholten总共调查了58位纽卡斯尔骑摩托车的人和40位西雅图骑摩托车的人。研究表明,西雅图骑摩托车的人消费的有机食品的比例(68%)高于纽卡斯尔骑摩托车的人(38%)。并且,西雅图骑摩托车的人(54%)比纽卡斯尔骑摩托车的人(28%)更喜欢当地来源的有机食品。西雅图的消防人员比纽卡斯尔的消防人员消费的有机食品要多,而纽卡斯尔的消防人员比爱丁堡和苏格兰的消防人员消费有机食品要多。这项研究表明,人们对有机产品的食用安全及污染问题的关注日益增加,而这些正是购买有机肉的重要决定性因素。有机肉的短缺和价格似乎是决定是否购买有机产品的关键。

有机饲料通常比普通饲料贵,结果导致有机蛋和有机肉的价格是传统产品的2倍。数据表明,如果消费者能够接受有机蛋和有机肉价格的话,那么它们的市场将会越来越大。这对于和多产的南方地区相比气候更恶劣、有机饲料供应量更低的北方地区来说,是特别的挑战。

图1.1 公众对有机食品的看法

本书为有机禽生产者们提供了与有机禽论证标准有关的营养和饲养实践方面的指导。本书包括了允许使用的饲料成分的详细资料,强调那些可在当地生长或使用的饲料成分以及适宜的日粮配方。尽管这些内容曾出现在一些会议、贸易和科技出版物中,但至今没有公开发表过全面系统的文本。

有机农业可定义为一种农业生产方式，其目的在于建立综合的、人道的、环境上和经济上可持续的农业生产系统。因此，应最大限度地依赖当地的或者来自农场的可再生资源。在许多欧洲国家，人们把有机农业看成生态农业，反映出有机农业强调生态系统的管理。对有机生产及产品的定义在欧盟(European Union, EU)内部并不一致。在英国，是指“有机的”；但在丹麦、瑞典以及西班牙，是指“生态的”；在德国，是指“生态的”或“生物的”；在法国、意大利、荷兰以及葡萄牙，是指“生物的”(欧洲经济共同体第2092/91号条例，EEC Regulation No. 2092/91)。在澳大利亚，是指“有机的”、“生物动力学的”或“生态的”。

很明显，最初建立有机农业原则的理想已经糅进了实用的观点。采用的标准不得不平衡了消费者对有机产品的需求、伦理和生态完整性的考虑，生产者对实际操作及经济上的需求。结果，现阶段合成维生素在一定的限制条件下允许用于家禽有机饲料中。

考虑到补充氨基酸的情况，一些原则可能不得不进一步修改。一些国家正在寻求这种改变。当前，一些国家禁止在有机日粮中使用纯氨基酸，因为它们是合成氨基酸，或者如果这些氨基酸是经微生物发酵获得的也同样被禁用，因为发酵过程所用的有机体是经过基因修饰的。众所周知，缺乏可用的纯氨基酸添加到有机饲料中会导致日粮中蛋白质组分失衡、饲料成本提高、蛋白质利用效率低下，最终导致环境中氮的排放增加。这种影响与生态完整性的目的相违背，且在实践上很重要，因为有机农业只依赖于将动物粪便以及其它有机废物转变为肥料。有机肉和有机蛋的价格对消费者造成的影响也必须考虑到。本书将帮助生产者在不添加氨基酸的情况下配制日粮，并且将验证禁用这些氨基酸的合理性。

现有有机生产规范的另一影响就是一些使用的有机饲料不能满足某些权威机构制定的标准。一些规范需要改变，一些国家已经降低某些规范以应对有机饲料原料的短缺(这些改变一直有效，直到2011年)，而且合成维生素已经允许使用。美国食品和药物管理局(FDA)批准了允许在有机日粮中使用的维生素和矿物质形式，尽管这些成分可能不会被认为是天然物质，或不会出现在国家允许在有机生产中使用的化学合成物质的清单中。

有机生产的标准和规范对饲料和日粮有很多限制，这些内容在第2章中将有详细论述。编写本书的一个主要目的就是针对如何配制适宜的日粮以及如何制定符合有机生产体系的饲养方案提出建议。

通常，用于有机禽生产的饲料必须包含的成分只能来自以下三类：

- 用有机方法生产和调制的农产品，最好来自本农场。
- 像酶、益生菌以及其它被认为是自然成分的非合成物质。
- 允许用于有机禽生产的合成物质。

此外，有机日粮是为了确保禽产品的质量，而不是在动物生长发育的各个阶段都要提供使其产量最大化的营养需要。在一些生产区，有些规定被延伸为必须要给禽放牧，这主要基于对福利的要求而不是营养上的考虑，因为牧草和土壤中的无脊椎动物不能构成禽营养的重要来源。

一般来讲，有机日粮中允许添加的维生素都要来自于天然饲料原料，或者如果是合成的，应该等同于天然维生素。但是，维生素的天然来源，如发芽的谷物以及啤酒酵母，可以由一些论证机构认可。要求合成维生素在结构上等同于天然维生素的严格规定从表面上来看似乎是合理的，但在实际操作中给日粮配制带来了很多问题。比如天然的脂溶性维生素不稳定而且易失活，一些天然的水溶性维生素不能被动物吸收利用等。这些问题将在以后的章节中详细讨论。

因此，目前看来，在有机标准出台之前，所有科学数据需要做一次成功的转变，以用于可持续和高效的有机生产中。目前相关的数据都必须从传统的家禽生产实践推断而来，直到所需的数据都可用。

有机规范对有机饲料制造商提出了挑战和难题，部分原因是由于缺乏这些标准（Wilson，2003）的相关细节。例如，Wilson（2003）阐述了关于禁用转基因生物生产的饲料原料的规定需要考虑的一些实践问题。一个主要的问题是定义问题。英国的有机规范禁止使用产自转基因生物或其产品的原料，而根据此释义产生的问题是，对这种生物或其产品在生产链中何处禁用没有明确规定。如维生素 B_2 和维生素 B_{12} 通常是由微生物发酵生产的，在维生素 B_{12} 的生产过程中起主导作用的微生物就来自转基因菌株。有机规范严格禁止这种维生素的使用，规定只有来源于主要饲料作物的维生素 B_{12} 才能用于有机生产。但维生素 B_{12} 不存在于谷物等植物性原料中，只存在于动物源饲料中。还有一个例子（Wilson，2003）就是包被在维生素添加剂表面的淀粉。如果这种包被淀粉产自玉米，从理论上来讲，这些玉米就应该来自非转基因品种。与此相关的还有，瑞典允许种植转基因马铃薯用于造纸业淀粉的生产，这很有可能导致来源于转基因马铃薯的衍生蛋白浓缩料用于动物饲料，因为瑞典是有机蛋白饲料非常短缺的国家之一，而蛋白饲料的短缺问题因为纯氨基酸的禁止使用更加严峻。与维生素有关的另一个问题是，允许用于有机生产中的、包被脂溶性维生素微粒的淀粉可能含有抗氧化剂，因为维生素极易分解，添加抗氧化剂可以保持产品的稳定性和维生素的活性。

尽管油料种子及其副产品允许使用，但是 Wilson（2003）也指出，EU（1999）规范允许使用的成分列表中没有提炼油的规定。现行的规范已经修改了这一遗漏。一种可能的解释是，EU 规范假设提炼油只用于人的消费市场。新西兰（NZFSA，2006）允许使用的有机生产原料清单源于 EU 的清单，它对用于有机生产的植物油有明确要求，即允许使用对认可的有机油料进行机榨获得的植物油。Wilson（2003）列举的例子说明，有机生产规范需要细化，而且需要通过认证机构以专业的方法进行解释。

对于英国的养殖者及饲料生产商来说还存在另外一个问题，就是在生产反刍动物饲料的饲料厂禁止使用鱼粉（一个业界规定而不是有机规范）。这意味着只有一个饲料厂的、既生产反刍动物日粮又生产单胃动物日粮的有机饲料生产商，就不能再使用鱼粉了（目前也不能使用纯氨基酸）。结果，这样的饲料厂在生产满足营养需要的有机禽日粮时会面临更大的困难。

尽管本书的目的是帮助营养学家和有机生产者配制有机禽日粮和制定饲养方案，但一些国家的规范制定机构也能从书中提出的营养问题发掘出对将来修订有机规范有价值的信息。很明显，目前的标准和规范主要是依据种植业生产和生态领域的经验发展而来，所以从动物营养的角度来综述有机生产的规范将非常有用。

（顾宪红、郭春伟译校）

参考文献

European Commission (1999) *Council Regulation (EC) No 1804/1999 of 19 July 1999 Supplementing Regulation (EEC) No 2092/91 on Organic Production of Agricultural Products and Indications Referring Thereto on Agricultural Products and Foodstuffs to Include Livestock Production. Official Journal of the European Communities* 2.8.1999, L222, 1–28.

NZFSA (2006) *NZFSA Technical Rules for Organic Production, Version 6*. New Zealand Food Safety Authority, Wellington.

O'Donovan, P. and McCarthy, M. (2002) Irish consumer preference for organic meat. *British Food Journal* 104, 353–370.

Scholten, B.A. (2006) Organic food risk perception at farmers markets in the UK and US. In: Holt, G.C. and Reed, M.J. (eds) *Sociological Perspectives of Organic: From Pioneer to Policy*. CAB International, Wallingford, UK, pp. 107–125.

Wilson, S. (2003) Feeding animals organically – the practicalities of supplying organic animal feed. In: Garnsworthy, P.C. and Wiseman, J. (eds) *Recent Advances in Animal Nutrition*. University of Nottingham Press, Nottingham, UK, pp. 161–172.

第2章　有机禽生产的目的和原则

根据国际食品法典委员会(Codex Alimentarius Commission)和联合国粮农组织及世界卫生组织食品标准联合规划(Joint FAO/WHO Food Standards Programme),有机农业的定义为:

一种促进和加强农业生态系统健康的生产管理系统,包括生物多样性、生物循环以及土壤生物活力……强调在生产实践中优先使用农场内部的物质(译者注:原书似有误),反对使用合成材料。其主要目的是使土壤微生物、植物、动物和人这些相互依存的生物群落的健康和生产力达到最优化……该生产系统以具体、精确的标准为基础,优化农业生态系统,实现社会、生态、经济的可持续发展。

因此,有机禽生产不同于传统生产,它在许多方面更接近亚洲农业的生产方式。其目的是把畜牧业和作物生产完全结合起来,在农场系统内建立资源可循环、可再生的共生关系。畜牧生产则成为更广泛、更具包容性的有机生产系统中的一部分。除了畜牧生产,有机禽生产者还必须考虑许多其它因素。这些因素包括有机饲料原料的使用(包括有限地使用饲料添加剂)、以户外为基础的生产系统的使用以及减小对环境的影响。有机禽生产也需要生产系统的认证和确认。这就要求有机生产者必须保留所有有机管理的禽类、所有投入品以及所有生产出的可食用和不可食用的有机畜产品身份的足够记录。结果,有机食品在消费者眼中形成很强的品牌形象,因此应该比普通方式生产的食品在市场上有更高的价格。

整个有机生产包括四个阶段:(a)有机原则的应用(标准和规范);(b)当地有机规范的遵守;(c)当地有机规范制定者的审核;(d)当地认证机构的认证。

对用于有机日粮成分的限定包括:

- 不允许使用转基因的谷物或其副产品;
- 不允许使用抗生素、激素及药物;
- 除奶制品和鱼粉外,不允许使用其它动物性副产品;
- 不允许使用农作物副产品,除非是认证过的有机农作物;
- 不允许使用以化学方法提取的饲料(例如经溶剂浸提的豆粕);
- 不允许使用纯氨基酸,无论是合成还是发酵得来的(这项条款在一些国家有些例外)。

2.1　有机产品标准

有机农业标准以增强和利用土壤、农作物以及家畜的自然生物循环的原则为基础。根据这一原则,有机家畜生产必须维持或提高农场系统中包括土壤和水在内的自然资源的质量。生产者必须以维持动物本能、自然生活条件的方式饲养畜禽和管理它们的废弃物,而不造成过量的营养物质、重金属、致病有机体污染土壤或水,并能优化营养素的再循环使用。在遵守其它有机生产规范的同时,家畜的生存条件必须能确保其健康,表达其自然行为,提供适合于动物生产阶段或环境条件的阴凉处、庇护处、运动场及新鲜空气和直射的阳光。有机标准要求，任何出售的家畜或可食家畜产品从出生到上市都必须实行连续的有机管理。有机禽生产与有机家畜生产略有不同，因为其父母代种群不要求是有机的。包括牧草和草料在内的饲料都必须进行有机生产，并且必须在有机实践可接受的范围内进行健康护理。必须通过仔细关注畜牧业生产的基本原则来优化有机禽的健康和生产性能，例如选择合适的品种和品系、合适的管理实践和营养，同时避免饲养密度过高。

任何时候都应使应激最小。日粮设计应该使代谢和生理紊乱最小化，而不是以动物生产性能最高为目的，因此日粮中需要一些草料。放牧管理要做到牧场尽可能少地受到寄生虫幼虫污染。圈舍条件应该使患病的风险最小化。

几乎所有用于控制寄生虫、预防疾病、促生长或者为满足快速生长和健康而超过需求量用作饲料添加剂的合成类兽药，都禁止用于有机生产。含有动物性副产品的日粮补充料，如肉粉，也禁止使用。不能使用任何激素，这一要求很容易在有机禽生产中实现，因为很多年前曾以植入方式应用于禽的二乙基己烯雌酚(diethyl stilbestrol，DES)自1959年被禁用以来，向饲料中添加激素就再没有实现过商业化。当预防类药物和允许使用的兽用生物制品不足以预防疾病时，生产者就必须使用常规药物。但是，那些使用了禁用药物治疗过的家禽必须清楚地鉴别出来，并且不能作为有机产品销售。

2.2　国际标准

有机标准的目的是，确保以有机方式生产和出售的动物能根据已经确定的原则进行饲养和销售。因此，与信用和认证相关的标准和国家法规，对于消费者来说，是非常重要的保证。

目前，在世界范围内还没有通用的有机食品生产标准。结果，许多国家建立了各自的有机禽生产和饲养的国家标准。这些标准源自国际有机农业运动联盟(International Federation of Organic Agriculture Movements，IFOAM)标准委员会发起制定的欧洲标准以及从食品法典框架发展而来的有机食品生产指南。有机食品生产指南是由联合国粮农组织(FAO)和世界卫生组织(WHO)在1963年联合发起的一个项目，其目的是为了在FAO/WHO食品标准联合规划下发展食品生产实践的标准、指导方针和法典。

1998年开始采用IFOAM的基本标准，现在正对其进行修订。这次修订将定义一些术语，如“有机的”、“可持续的”。在法典中，有机生产指导方针包括有机畜牧生产。

IFOAM标准(IFOAM，1998)可能会成为世界范围内被认可的实践指南。IFOAM的工作与世界各地的认证机构联系密切，以确保各国使用同样的标准。食品法典的主要目的是保护消费者健康，并确保食品商业公平交易，同时促进国际政府组织和非政府组织制定食品标准的相关工作协调一致。食品法典可以作为全球各个国家和有关机构发展各自的标准和规范的指导原则，但是它不能直接对产品进行认证。因此，食品法典设定的和IFOAM提出的标准非常笼统，只描述出了必须要履行的基本原则和标准，与那些为各个地区(比如欧洲)专门制定的规范相比没有那么详细。

下面列出本书涉及到的食品法典(1999)中的有关法规：

• 应该选择那些能很好适应当地条件和养殖系统的品种或品系。特别要注意选择有活力和抗病力品种，本地品种应优先考虑。

• 在肉禽育肥阶段考虑对谷类的需求。

• 需要在家禽每天的日粮中添加粗饲料、新鲜的或干燥的草料或青贮饲料。

• 必须在开阔的牧场饲养家禽，一旦天气情况允许，家禽能在舍外走动，不允许对家禽进行笼养。

• 一旦天气情况允许，水禽必须能自由地出入小溪、池塘或湖泊。

• 对于蛋鸡，当使用人工光照延长自然日长时，主管当局应该根据鸡的品种、地理因素及禽群整体的健康状况决定最长的光照时间。

• 为了健康，饲养的每批禽群之间应有空舍时间，舍外闲置一段时间以便植被能够重新恢复。

有关得到认可的饲料原料常规标准描述如下：

• 根据动物饲养的有关国家法律允许使用的物质。

• 对维持动物健康、动物福利和活力必不可少或至关重要的物质。

• 能满足相关物种生理和行为需求，不含基因工程或转基因的有机体及其产品，主要来源于植物、矿物质或动物的且能配制成某种适宜日粮的物质。

饲料原料及营养素的详细标准描述如下：

• 在生产或准备过程中没有使用化学溶剂或化学处理的非有机来源的饲料原料只能在特殊条件下使用。

• 只有天然来源的矿物质、微量矿物元素、维生素或维生素原，才能用作饲料原料。在这些原料短缺或例外情况下，可以使用化学上能清楚界定的类似物。

• 除了牛奶及奶制品、鱼、其它海洋动物及其产品外，通常不应使用动物源饲料原料或者不应作为国家法律允许提供的原料使用。

• 不应使用合成氮或非蛋白氮化合物。

添加剂和加工助剂的详细标准描述如下：

• 只能允许使用自然来源的黏合剂、抗结块剂、乳化剂、稳定剂、增稠剂、表面活性剂、凝结剂。

• 只能允许使用天然来源的抗氧化剂。

• 对于防腐剂，只能允许使用天然来源的酸。

• 只能允许使用天然来源的着色剂(包括色素)、增味剂、食欲促进剂。

• 允许使用益生菌、酶和微生物。

尽管并不存在国际上都接受的有机标准法规，但是世界贸易组织以及全球贸易委员会越来越依赖食品法典和国际标准化组织(International Organization of Standardization，ISO)为国际有机生产标准以及生产系统的认证和审定提供的基本原则。很可能出口国家引进有机法规将会以英国、美国和日本这三大市场的需求为目标。协调一致将促进有机产品的世界贸易。ISO 建立于 1947 年，是一个为近 130 个国家提供国家标准的世界联盟。为有机农业认证提供最重要指导的是 ISO 指令 65:1996“产品认证系统运行机构的一般要求”(General Requirements for Bodies Operating Product Certification Systems)，它为认证机构确定了基本操作原则。ISO 将国际有机农业运动联盟(IFOAM)基本规范和标准登记为国际标准。

有机农业协调和等效国际专责小组(International Task Force on Harmonization and Equivalency in Organic Agriculture)记载了 2003 年的世界形势(联合国贸易与发展会议

United Nations Conference on Trade and Development, UNCTAD, 2004)。这个小组列出了全面执行有机农业及其加工原则的 37 个国家和地区，现介绍如下。

欧洲有 26 个：奥地利、比利时、塞浦路斯、捷克斯洛伐克、丹麦、芬兰、法国、德国、希腊、匈牙利、冰岛、爱尔兰、意大利、立陶宛、卢森堡、荷兰、挪威、波兰、葡萄牙、斯洛伐克、斯洛文尼亚、西班牙、瑞典、瑞士、土耳其和英国。

亚洲和太平洋地区有 7 个：澳大利亚、印度、日本、菲律宾、韩国、中国台湾和泰国。

美洲和加勒比海有 3 个：阿根廷、哥斯达黎加和美国。

非洲有 1 个：突尼斯。

已完成法规制定但尚未完全执行的国家有 8 个，其中：

欧洲有 2 个：克罗地亚和爱沙尼亚。

亚洲和太平洋地区有 1 个：马来西亚。

美洲和加勒比海有 4 个：巴西、智利、危地马拉和墨西哥。

非洲有 1 个：埃及。

正在起草这些法规的国家有 15 个，分别是：

欧洲 4 个：阿尔巴尼亚、格鲁吉亚、罗马尼亚和南斯拉夫。

亚洲和太平洋地区有 3 个：中国、中国香港和印度尼西亚。

美洲和加勒比海有 4 个：加拿大、圣卢西亚、尼加拉瓜和秘鲁。

非洲有 2 个：马达加斯加和南非。

中东有 2 个：以色列和黎巴嫩。

2006 年，加拿大和巴拉圭通过了有机农业立法，其它国家制定了立法草案或对现行立法进行了修订，故有机农业规范得到了进一步发展(Kilcher 等，2006)。

下面对一些国家和地区立法的情况作一简要说明。

2.2.1　欧洲

欧盟 1991 年提出了管理有机食品生产和销售的法规(欧盟法规 2092/91)。这一法规给出了有机农业的定义，确定了有机生产的最低标准，并明确规定了必须执行的认证程序。欧盟法规(2092/91)经过多次修订，并在 1999 年增补了畜禽生产方面的内容。欧盟法规(2092/91)除了涉及欧盟范围内有机生产及加工的内容，还包括从欧盟以外进口的产品认证程序。欧盟法规 2092/91 于 2007 年经过修订，新的有机法规(EC No. 834/2007)于 2009 年 1 月 1 日开始执行。新法规并没有改变批准用于有机农业的物质清单。

与本书内容有关的欧盟法规中的一个方面是，禽类屠宰的最小日龄很大，例如肉鸡 81 d，火鸡 140 d，这大约是普通肉禽屠宰日龄的 2 倍。因此，为了生产出消费者能接受的有机禽体重，生产者们不得不饲养那些能适应户外条件以及相应饲喂程序的生长缓慢的品种和品系。这一要求的一个好处是，它将鼓励饲养传统的品种和品系，而这些品种和品系中，有些正处于濒危状态。

欧洲经济共同体法规 1804/1999 允许用于畜禽生产的产品范围进一步扩大，并把生产规则、标识和检查都结合在一起。这一法规重申了必须给畜禽饲喂符合有机农业规则生产的牧草、草料和饲料。有一条规定要求在育肥阶段所用的饲料配方必须包括至少65%的谷物。该法规列出了允许使用的饲料原料详细清单。然而，法规也承认，在大多数情况下，要为有机饲养的家畜提供足够的饲料是很困难的。所以，修改后的法规临时授权允许饲养者在必要的情况下使用有限数量的非有机生产的饲料原料。对于有机禽类，这些法规允许截止到2007年12月31日每年可使用来自普通来源的饲料干物质比例不超过15%；从2008年1月1日起到2009年12月31日，允许使用普通来源的饲料干物质比例为10%；从2010年1月1日到2011年12月31日，允许使用普通来源的饲料干物质比例为5%(Commission Regulation EC 1294/2005)。

另外，该法规中一个重要的规定就是允许微量矿物质和维生素作为饲料添加剂使用以避免缺乏症，但允许添加的产品必须是天然的或是与天然产品具有相同结构的合成产品。其它列于附件二中的D部分第1.3节(酶)、第1.4节(微生物)和第1.6节(黏合剂、抗结块剂和凝结剂)的产品也允许用于饲喂。日粮中必须添加粗饲料、鲜草或干草或青贮饲料，但添加比例没有规定(EC 1804/1999)。在一些成员国的动议下，后来考虑到将纯氨基酸核准为有机饲料的添加物可能获得批准，然而该提议没有通过，因为允许用于商品饲料中的纯氨基酸不是合成的就是由含有转基因有机体的发酵过程而产生的。

欧盟法规要求每个成员国成立一个国家权威机构来确保该法规的有效实施。欧洲各国政府对于应该如何管理有机畜牧生产采取了各种不同的方式，至今也未达成一致。另外，在每个欧洲国家内部，不同认证机构也采取了不同立场。最终结果是整个欧洲出现了各种各样的有机畜禽标准。然而，欧洲的每个认证机构必须达到欧盟有机法规的最低标准(法律要求)。

2.2.2　北美

1. 美国

2002年，美国提出了"国家有机计划"(National Organic Program，NOP，2000)。这是一部要求所有有机食品必须符合相同标准，并通过相同认证程序认证的联邦法律。家禽或可食禽产品必须来自那些不迟于出生后第二天就进行持续有机管理的禽类。除非得到认证机构豁免，所有有机生产者和从业者都必须通过认可的有机认证机构的资格审定。美国标准与欧洲标准的重要不同之处在于，美国有机标准均与国家有机计划(NOP)协调一致。禁止各州、非盈利组织、盈利的认证团体及其它组织制定其它的有机标准。所有的有机产品都必须符合国家有机产品标准(National Organic Standards，NOS)。所有有机生产者及从业者都必须执行有机生产和操作系统方案(Organic Production and Handling System Plan)，该方案描述的实践应用和规程都符合有机生产标准。持续使用包括家禽笼养在内的限制系统与有机饲养畜禽有机会到户外并获得适合它们需求的身体活动这一要求不一致。州立机构及私立组织都可获得NOP认可。NOS建立了包括饲料成分在内的国家清单。该清单允许使用除特别禁止以外的所有非合成(天然的)物质，并禁止使用除特别允许使用以外的合成物质。禁止将哺乳动物及禽类的屠宰副产品喂给家禽。美国和欧盟法规之间影响原料使用的不同之处在于，美国完全执行NOP的规定。

2. 加拿大

2006年，加拿大政府发布了有机农业国家标准(试行)，并于2008年12月开始生效(加拿大有机倡议项目，Canada Organic Initiative Project，2006)。联邦新规合并成2个国家标准：有机生产系统——总则与管理标准(CGSB 32.310)和有机生产系统——获准的物质清单(CGSB

32.311)。现在不列颠哥伦比亚省和魁北克省(CAAQ,2005)已经有了各自的法规。加拿大标准以一系列与欧洲和美国相同的原则为基础,并且与欧洲和美国有许多相同的要求。试行的国家法规由加拿大有机倡议项目(2006)提出。对禽类没有专门的法规,但试行标准中对家禽却有具体的要求。关注以前由魁北克省和不列颠哥伦比亚省制定的一些法规是否归入最终的国家法规中去将非常有趣。例如,魁北克省在冬天和天气恶劣时允许对有机畜群采用暂时限制的饲养方式。并且,在该省现存法规中,从自然过程获得的氨基酸允许用于饲料。这一条款对合成来源(蛋氨酸)与发酵来源(赖氨酸、色氨酸和苏氨酸)的氨基酸进行了区分。加拿大通用标准委员会(2006)发布了一份有机生产系统允许使用的物质清单,这份清单包含了允许用于畜禽生产的饲料、饲料添加剂(feed additives)及饲料补充料(feed supplements)的简单列表。"维生素不应产自基因工程生物"这一规定在执行中可能会产生一些问题。大多数国家用于补充到饲料中的维生素 B_{12} 大多数或全部来自转基因有机体。

试行标准的主要影响是,这些法规将在全国应用,并且各个省将不能对这一标准增加特殊的要求。因此,这种情形与美国相似,而不同于欧洲。新的法规似乎等同于美国 NOP。例如,有机蛋禽至少在出雏第二天就必须进行有机管理。与 NOP 一样,目前还没有发布允许使用的饲料成分完整列表。联邦法规和美国 NOP 之间的等价问题,一旦加拿大要求作出这种决定的话,将由美国农业部(US Department of Agriculture, USDA)正式决定。在签署这一决定的时候(2007 年秋),很可能 USDA 会得出这种结论:加拿大的有机认证规定等同于美国的有机认证规定。几年前,为了满足美国 NOP 的要求,USDA 就接受了不列颠哥伦比亚省的有机认证系统。

3. 加勒比海

最近 IFOAM 为拉丁美洲和加勒比海地区——拉丁美洲和加勒比地区集团(El Grupo de America Latina y el Caribe, GALCI)——发动了一项区域性倡议,该倡议由一名阿根廷官员协调。目前,GALCI 代表来自拉丁美洲和加勒比海各国的 59 个组织,包括生产者协会、加工商、贸易商及认证机构。GALCI 的意图和目的是发展拉丁美洲和加勒比海地区的有机农业。

4. 哥斯达黎加

目前哥斯达黎加已被列入允许向欧盟进口有机产品的国家名单中,表明哥斯达黎加的有机法规遵从欧盟的有机法规。

5. 墨西哥

墨西哥农业部(SAGARPA)在 2006 年 2 月在官方公报上发布了"有机农产品生产法规"(GAIN Report, 2006)。这一法规的目的是规范墨西哥有机农产品的生产、加工、包装、标识、运输、贸易及认证。它要求所有声明的有机产品必须由一家国际公认的组织认证。该法规也包括对有机农产品进口的详细规定。

人们正在期待关于修改现存标准以及为了应用新法律而发布的新法规的进一步通知。墨西哥大多数有机产品生产是为了出口,出口市场主要为美国,因此推测要满足 NOP 以及其它进口国的规定。

2.2.3 南美

1. 阿根廷

阿根廷是美洲第一个建立有机产品认证标准的国家,该标准制定于 1992 年,与欧盟的标准等同,得到了IFOAM的确认(GAIN Report,2002)。阿根廷的有机产品得到欧盟和美国的承认。阿根廷的有机畜禽生产由农业部下设的政府机构——全国农业食品卫生和质量服务部(Servicio Nacional de Sanidady Calidad Agroalimentaria,SENASA)管理,管理依据是1286/93号决议和欧盟45011号决议。1999年,关于有机生产的国家法律(第25127号)在参议院的批准下生效。这个法律禁止销售没有通过SENASA授权的认证机构所认证的有机产品。每个认证机构必须在SENASA进行登记。

2. 巴西

1999年,巴西农业、畜牧和食品供应部(Ministry of Agriculture, Livestock and Food Supply,MAPA)出台了标准化指导第7号文件(NI7),为有机产品生产和操作建立了国家标准,其中包括在有机生产中允许使用和禁止使用的物质清单(GAIN,2002)。NI7明确了动物源和植物源有机产品的生产、加工、分级、配送、包装、标识、进口、质量控制和认证等标准。这个指导性文件也对希望成为认证机构的公司制定了规则,认证机构要在国家有机生产委员会(National Council for Organic Production)的指导下执行NI7,并进行生产和操作的认证。

到2006年,巴西已成为仅次于澳大利亚的世界上第二大有机食品的生产国,有机生产占地650万 hm^2。在巴西生产的主要有机产品是菠萝、香蕉、咖啡、蜂蜜、牛奶、肉类、大豆、糖、鸡肉和蔬菜。根据GAIN(2002)报道,巴西有半数的有机产品用于出口,主要出口到欧洲、日本和美国,这也说明巴西的有机标准与这些进口国的标准是一致的。

3. 智利

1999年,智利的国家标准在农业和畜牧业服务部(Servicio Agrícola y Ganadero,SAG)的监管下生效,该服务部是与美国农业部下设的植物保护与检疫部(Plant Protection and Quarantine,PPQ)相当的一个分支。它的标准以IFOAM为基础。

2.2.4 非洲

2005年,IFOAM在塞内加尔首都达喀尔成立了非洲有机服务中心。该中心的主要目标是要把非洲与有机农业相关的所有方面和关键人员都集中在一个统一的、连贯的全非洲范围内的有机农业运动中。它的另一个目标是将有机农业纳入到国家农业和减少贫困的策略中。

南非

南非政府正在拟定以IFOAM推荐标准、欧盟法规及食品法典指导方针为基础的国家有机农业标准。目前,1990年农业产品法案(Act 119)含有有机生产的一些条款,由国际[如欧盟有机认证机构(ECOCERT)、土壤协会和日内瓦通用公证行(Société Générale de Surveillance, SGS)]和国内[如比勒陀利亚有机认证组织(Afrisco和Bio-Org)]的认证机构进行检查和认证。这些认证机构依据欧盟法规2092/91第11条对出口欧盟各国的有机产品进行认证。一旦新的标准开始实施,认证机构将被要求采用最低标准进行审核检查。认证机构由国家农业部委任。

2.2.5 大洋洲和亚洲

1. 澳大利亚

澳大利亚有机生产受到法律保护始于1992年。该法律涵盖作物生产、畜牧生产、食品加工、包装、贮存、运输和标识。作为澳大利亚标识有机或生物动力源产品的出口标准,澳大利亚有机和生物产品国家标准于 1992 年首次开始实施。后来这个标准分别于 2005 年(AQIS, 2005;3.1 版)和 2007 年(AQIS, 2007;3.3 版)得到修订。这个标准由澳大利亚检疫与检验局(Australian Quarantine and Inspection Service,AQIS,2005)下设的有机行业出口咨询委员会颁布,规定了全国公认的有机行业的执行框架,涵盖了生产、加工、运输、标识和进口等方面内容。由澳大利亚主管当局授权的认证机构以此标准作为在该检查体系下认证生产者生产的所有产品的最低要求。这个标准也因此成为获批的认证机构和进口国需求达成一致的基础。个别认证机构可能对标准中的一些具体条款提出了补充规定。

该标准对允许使用的饲料原料的规定与欧洲标准相似,农业来源的饲料补充料必须来源于经过认证的有机或生物动力源产品。但也有例外:如果达不到这个要求,认证机构也会考虑允许使用不符合标准的产品,前提是这种产品不含有违禁物质或污染物,而且以年为基础添加量不高于动物日粮的 5%。可以使用的非农业来源的饲料补充料包括只是天然来源的矿物质、维生素或维生素原。治疗动物微量矿物元素和维生素缺乏症也要使用天然来源的微量矿物元素和维生素。动物营养学家对"必须在显示出缺乏的情况下才能使用微量矿物元素"这一规定持怀疑态度,因为这样会导致动物痛苦。氨基酸分离物(纯氨基酸)不允许在有机日粮中使用。

这些国家标准用于评判进口有机产品和国内生产的有机产品之间的等同性,也是认证机构采用的标准。希望得到授权使用这些标准的认证机构必须向主管当局澳大利亚检疫与检验局提出申请,以获得这类授权。至 2000 年年底,澳大利亚共有 7 家认证机构获得政府授权。在这 7 家认证机构中,有 5 家可以根据欧盟法规 2092/91 第 11 条的规定认证向欧盟出口的有机产品,但这 7 家都可以认证出口到非欧盟国家如加拿大、日本、瑞士、美国的有机产品。只有一家国家认证机构,即全国农业发展协会,由 IFOAM 授权。目前,还没有国外的认证机构在澳大利亚开展工作,也没有当地的认证机构与国际认证机构进行合作。

法规并没有规定,标识或出售有机农产品的每一个农场都必须经过认证,这只在农产品标识为有机产品出口时执行。因此,澳大利亚有机法规应用时可能存在出口标准高于国内标准的情形。澳洲消费者协会呼吁联邦政府发布新的指导方针,防止不正确的标识和可能出现的欺诈消费者行为(Lawrence,2006)。澳大利亚标准部门(Standards Australia)正在制定有机食品的标准。

2. 中国

中国有机食品标准颁布了有机畜禽生产的管理规范,现摘录如下。此标准部分与IFOAM相同,但也有一些特殊的规定。

8.2　畜禽的引入

8.2.4　所有引入畜禽都不能受到来自基因工程产品的污染,包括涉及基因工程的育种材料、药物、代谢调节剂和生物调节剂、饲料或添加剂。

8.3　饲料

8.3.1　畜禽必须用有机饲料和草料喂养,且这些有机饲料和草料要获得国家认证机构——有机食品发展中心(OFDC)或 OFDC 许可的机构的认证。至少有 50%的有机饲料和草料来源于本农场或邻近农场。

8.3.4　在有机饲料供应短缺时,认证委员会可以允许养殖场购买常规饲料和草料。但对于非反刍动物,按干物质计,常规饲料和饲草不得超过 15%。常规饲料日最大采食量,按干物质计，不得超过总日采食量的25%。由于极端的气候条件和灾难可以例外。饲喂的常规饲料必须有详细记载，并且要事先征得认证机构的许可。

8.3.6　饲养的动物数量不得超过农场的载畜量。

8.4　饲料添加剂

8.4.1　允许将列于附录D中的产品用作添加剂。

8.4.2　允许使用氧化镁、绿砂等天然矿石或微量元素矿石。当无法提供天然矿物和微量矿物原料时，经OFDC许可，可以使用合成的矿物产品。

8.4.3　添加的维生素应来自发芽谷物、鱼肝油或酿酒用酵母。当无法提供天然来源的维生素时，经OFDC许可，可以使用合成的维生素产品。

8.4.4　经认证机构许可，可以将附录D中的化学制品用作添加剂。

8.4.5　禁止使用的成分包括合成的微量矿物元素和纯氨基酸。

8.5　全价饲料

8.5.1.1　全价饲料中所有的主要成分必须获得OFDC或经OFDC许可的机构认可。全价饲料中的成分加上添加的矿质元素和维生素不能低于95%。

8.5.1.2　添加的矿质元素和维生素可以来自天然或合成产物，但全价料中不能含有禁止使用的添加剂或保护剂。

8.5.2　全价饲料必须满足畜禽的营养需要和饲养目标。

8.6　饲养条件

8.6.3　所有畜禽都必须在适当的季节到户外放养。

8.6.4　禁止畜禽无法接触土地的饲养方式以及限制畜禽表达自然行为或活动的饲养方式。

8.6.5　不能单独饲养动物，但成年雄性动物或患病的动物可例外。

8.12　在适宜的季节，蛋禽必须具有户外活动的空间，也必须给它们饲喂全价日粮，满足它们每日的营养需要。

3. 日本

关于有机农业生产的日本农业标准(Japanese Agricultural Standards, JAS)(MAFF, 2001)是建立在有机农业的食品法典指导方针基础上的。最初日本农业标准只涉及植物产品，直到2006年才添加了畜牧方面的标准(MAFF,2006)。2006版标准规定了有机畜产品生产方法的有关标准，包括批准的饲料目录和饲养家禽的空间需要。此外，标准还规定了每头动物和每只家禽的每日采食量，并按体重和年龄进行了分类。批准的饲料清单包括有机饲料、为“室内”有机畜禽生产的饲料、天然物质及其派生物质以及蚕蛹粉，但通过辐射或重组DNA技术生产的产品除外。

从2001年4月开始，日本标准要求在日本销售的有机产品(不包括动物产品，因为当时标准还没有涉及)要遵从JAS的有机标识标准。美国的NOP标准满足JAS指南要求，所以美国的有机产品可以进口日本。按照新法规的规定，有机认证机构要在MAFF进行注册(认可)，现在被称为注册认证组织(Registered Certification Organizations,RCOs)。

4. 韩国

在韩国，有机农业通常被定义为不使用合成化学制品的农业生产(GAIN Report,2005)。按照食品法典标准，有利于环境保护的农业产品强制性认证于2001年推出(UNESCAP,

2002)。新鲜的有机农产品和谷物法规2005年由农林部(Ministry of Agriculture and Forestry,MAF)负责实施,与牲畜有关的法规由韩国食品与药物管理局(Korean Food and Drug Administration, KFDA)负责实施(GAIN Report,2005)。全国农业产品质量管理服务中心(National Agricultural Products Quality Management Service, NAQS)(农林部的一个附属组织),被指定为官方认证机构,负责可持续农业产品的认证。随后,KFDA成立了有机食品委员会,制定了加工食品的认证体系。

韩国已经采取重要步骤来鼓励有机农业。自1994年以来,政府已拨款和贴息贷款给从事可持续农业的农民。1997年12月通过了环境友好型农业促进法(Environment Friendly Agriculture Promotion ACT, EFAPA),支持农业可持续发展(Landry Consulting, 2004)。该法案强调可持续农业的重要性以及需要进行研究、推广、财政支持和市场推广活动,并于2001年修订。

1990年,全国农业合作社联盟(National Agricultural Cooperative Federation, NACF)开始在有机耕作方法方面培训农民,农林部建立了直接付款程序和监管制度,促进有机农业的发展,鼓励农民参与(GAIN Report,2005)。现在至少有一所大学(Dankook)提供本科和研究生层次的有机农业课程和培训计划。

5. 新西兰

新西兰农林部食品安全局(New Zealand Food Safety Authority,NZFSA)于2006年发布了修订过的有机农业法规(MAF Standard OP3, Appendix Two: NZFSA Technical Rules for Organic Production, Technical Rules Version 6)。该法规草案曾经发布过,采纳了欧盟的相关法规,后来修订时吸收了美国NOS标准的要求。法规明确了有机生产的最低要求,允许生产者采用更高的标准。法规与欧洲、北美的标准很相似,可以推测源于它们,似乎法规的设计是为了使有机产品可以出口到欧洲、日本和美国市场。

法规中对载畜量有明确的规定,也包括动物的空间需要。像欧盟的法规一样,标准规定了家禽的最低屠宰日龄,大于传统的屠宰日龄。此外,该标准还规定了要使用生长缓慢的家禽品种。

该法规一个非常有用的特点是,列出了允许使用的饲料原料的详细清单(见本书第4章)。更多的国家应以新西兰为范例。在动物饲养中使用的矿物质和微量矿物元素必须是天然来源的,如果不能做到,合成产品在形式上必须与天然来源相同。可以使用与天然维生素相同的合成维生素。家禽日粮中必须添加新鲜或干的粗饲料,或者青贮饲料,但数量没有规定。

2.2.6 其它国家

在大多数发展中国家,经过认证的有机产品没有消费市场。但是在有些国家,有机产品在城市的市场正在不断扩大。发达国家对有机产品需求的日益增加,有望给发展中国家提供新的市场机遇和额外收入,有益于发展中国家的出口,特别是对热带和反季节的产品。这要求发展中国家的出口商采用那些发达国家的生产和产品认证标准,同时激发消费者对进口产品的偏好。

2.3 影响

这些国际性的指导方针、法规和标准对国家标准有很强大的影响。显而易见,当有机禽产品的市场扩大并寻求出口国的时候,这些法规就会发生融合或协调。

比较以上提到的标准发现，它们的很多目标和要求都很相似。如果生产者希望按照这些规定和原则进行饲养，对他们产生影响的可能有以下几个方面：

• 须使用有机饲料。不能使用转基因谷物及其副产品，没有经过有机认证的作物生产的谷物副产品，抗生素、激素或者药物，动物屠宰后的副产品，化学制剂提取的饲料（例如溶剂浸提的豆粕）以及纯氨基酸。在一些地区如欧洲，因为不能提供足够的蛋白质原料以及禁用饲料级氨基酸可能会造成有机禽日粮中缺乏限制性氨基酸。这些限制会增加饲料的费用，而且由于粪便中过量氮的排出也可能对环境产生不利的影响。

• 饲料应该在农场内生产，或者至少在同一个地区生产。但这项要求与地区有关，例如欧洲北部就不具有谷物和蛋白质饲料自给自足的气候条件。所以这项要求决定了当地的季节性生产模式。

• 应该选用本地品种或能够适应农场或本地区的品种。因此，传统的未加改良的品种要优先于遗传改良的杂交品种，而对于传统品种，饲养问题比适当的营养需求更重要。

• 禽群的规模通常取决于能承受其排泄物的土地面积。

• 禽群在室外条件下也应有很好的生产性能，因此它们必须是耐受性强的和健康的动物。另外，寒冷条件下还会增加动物的饲料需求。

• 对疾病暴发处理时采取的限制手段可能会危害禽群的健康。因为严格遵守合成的饲料补充料不得添加的原则，可能会导致维生素和微量矿物元素的缺乏症。仅依靠草料和阳光可提供所需的全部维生素和矿物质还没有科学证据。

（郭春伟译，顾宪红、李柱校）

参考文献

AQIS (2005) *National Standard for Organic and Bio-Dynamic Produce*. Organic Industry Export Consultative Committee. Australian Quarantine and Inspection Service, Canberra. Available at: http://www.daff.gov.au/corporate_docs/publications/pdf/quarantine/fopolicy/national_standards.pdf

AQIS (2007) *National Standard for Organic and Bio-Dynamic Produce*. Organic Industry Export Consultative Committee. Australian Quarantine and Inspection Service, Canberra. Available at: http://www.daff.gov.au/corporate_docs/publications/pdf/quarantine/fopolicy/national_standards.pdf

CAAQ (2005) *Quebec Organic Reference Standard*. Conseil des appellations agroalimentaires du Québec, Montréal. Available at: http://www.caaq.org/en/organic-designation/organic-reference-standard.asp

Canada Organic Initiative Project (2006) *Organic Products Regulations*. Canada Gazette 140, No. 35, 2 September. Available at: http://canadagazette.gc.ca/partI/2006/20060902/html/regle2-e.html

Canadian General Standards Board (2006) *National Standard of Canada, Organic Production Systems Permitted Substances List*. Document CAN/CGSB-32.311-2006. Government of Canada, Ottawa.

Codex Alimentarius Commission (1999) *Proposed Draft Guidelines for the Production, Processing, Labelling and Marketing of Organic Livestock and Livestock Products*. Alinorm 99/22 A, Appendix IV. Codex Alimentarius Commission, Rome.

European Commission (1991) *Council Regulation (EEC) No 2092/91 of 24 June 1991 on Organic Production of Agricultural Products and Indications Referring Thereto on Agricultural Products and Foodstuffs*. *Official Journal of the*

European Communities L 198, 1–15.

European Commission (1999) *Council Regulation (EC) No 1804/1999 of 19 July 1999 Supplementing Regulation (EEC) No 2092/91 on Organic Production of Agricultural Products and Indications Referring Thereto on Agricultural Products and Foodstuffs to Include Livestock Production. Official Journal of the European Communities* L 222, 1–28.

European Commission (2005) *Commission Regulation EC No 1294/2005 Amending Annex I to Council Regulation (EEC) No 2092/91 on Organic Production of Agricultural Products and Indications Referring Thereto on Agricultural Products and Foodstuffs. Official Journal of the European Communities* L 205, 16–17.

European Commission (2007) *Council Regulation EC No 834/2007 on Organic Production and Labelling of Organic and Repealing Regulation (EEC) No 2092/91. Official Journal of the European Communities* L 189205, 1–23.

GAIN Report (2002) *Global Agriculture Information Network report #BR2002*. US Foreign Agricultural Service, US Agricultural Trade Office, Sao Paulo, Brazil.

GAIN Report (2005) *Korea, Republic of Organic Products Organic Market Update 2005*. USDA Foreign Agricultural Service GAIN Report Number: K25011. Available at: http://www.ota.com/pics/documents/koreaorganicreport.pdf

GAIN Report (2006) *Organic Products Law, Mexico*. USDA Foreign Agricultural Service GAIN report MX 6501. Available at: http://www.fas.usda.gov/gainfiles/200605/146187681.pdf

IFOAM (1998) *IFOAM Basic Standards*. IFOAM General Assembly November 1998. International Federation of Organic Agriculture Movements, Tholey-Theley, Germany.

Kilcher, L., Huber, B. and Schmid, O. (2006) Standards and regulations. In: Willer, H. and Yussefi, M. (eds) *The World of Organic Agriculture. Statistics and Emerging Trends 2006*. International Federation of Organic Agriculture Movements IFOAM, Bonn, Germany and Research Institute of Organic Agriculture FiBL, Frick, Switzerland, pp. 74–83.

Landry Consulting (2004) OTA market overview South Korean organic market. Available at: http://www.ota.com/pics/documents/koreanmarketoverview.pdf

Lawrence, E. (2006) Organic food 'rort'. *Sunday Mail*, Queensland, Australia. Available at: http://www.news.com.au/couriermail/story/0,,20465250-953,00html

MAFF (2001) *The Organic Standard, Japanese Organic Rules and Implementation, May 2001*. Ministry of Agriculture, Forestry and Fisheries, Tokyo. Available at: http://www.maff.go.jp/soshiki/syokuhin/hinshitu/organic/eng_yuki_59.pdf

MAFF (2006) *Japanese Agricultural Standard for Organic Livestock Products, Notification No. 1608, 27 October*. Ministry of Agriculture, Forestry and Fisheries, Tokyo. Available at: http://www.maff.go.jp/soshiki/syokuhin/hinshitu/e_label/file/SpecificJAS/Organic/JAS_OrganicLivestock.pdf

NOP (2000) *National Standards on Organic Production and Handling, 2000*. United States Department of Agriculture/Agricultural Marketing Service, Washington, DC. Available at: http://www.ams.usda.gov/nop/NOP/standards.html

NZFSA (2006) *NZFSA Technical Rules for Organic Production, Version 6*. New Zealand Food Safety Authority, Wellington.

UNCTAD (2004) *Harmonization and Equivalence in Organic Agriculture*. United Nations Conference on Trade and Development, Geneva, Switzerland, 238 pp.

UNESCAP (2002) National study: Republic of Korea. In: *Organic Agriculture and Rural Poverty Alleviation, Potential and Best Practices in Asia. Economic and Social Commission for Asia and the Pacific of the United Nations*. Available at: http://www.unescap.org/rural/doc/OA/OA-Bgrd.htm

第3章 禽的营养要素

家禽需要从日粮中摄取五大营养成分:能量、蛋白质、矿物质、维生素和水。营养物质缺乏或不平衡都会影响动物的生产性能。营养平衡和容易消化的饲料,可提高家禽的产蛋和产肉性能。日粮品质对家禽非常重要,因为家禽生长速度很快,而且家禽不是反刍动物(仅有一个简单的胃室),对于高纤维饲料利用率很低。

3.1 营养物质的消化和吸收

饲料在被吸收前需要经过消化,即通过机械和化学的方法降低饲料颗粒大小,使之容易溶解。为了对食物的消化和养分的吸收有一个基本了解,这里简要介绍一下家禽的消化和吸收。如果读者想更深入地了解这方面内容,可以查阅近期有关家禽营养或生理的资料。

家禽的消化系统与其它非反刍动物(如猪或人)有所不同(图 3.1)。口腔演变成一个便于

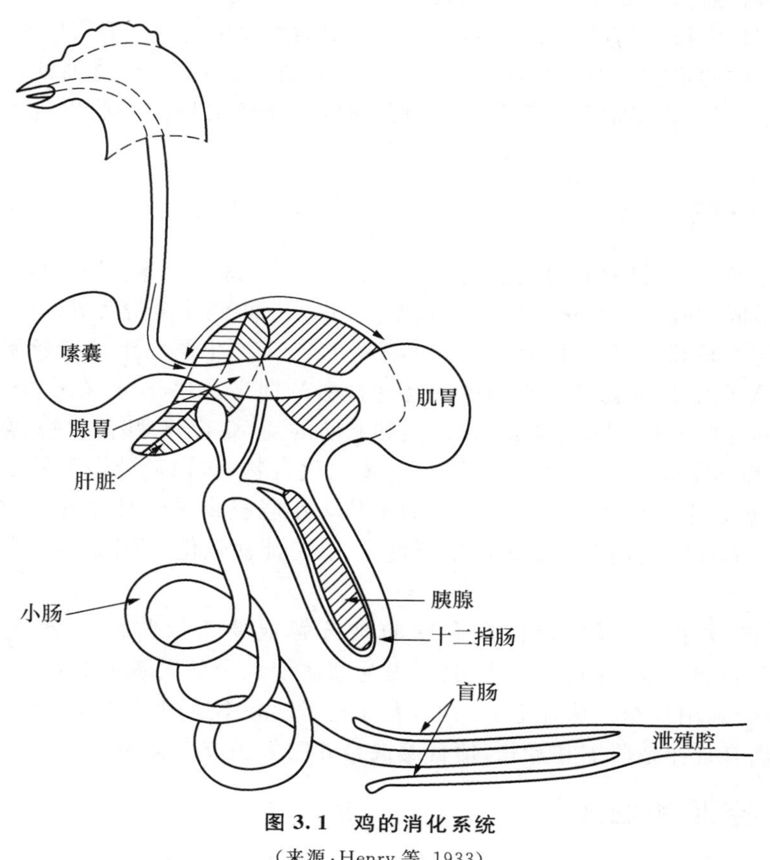

图 3.1 鸡的消化系统

(来源:Henry 等,1933)

采食的狭小的尖喙，这种结构不允许牙齿的存在，所以无法将饲料研磨成便于吞咽的小颗粒。因此，饲料需要依靠肌胃（连接到腺胃）和胃肠壁的肌肉收缩进行物理性破碎。腺胃的功能类似于猪胃的功能。化学性消化是由消化液中的酶和消化道中的微生物完成的。消化过程使饲料颗粒变小并溶解，从而允许营养物质通过消化道壁进入血液。

3.1.1　口腔

消化从口腔开始。唾液腺产生的唾液能湿润干燥的饲料使饲料容易吞咽。饲料被整体吞咽，随后很快到达嗉囊。

3.1.2　嗉囊

嗉囊是一个存储器官，饲料随后进入消化道的下一部分——腺胃。淀粉酶在唾液和嗉囊中的活性最低，因此嗉囊中几乎没有碳水化合物的消化。口腔或者嗉囊中也不消化蛋白质。然而，唾液和嗉囊分泌的黏液可以湿润和进一步软化食物。软化的食物可以通过一系列肌肉收缩（蠕动）进入腺胃。

3.1.3　腺胃（胃）

腺胃即分泌消化液的胃。消化液含有盐酸（HCl）和胃蛋白酶原。在酸性环境（pH＝2.5）中胃蛋白酶原可转换为有活性的胃蛋白酶。蛋白质消化从腺胃开始，在肌胃中还会继续消化。盐酸能分解从饲料中摄入的矿物质如钙盐，使饲料中的病原菌失活。腺胃同时也会分泌黏液，以保护胃壁不受酸的损害。通过采食砂粒可以提高肌胃的磨碎功能，进而使饲料有更大的表面积来进行化学分解，以便消化。部分消化的食物以半流体的形式从肌胃进入消化道的下一部分——小肠。

3.1.4　小肠

小肠是连接肌胃与大肠的一段比较长的管状组织。在这里营养物质完成消化和吸收。消化终产物通过不同的吸收过程透过肠壁进入血液，并进一步到达全身各处。

食糜在小肠中与其它一些液体混合，它的第一段是十二指肠。十二指肠腺产生的碱性分泌物有缓冲剂的作用，同时防止十二指肠壁受到盐酸的损害。胰腺（连在小肠上）分泌的液体包含碳酸氢盐和一些消化碳水化合物、蛋白质和脂肪的酶（淀粉酶、胰蛋白酶、糜蛋白酶和脂肪酶）。十二指肠壁也分泌一些酶，它们继续分解碳水化合物、蛋白质片段和脂肪颗粒。肝脏合成胆汁，经胆管进入十二指肠。胆汁中含有的胆盐为小肠提供碱性环境并且对脂肪的消化吸收起重要作用。养分吸收进入肠细胞前要经过乳化、胆汁盐强化、胰脂肪酶作用和混合微团的形成等过程。

最终，摄入的碳水化合物、蛋白质和脂肪被分解成便于吸收的小分子[单糖、氨基酸（amino acids，AA）和甘油一酯]。与猪相比，因为家禽缺乏分解乳糖所必需的酶（乳糖酶），所以，家禽只能部分利用乳糖。从理论上来说，大部分奶制品不适用于家禽饲料。

小肠壁肌肉有规律地收缩和舒张，使食糜混合并向大肠方向移动。

3.1.5　空肠和回肠

吸收也发生在小肠的第二段和第三段，即空肠和回肠。消化和吸收会一直持续到食物到达回肠的末端。研究生物利用率(日粮中养分的相对吸收)的学者对这个区域非常感兴趣,通过比较养分在日粮和回肠中的浓度,可以得到该养分在肠道内的消化率。

消化后得到的矿物质溶解在各种消化液中,然后通过特异性的吸收系统或者被动扩散的方式吸收。

因为溶解性能不同,所以脂溶性和水溶性维生素的消化和吸收过程也有所差异。脂溶性维生素和它们的前体(维生素 A、β-胡萝卜素、维生素 D、维生素 E 和维生素 K)主要在小肠被消化和吸收,其过程类似于脂肪的消化和吸收。大多数水溶性维生素需要特定的酶将它们从饲料中的自然形态转变为可吸收利用的形态。脂溶性维生素主要通过被动扩散的方式吸收,而水溶性维生素的吸收需要主动载体系统的参与。

营养物质进入血液后会被运送到机体的各个部位,以维持机体的各项功能,如呼吸、血液循环和肌肉运动、细胞修复、生长、繁殖和产蛋等。

含有未消化饲料颗粒的食糜连同肠液、肠壁的脱落细胞一同进入消化道的下一部分——大肠。

3.1.6　大肠

家禽的大肠由一段比哺乳动物短的结肠和一对与小肠末端相连的盲肠组成。结肠与泄殖腔(肛门)相连,泄殖腔是粪、尿和蛋排出的共同通道。

大肠中的肠道内容物移动缓慢并且没有酶的分泌补充。盲肠微生物可以分解一些纤维和未消化的物质,但分解作用是有限的。分解能力可以随着家禽的日龄的增加和对日粮中纤维的适应而增强。因此,除了平胸鸟类(如鸵鸟)可以较好地利用高纤维日粮,其它鸟类对纤维饲料(如苜蓿)的利用率较低。溶解在水中的剩余营养物质在结肠处被吸收。在大肠处合成的一些水溶性维生素和蛋白质没有显著的营养作用,因为大肠的吸收能力有限。大肠吸收肠道内容物中大部分的水,未消化的物质形成粪便,然后混合尿液,最后以粪尿的形式由泄殖腔排出。

绝大多数家禽的整个消化过程大约需要 2.5～25 h,其消化时间主要取决于进食时消化道的充盈程度。

3.2　采食量

家禽对于饲料的选择受先天和后天两种因素影响。虽然雏鸡具有相对较少的味蕾,而且嗅觉也不发达,但是它依然能够根据颜色、口味或者气味来区分一些饲料来源。由于雏鸡不能由父母来直接饲喂,因此禽类学习区分有营养的和有害的饲料比哺乳动物更困难。在有机生产系统中,这个学习过程在雏鸡生活早期由其母亲帮助实现。

禽类在选择各种饲料时,很大程度上依赖于饲料的视觉外观。在它们首次进食时,主要是依靠色彩和外观来决定是否采食这种饲料(El Boushy 和 van der Poel, 2000)。根据这些作者的综述,雏鸡更喜欢黄-白色玉米,随后是黄、橙色玉米,最后是橙-红色玉米。只有当家禽非常饥饿时,才会采食红、红-蓝及蓝色饲料。偏嗜试验也表明,禽类较少采食黑色和绿色食物。一些研究表明,雏鸡偏爱采食与开口料具有相同颜色的饲料。颜色在训练禽类避免摄食那些会导致疾病的饲料方面也有重要作用。

以上综述表明，禽类拥有敏锐的味觉，并且能依据甜味、咸味、酸味和苦味来区分饲料。酸败和腐败可以降低采食量。各家禽品种之间对味道的辨别存在遗传差异。研究发现，蔗糖是雏鸡唯一偏爱的糖，可用来防止雏鸡挨饿，在疾病暴发期间和应激时也可以给鸡群提供帮助。目前研究表明，添加到家禽饲料中的大多数香料没有刺激采食的作用。

禽类缺乏嗅闻行为，因此与哺乳动物相比，嗅觉在禽类中的作用比较小。

El Boushy 和 van der Poel (2000)证明，参与调控采食量的其它因素包括温度、黏度、水的渗透压、唾液分泌量、饲料的营养价值及饲料成分的毒性。

禽类已被证实具有某种程度的“营养智慧”或者“特异胃口”，较少采食养分含量不充分的食物。蛋鸡鸡群可以根据食物中的能量水平来调节采食量；因此要根据能量水平调节其它养分的浓度。现代的肉鸡鸡群似乎已经丧失了根据食物中的能量水平来调节采食量的能力，种鸡鸡群需要限饲。但从另一方面来说，当存在多种饲料时，肉鸡选择不同的饲料以达到蛋白质平衡的能力比蛋鸡要强(Forbes 和 Shariatmadari, 1994)。我们将会在后面的章节中概述那些根据家禽的这些能力而建立的“选择-饲喂”(choice-feeding)系统。

El Boushy 和 van der Poel (2000)发现，小麦和葵花籽、精米、煮熟的马铃薯、马铃薯片及鲜鱼等适口性非常高。除非撒在地面上，否则燕麦、黑麦、稻米、荞麦和大麦适口性较低。亚麻籽粉适口性最差。

饲料粒度是影响采食量的物理因素。例如，已经证明肉鸡对 1.18～2.36 mm 的颗粒采食最多(El Boushy 和 van der Poel, 2000)。随着禽类日龄的增加，它们更喜欢大于 2.36 mm 的颗粒。我们将会在以后的章节中，讨论有关颗粒大小的更多研究。

群居效应是影响采食量的另一个因素，在一个群体环境中雏鸡的采食量更高。

3.3 消化率

进入消化系统的养分只有一部分能被吸收，被吸收的这部分可以通过消化试验进行测定，并作为确定消化率的参数。研究人员同时测定饲料和粪便或者回肠(更准确)中含有的营养物质的量。这两部分的差值就是被家禽消化吸收的部分，通常用百分数或相对于 1 的小数表示(1 表示完全消化)。对所有养分而言，每种饲料都有特定的消化参数。全价料或其中某种成分的消化率也能被测定出来。

由于禽类是粪和尿一起由泄殖腔排出，所以禽类消化率的测定比猪更加复杂。为了使粪尿分离，通常在结肠处给禽类做一个外科手术。

用这种方法测定的消化率为表观消化率，因为粪和回肠内容物中含有肠道及肠道相关腺体分泌的液体和黏液素，还有肠道脱落的细胞。对这些内源损失进行校正后就得到真消化率。通常情况下，除非有特殊说明，饲料价值表中的消化率均指表观消化率。

影响消化率的因素

有些饲料中含有阻碍营养物质消化的物质，这方面内容将在第 4 章介绍。

1. 碳水化合物的消化率

在家禽日粮中淀粉是最主要的能源物质，且消化率较高。复杂的碳水化合物，如植物中富含的纤维素，不能被家禽所消化。在某些禽类的盲肠中，存在一些降解纤维素的微生物，这有助于从饲料中摄取更多能量。饲料中可能存在的其它复杂碳水化合物有半纤维素、戊聚糖和低聚糖。它们也很难消化，但可以通过在日粮中添加某些酶类来提高其利用率。大麦、黑麦、燕麦、小麦中的戊聚糖和β-葡聚糖可以增加消化液的黏稠度，妨碍消化和吸收(NRC，1994)。它们也可以导致粪便黏稠，进而导致爪和腿出现问题及胸囊肿。因此，目前在传统家禽饲料中广泛添加必要的酶类使这些组分在消化期间得到降解。

壳多糖是昆虫坚硬外骨骼的主要成分。驯化的家禽有消化这种成分的能力，但是有研究表明，对家禽来讲，昆虫的骨骼不是重要的养分来源(Hossain 和 Blair, 2007)。

饲料中的某些碳水化合物可能会干扰消化过程。例如，豆粕中一定水平的α-半乳糖会降低以豆粕为基础日粮的消化率(Araba 等，1994)。解决方法包括使用低半乳糖的大豆品种和在饲料中添加特定的酶。

熟化工艺可以提高一些饲料的消化率，如马铃薯。蒸汽制粒也可以提高淀粉的消化率。

2. 蛋白质的消化率

已经证实，喂食生大豆可导致育成鸡生长停滞、饲料利用率降低、胰腺增生和蛋鸡产的蛋变小。这些现象是由于大豆中存在抗胰蛋白酶，降低了蛋白质消化率(Zhang 和 Parsons, 1993)。抗胰蛋白酶抑制蛋白水解酶——胰蛋白酶的活性，并导致其它蛋白水解酶活性降低，因此需要胰蛋白酶来活化。热处理可以使大豆中的抗营养因子失活。

高粱中高含量的单宁酸可降低干物质和蛋白质消化率，棉籽粕中的棉酚在热处理时与赖氨酸形成难以消化的复合物。在苜蓿粉中，皂素的含量可以降低蛋白质消化率(Gerendai 和 Gippert，1994)。

由于在一定温度下氨基酸与可溶性糖发生反应，因此在饲料加工过程中余热也同样会导致蛋白质消化利用率降低。

3. 脂肪的消化率

日龄较大的家禽对脂肪的消化优于年幼的家禽。例如，Katongole 和 March(1980)报道，6 周龄的肉鸡和来航鸡比 3 周龄的肉鸡和来航鸡对动物油脂的消化率提高了 20%～30%。年龄因素对饱和脂肪的影响最为显著。

其它因素也会影响脂肪的消化率，其中包括日粮中脂肪水平和其它食物成分的存在(Wiseman，1984)。由于不同的成分以不同的效率被消化和吸收，因此脂肪的组成影响总脂肪的消化。

日粮中脂肪含量的增加可以抑制腺胃排空和肠道食糜的运动，降低饲料在肠道的排空速度并影响日粮总消化率。排空速度降低会导致食糜与消化酶作用的时间延长，从而提高了包括非脂肪成分在内的饲料成分的消化率。这可以导致混合饲料的能量值高于各组分能量值总和，造成“额外热效应”(NRC, 1994)。

Wiseman(1986)报道，由于加工过程中过热导致脂肪氧化，消化率和有效能可减少 30%。一些天然存在的脂肪酸也能对总脂肪的利用产生不利影响，例如菜籽油和其它芸薹属植物中的芥酸和棉籽中的脂肪酸。

4. 矿物质的消化率

饲料中的磷大部分以植酸磷的形式存在，但由于禽类肠道内缺少消化植酸磷的酶，所以导致植酸磷的消化率很低。因此，为了保证磷的供应，饲料中通常以非植酸磷的含量来配制家禽日粮配方。现在，在传统家禽日粮中普遍应用微生物植酸酶。这样可以有更多的磷释放到肠道中,减少粪便中磷的排出和进入环境中磷的数量。利用微生物植酸酶也可以提高日粮中其它养分的吸收,并且会分解植酸复合物。

一旦脂肪被消化,游离的脂肪酸就有机会与食糜中其它营养物质作用。游离脂肪酸与矿物元素结合会生成可溶的脂肪酸盐或不溶的脂肪酸盐。如果形成的是不溶的脂肪酸盐,其中的脂肪酸和矿物质将不能被禽类吸收利用。这个问题多见于含有饱和脂肪酸和高含量的矿物质元素的幼禽日粮,而对于成年禽类问题不大。

3.4 营养需要

3.4.1 能量

饲料在肠道内被消化的时候产生能量。随后能量以热的形式释放或者以化学形式被机体吸收用于代谢。饲料中的蛋白质、脂肪和碳水化合物是能量的主要来源。通常情况下,饲料中的谷物和脂肪提供大部分的能量,超出营养需要的能量转化为脂肪贮存在体内。提供能量的饲料所占成本在饲料成本中最大。

饲料总能(gross energy, GE)可以在一定条件下用燃烧的方法在实验室测定,并用产生的热量来进行衡量。然而实际条件下消化总是不完全的,因此总能的测定不能提供精确的动物有效利用的能量的信息。一个更精确的指标是消化能(digestible energy, DE),它考虑了不完全消化和粪便中损失的能量。饲料的化学成分对消化能有很大的影响,脂肪含量增加则能值提高,纤维、灰分含量增加则能值降低(图 3.2)。脂肪的能值是碳水化合物或者蛋白质能值的 2.25 倍。

图 3.2 饲料营养成分的测定

能更精确地反映饲料有效能值的指标是代谢能(metabolizable energy,ME,考虑了尿中能量的损失)和净能(net energy,NE,还考虑了消化过程中的产热)。禽类的粪尿混合在一起,利用这一特征,可以利用平衡试验比较容易地准确测定饲料和排泄物中的 ME。因此,ME 是一些国家最常用的家禽养分能量测定指标。通过内源氮(N)对机体能量的沉积进行校正,可以得到一个更为精准的 ME 值。氮沉积调整为零时的代谢能称为 ME_n。

通过这些方法获得的代谢能为表观代谢能(apparent ME,AME),因为排泄物中的能量并非全部都来源于饲料。一些能量来源于消化液中的内源性分泌物、肠道脱落的细胞、内源性尿分泌物。真代谢能(true ME, TME)是纠正这些损失后的代谢能。研究者已经确定了某些饲料的 TME 和 TME_n,并已经应用于一些国家的饲料配方中。内源性的损失很难进行准确的测定:有一种估算方法是通过短期禁饲并假设此时排泄物中的能量代表内源性损失(Sibbald,1982)。大多数饲料的 ME_n 接近 TME_n(NRC,1994)。然而,某些原料的 ME_n 和 TME_n 显著不同,如米糠、小麦次粉和玉米酒糟及其可溶物等。因此 NRC(1994)建议,在配制日粮时,这些原料的 ME_n 与其 TME_n 不应该随意地相互替代。

很多饲料的 ME_n 是用雏鸡测定的,而 TME_n 是用成年公鸡测定的。很少有研究测定不同日龄家禽的 ME_n 和 TME_n。我们需要更多的不同日龄的鸡、火鸡和其它家禽饲料成分的 ME_n 和 TME_n 的数据(NRC, 1994)。

一些研究者已经设计出根据饲料的化学成分估算 ME 的公式(NRC, 1994)。

本出版物建立的需要量和主要摘自家禽营养需要(NRC,1994)报道的需要量都以 ME (AME)为基础,用 kcal/kg 或者 Mcal/kg 表示。这种能量系统广泛应用于北美和其它很多国家。一些国家用 J、kJ 或 MJ 作为能量单位。cal 和 J 可以进行相互转换,如 1 Mcal=4.184 MJ、1 MJ=0.239 Mcal 和 1 MJ=239 kcal。因此,本出版物中饲料成分表中所列出的 ME 值表示成 MJ/kg、kJ/kg 或 kcal/kg。

3.4.2 蛋白质和氨基酸

营养需要量表中的蛋白质需要量通常指粗蛋白(crude protein, CP)。日粮中的蛋白质作为氨基酸的来源,是形成皮肤、肌肉组织、羽毛、蛋等的原料。机体的蛋白质处于不断分解和合成的动态平衡中,因此持续地从日粮中摄入充分的氨基酸是必需的。蛋白质摄入不充分将导致生长缓慢或停止、生产性能下降及机体功能紊乱。

家禽体内有 22 种氨基酸,其中 10 种是必需氨基酸(essential AA,EAA)(精氨酸、蛋氨酸、组氨酸、苯丙氨酸、异亮氨酸、苏氨酸、亮氨酸、色氨酸、赖氨酸及缬氨酸),即体内不能合成而只能从日粮中摄取的氨基酸。半胱氨酸和酪氨酸是半必需氨基酸,可分别由蛋氨酸和苯丙氨酸合成。其它是非必需氨基酸(non-essential AA,NEAA),可以在体内合成。

蛋氨酸在羽毛的形成中有重要的作用,并且公认是第一限制性氨基酸。因此,在日粮中必须有适当含量的蛋氨酸。日粮中第一限制性氨基酸的水平决定了其它必需氨基酸的利用效率。如果日粮中提供的限制性氨基酸只达到其需要量的 50%,那么其它氨基酸的利用效率将会被限制到 50%。这可以解释为什么缺乏某种氨基酸时并不会出现该氨基酸的特异性缺乏症:任何一种必需氨基酸的不足都会导致蛋白质的缺乏。通常表现为采食量降低,同时伴随饲料损耗增加、生长减慢、生产性能下降等。多余的氨基酸不会在体内贮存,而是以氮化合物的形式随尿排出。

营养需要量表中仅列出蛋白质的需要量已不再合适,只有列出蛋白质和必需氨基酸的需要量,才能确保日粮中正确地提供所有生理上必需的氨基酸的需要(NRC,1994)。

在大多数禽类日粮中,每种氨基酸都有一部分是不能被动物有效利用的。这是因为大部分蛋白质不能被完全消化,氨基酸也不能被完全吸收。某些蛋白质中的氨基酸的生物利用率几乎是百分之百的,例如鸡蛋或奶制品,但也有一些蛋白质中氨基酸的生物利用率较低,如植物种子。所以用氨基酸的有效生物利用率来表示氨基酸的需要量更准确。

蛋白质和氨基酸的需要量随着日龄和生长阶段而改变。生长期肉禽需要高水平的氨基酸来满足其快速生长和组织沉积的需要。虽然成年公鸡体型比产蛋母鸡大,饲料损耗相近,但是成年公鸡的氨基酸需要量低。家禽的体型大小、生长率和产蛋主要是由遗传因素决定的。因此,不同的家禽种类、品种和品系,其氨基酸的需要量也不同。

日粮中蛋白质和氨基酸的含量通常以在饲料中的比例来表示。为了确保合适的蛋白质和氨基酸总摄入量,必须考虑饲料消耗水平。NRC(1994)得出的是家禽在适宜温度(18～24℃)下的蛋白质和氨基酸的需要量。超出这个范围的环境温度与饲料消耗量有反向的关系,如温度较低时,采食量较高;反之,采食量较低(NRC,1994)。因此,为了确保每日所需的氨基酸的摄入量,应根据采食量的变化调整日粮中蛋白质和氨基酸的水平,如在温度较高的环境中增加日粮中的蛋白质和氨基酸水平,较冷的环境时降低日粮中二者的水平。

为了获得最理想的生产性能,日粮必须提供适量的必需氨基酸、能量和其它必需营养物。NRC(1994)列出的粗蛋白需要量适用于消化率高的玉米/大豆日粮。当配制消化率较低的日粮时,需要调整目标值。科研人员已经测定出很多原料的必需氨基酸的有效生物利用率。测定日粮氨基酸吸收比例的主要方法是,利用特殊手术处理的家禽,测量食糜到达回肠末端时日粮氨基酸在肠道消化吸收的比例。然而,此方法的数据分析有些复杂。用这个方法得到的值称为"回肠消化率",比称为"有效生物利用率"更准确,因为有些氨基酸在代谢过程中以不能被完全利用的形态进入体内。而且如果不对内源氨基酸进行校正,这个值是表观值,而不是真实值。

营养需要量的估计基于以下假设:日粮有效必需氨基酸的组成在所有生长阶段保持相对恒定,而在产蛋阶段存在一定的变化。满足动物氨基酸需要的蛋白被为理想蛋白(ideal protein,IP)。日粮中必需氨基酸比例如果接近理想蛋白,日粮粗蛋白含量可以适当降低。日粮中必需氨基酸组成越接近 IP,饲料的利用率越高,氮的排泄水平越低,而且此时能量利用效率也最高。

Van Cauwenberghe 和 Burnham (2001) 及 Firman 和 Boling (1998)在可消化氨基酸和以赖氨酸作为第一限制性氨基酸的基础上,对肉鸡、蛋鸡及火鸡日粮中理想氨基酸比例的多种评估进行了总结,结果见表 3.1 至表 3.3。

谷物(如玉米、大麦、小麦、高粱)是禽类日粮的主要成分,通常提供总氨基酸需要量的30％～60％。为了提供充足的、平衡的必需氨基酸,日粮中必须要有其它来源的蛋白质,如豆饼和菜籽饼。为了提供足够的必需氨基酸,日粮的蛋白质水平取决于所使用的饲料。含有高质量蛋白质的饲料(即氨基酸模式与家禽的氨基酸需要相近)或不同原料间氨基酸能够互补的混合饲料可以在日粮蛋白质水平较低的情况下满足必需氨基酸的需要。这在需要减少氮的排出时显得非常重要。

决定蛋白质原料价值的主要因素是其中各种氨基酸的比例。高质量蛋白质的组成应接近于理想蛋白(如鱼蛋白或肉蛋白)。正确的饲料配方既能确保日粮氨基酸(推荐以有效生物利用率估计)尽可能接近理想蛋白,又能尽量减少必需氨基酸的浪费。

本章已经在最后的表中列出了以理想蛋白为基础估计的氨基酸需要量(NRC, 1994)。影响采食量的因素同样会影响氨基酸需要量。一般认为,当采食量下降时,饲料中氨基酸的含量应该增加;相反,采食量增加时,氨基酸浓度要相应降低。

表 3.1　肉鸡理想氨基酸模型，以赖氨酸的需要量为 100 计

（来源：Van Cauwenberghe 和 Burnham，2001）

氨基酸	需要量				
	NRC，1994	Baker 和 Han，1994	Lippens 等，1997	Gruber，1999	Mack 等，1999
赖氨酸	100	100	100	100	100
精氨酸	114	105	125	108	ND
异亮氨酸	73	67	70	63	71
蛋氨酸	46	36	ND	37	ND
蛋氨酸＋胱氨酸	82	72	70	70	75
苏氨酸	73	70	66	66	63
色氨酸	18	16	ND	14	19
缬氨酸	82	77	ND	81	81

ND：没有测定。

表 3.2　蛋鸡理想氨基酸模型，以赖氨酸的需要量为 100 计

（来源：Van Cauwenberghe 和 Burnham，2001）

氨基酸	需要量			
	NRC，1994	CVB，1996	ISA，1996/97	MN，1998
赖氨酸	100	100	100	100
精氨酸	101	ND	ND	130
异亮氨酸	94	74	82	86
蛋氨酸	43	45	51	49
蛋氨酸＋胱氨酸	84	84	88	81
苏氨酸	68	64	70	73
色氨酸	23	18	22	20
缬氨酸	101	81	93	102

ND：没有测定。

表 3.3　开产火鸡理想氨基酸模型，以赖氨酸的需要量为 100 计

（来源：Firman 和 Boling，1998）

氨基酸	需要量	氨基酸	需要量
赖氨酸	100	蛋氨酸＋胱氨酸	59
精氨酸	105	苯丙氨酸＋酪氨酸	105
组氨酸	36	苏氨酸	55
异亮氨酸	69	色氨酸	16
亮氨酸	124	缬氨酸	76

3.4.3 常量矿物元素

矿物质对动物机体功能、正常生长和繁殖至关重要。此外，作为骨骼和蛋的组成成分，矿物质还参与其它重要的代谢过程。日粮中矿物质供应不足会导致一些缺乏症发生，包括采食量减少、生长率降低、腿病、羽毛发育异常、甲状腺肿、瘦弱、育种和繁殖问题及死亡率增加。

家禽至少需要14种矿物元素（表3.4），可能还有其它必需的矿物元素。在自然饲养条件下，家禽通过采食牧草及啄食土壤来获得部分需要的矿物元素。然而这些并不能保证满足其矿物质需要。因此，禽日粮中必须补充一定的矿物元素。

常量矿物元素需要量较大，包括钙、磷、钠、钾、氯、硫、镁。微量矿物元素需要量较少，包括铁、锌、铜、锰、碘、硒。家禽也需要钴，不过因为它是维生素B_{12}的组成成分，所以不需要作为微量矿物元素添加。日粮中一般不会缺乏铜和铁，不需要额外供给。铁是血红蛋白和细胞色素的重要成分，碘是甲状腺激素的组成成分。铜、锰、硒、锌是酶的重要辅助因子。饲料原料含有的某些微量矿物元素通常可以满足家禽的需要。然而，不同土壤含有的微量矿物元素不同，不同植物摄取的微量矿物元素也不同，最终导致某些地区生产的饲料原料可能会缺乏某种矿物元素。因此，家禽日粮需要补充一定的微量矿物元素以满足正常的生理需要。作为饲料添加剂使用的矿物质盐类通常不是纯的化合物，而是含有不同量的其它矿物元素。

在这些必需的矿物元素中，日粮中可能缺乏的是钙、磷、钠、铜、锰、硒和锌。其它必需的矿物元素一般不会缺乏。但在某些条件下，也会出现镁缺乏的情况。

必需矿物元素分类如下：

表3.4 家禽的必需矿物元素

常量矿物元素	微量矿物元素	常量矿物元素	微量矿物元素
钙(Ca)[a]	钴(Co)	钾(K)	锰(Mn)[b]
氯(Cl)[a]	铜(Cu)[b]	钠(Na)[a]	硒(Se)[b]
镁(Mg)	碘(I)[c]	硫(S)	锌(Zn)[b]
磷(P)[a]	铁(Fe)[b]		

[a] 以日粮成分的形式存在；[b] 添加在预混料中；[c] 通常以碘盐形式添加。

1. 钙和磷

钙和磷对骨的形成和维持至关重要。两者相互结合，在禽类体内占所有矿物元素的比例超过70%。这些数据足以说明钙和磷的重要性。日粮中的钙和磷，缺乏任意一种都会限制另一种的利用。把这两种元素放在一起讨论是因为它们有着密切的关系。对于生长期家禽，日粮中的大部分钙参与骨的形成，而产蛋期家禽日粮中的钙大部分参与蛋壳的形成。钙还有凝血的作用。日粮中过量的钙会导致其它矿物元素如磷、镁、锰和锌的缺乏。除产蛋期外，日粮中钙与非植酸磷比例在2∶1左右适用于大部分家禽。蛋壳的形成需要更高水平的钙，此时钙与非植酸磷比例应为12∶1。磷除了参与骨的形成，还参与体内能量代谢，构成细胞膜。

钙比磷更易缺乏。家禽日粮的主要组成成分谷类中钙的含量很低，尽管谷物和大多数饲料原料中钙的生物利用率通常比磷高。豆类和牧草可提供一定量的钙。

谷类及谷类副产品磷含量较高，其中一半或一半以上的磷与植酸有机结合形成植酸磷。家禽对植酸磷的利用率很低，家禽只能利用玉米和小麦中10%的植酸磷（NRC，1994）。动物产品和饲料添加剂中的磷都可以被家禽有效地利用。油料饼粕类原料中的磷生物利用率较低。与此相反的是动物蛋白饲料中的磷主要为无机磷(即不含碳,而有机磷含碳),大多数动物蛋白源(包括奶制品和肉产品)磷的生物利用率较高。风干的苜蓿粉中磷的利用率较高。有些研究表明,蒸汽制粒能提高植酸磷的利用率,但也有一些研究发现没有类似的效果。无机磷添加剂中磷的生物利用率差异也很大。因此,现在磷的需要量通常用有效磷或非植酸磷的形式表示。充足的维生素 D 对钙磷的正常代谢至关重要,但是过高的维生素 D 水平会过多地动员骨中的钙和磷。

关于饲料中钙的有效利用率的研究很少,因为钙的含量极低,有效利用率的差异造成的影响很小。常见的钙添加剂(如石粉、贝壳粉和磷酸二钙)利用率很高。Blair 等(1965)的研究显示,鸡对磷酸二钙的利用率高于石粉。

钙磷的缺乏症与维生素 D 缺乏相似(NRC,1994),包括生长和骨骼钙化受阻,幼禽表现为佝偻病,成年家禽骨质软化。当蛋禽日粮中钙不足时,会动用骨骼中的钙以满足产蛋的需求。幼禽缺乏钙会导致骨骼变软并容易发生骨折。每枚鸡蛋的蛋壳约含有 2 g 钙,因此蛋鸡产蛋期对钙的需要量很高。钙缺乏将导致软壳蛋,降低产蛋量。经常发生在笼养家禽中的产蛋疲劳症也与钙的缺乏有关(也可能是磷和维生素 D 的缺乏)。

过量的钙不仅会降低磷的利用,在植酸存在的情况下还会增加家禽对锌的需求,导致锌的缺乏。过量的钙也增加维生素 K 的需要量。

2. 钠、钾和氯

钠、钾和氯是日粮中影响电解质和酸碱平衡的最重要的离子。日粮中适量的钠、钾和氯对生长、骨发育、蛋壳质量及氨基酸的利用至关重要。钾是体内含量第三的矿物质元素,仅次于钙和磷,是肌肉内含量最多的元素。钾主要与电解质平衡和神经肌肉功能有关。家禽日粮中通常含有足量的钾。氯是胃酸的重要成分,是盐酸分子的组成部分。而盐酸能在腺胃中帮助消化食物。钠是细胞膜神经刺激和离子跨膜转运的必需物质。典型的钠、钾和氯缺乏症包括食欲衰退、生长迟缓、脱水及死亡率增加。

只要能喝到足够的无盐饮水,家禽对日粮中的氯化钠就有较高耐受力。

3. 镁

镁是很多酶系统的辅助因子和骨骼的成分。家禽日粮中一般不会缺乏镁,缺镁的主要症状是:昏睡、肌肉颤抖、痉挛、抽搐直至死亡。

4. 硫

硫是必需矿物元素,但在日粮中含量充足,所以不需要补充。

3.4.4　微量矿物元素

家禽日粮要提供 6 种必需微量矿物元素:铁、铜、锌、锰、碘和硒。家禽生产过程中微量矿物元素缺乏的亚临床症状发生率比生产者认识到的更高。有些土壤本身就缺乏微量矿物元素,比如北美洲降雨量大的地区,因水土流失导致硒缺乏。因此,在亚洲会发现饲喂美国生产的玉米、大豆的家畜出现硒缺乏症,而饲喂当地饲料的家畜则不会出现此缺乏症。饲料生产者应重视饲料原料中微量矿物元素是否充足,并提供适当配方的微量矿物元素混合料。

一些研究表明,忽视家禽日粮中的微量矿物元素会降低家禽的生产性能和组织中矿物质的浓度。Patel 等(1997)研究了三个品种的肉鸡,发现孵化后 35～42 d 从日粮中移除微量矿物元素和维生素会降低日增重。另外，屠宰前 7 d 从日粮中移除维生素 B_2，可导致胸肌中维生素 B_2 含量下降 43%。Shelton 和 Southern(2006)报道，肉鸡日粮中不添加维生素预混料对前期生长率无影响，但随着日龄的增加会逐渐降低生长率。İnal 等(2001)报道，蛋鸡日粮中不添加微量矿物元素和维生素会导致产蛋量降低、采食量下降、蛋变小和蛋中锌含量降低。这些结果与生产效率和产品质量相关，因此对有机产品的生产者很重要。

1. 钴

钴是维生素 B_{12} 分子的组成部分，当给家禽饲喂充足的维生素 B_{12} 时不会表现出钴的缺乏症，所以不需要补充。日粮中没有动物源性成分时(动物性原料含有维生素 B_{12})也就不含维生素 B_{12}。因此，家禽饲喂全植物配制的饲料时需要添加钴。在实际生产中，许多饲料厂在所有畜禽日粮中都使用加钴的碘化盐。这样在生产饲料时就不必为反刍动物和非反刍动物贮存不同形式的食盐，而且也可以防止因为家禽日粮中维生素 B_{12} 不足而引起的钴缺乏。

2. 铜

与铁代谢有关的酶的活性、弹性蛋白和胶原蛋白的形成、黑色素的产生、中枢神经的完整性都需要铜。正常红细胞的生成需要铜和铁。铜也是骨骼形成、脑细胞和脊髓结构、免疫应答和色素沉积所必需。缺铜会导致铁动员减弱，造血异常和角质化，弹性蛋白、髓鞘、胶原蛋白合成减少。同时也会出现腿软、不同程度的腿弯曲和肌肉运动失调等现象。如缺铜可以导致胫骨发育异常。胶原蛋白和(或)弹性蛋白的减少会导致心血管病变及主动脉破裂，特别在火鸡上。

3. 碘

100 多年前，人们就知道碘是甲状腺维持正常功能所必需，碘缺乏会导致甲状腺肿大。所以现在应用碘化盐来预防人类和动物的这种疾病。硒的营养对碘代谢有显著影响，进而影响基础代谢率和一些生理过程。一些日粮因素可以导致甲状腺肿。十字花科植物含有潜在的致甲状腺肿物质——硫脲嘧啶，芸薹和白三叶草含有致甲状腺肿物质——氰苷(cyanogenetic glycosides)(Underwood 和 Suttle，1999)。硫代葡糖苷是一种常见的致甲状腺肿物，而双低油菜籽(canola)是对油菜籽进行选育的硫代葡糖苷含量较低的品种。其它一些饲料原料中也含有致甲状腺肿物，如胡萝卜、亚麻籽、木薯、甘薯、菜豆、谷子、花生、棉籽、豆粕，它们抑制甲状腺释放激素。所以，即使日粮中含有足够的碘也可能出现甲状腺肿。

饮水中高水平的钙会降低碘的吸收，特别是日粮中碘的水平处于临界点时。缺碘的典型症状为甲状腺肿大(由于颈部羽毛遮挡可能很少被注意到)、生长减缓及孵化率降低。尸检可发现甲状腺肿大并出血。

大多数饲料含碘量非常少，但海藻例外，含碘 4 000～6 000 mg/kg。

4. 铁

机体中的铁大部分是以红细胞中的血红蛋白和肌肉中的肌红蛋白的形式存在，其余的铁贮存在肝、脾和其它组织中。血红蛋白是维持机体所有组织和器官功能所必需的。铁在雏鸡体内周转速率很快，因此铁在日粮中必须以极易被吸收的形式存在。缺铁会导致家禽贫血。任何体内感染，如球虫病，都可以阻碍铁的吸收，从而导致铁的缺乏症发生。

对于在室外草地放养的家禽，土壤中含有的铁可以满足其对铁的需要。但是必须保证土壤没有病原体和寄生虫感染。

5. 锰

锰是合成硫酸软骨素必需的元素。硫酸软骨素是一种黏多糖，是软骨的重要成分。多糖和糖蛋白合成过程相关的酶的激活也需要锰的参与。锰还是丙酮酸羧化酶的激活剂，丙酮酸羧化酶是碳水化合物代谢的关键酶。脂类的代谢也依赖于锰。家禽缺锰会导致滑腱症、骨短缩(软骨营养障碍)、胚胎发育迟缓及蛋壳品质下降。生长速度变慢和饲料利用率降低也是缺锰的表现。

6. 硒

硒是谷胱甘肽过氧化物酶的重要组成部分。谷胱甘肽过氧化物酶可以保护机体不受过氧化物的损害。维生素 E 也是抗氧化剂，所以硒和维生素 E 都能避免过氧化物伤害体细胞，这也是机体抵抗应激的辅助机制。许多饲料含有能形成过氧化物的成分，如不饱和脂肪酸。饲料的酸败会形成过氧化物，从而破坏营养成分。例如，维生素 E 很容易因酸败而被破坏。对维生素 E 的抗氧化功能，硒可以起辅助作用。硒和维生素 E 的生物功能相互联系。禽类需要这两种物质，因为除了抗氧化能力，它们还参与其它的代谢过程。尽管维生素 E 与硒在一定程度上能相互代替，但还是会出现硒或维生素 E 的缺乏症。硒不能取代维生素 E 的营养作用，但它能降低维生素 E 的总需要量和推迟维生素 E 缺乏症的出现。硒和维生素 E 在动物免疫应答中扮演着重要的角色。猝死通常与硒缺乏有关。硒在家禽中还可以预防渗出性素质(exudative diathesis)(因细胞损伤导致的毛细血管渗透压增加引起的严重水肿)，维持胰腺的正常功能。

尸体剖检发现，硒缺乏和维生素 E 缺乏对机体的损害是相同的(NRC，1994)，包括渗出性素质和肌胃疾病。骨骼肌苍白、萎缩症(白肌病)也很常见。环境应激也可在一定程度上引起硒缺乏症。微量矿物元素预混料中通常含有硒。亚硒酸钠和硒酸钠是家禽日粮中常见的硒添加剂。饲料中也使用酵母硒。

因为硒含量过高时会导致家禽中毒，所以在配制饲料时应避免添加过量的硒。人们也制定了很多“饲养管理条例”以避免硒的过量添加。

7. 锌

锌在机体中分布广泛，很多参与机体代谢活动的酶系都含有锌。锌参与蛋白质的合成与代谢，同时也是胰岛素的重要组成部分，因此锌在碳水化合物的代谢中具有一定的功能。锌对于家禽十分重要，尤其是蛋鸡。锌可以作为很多酶的组分，比如对蛋壳形成有重要作用的碳酸酐酶。其它重要的一些锌酶包括羧肽酶和 DNA 聚合酶。这些酶在免疫应答、皮肤和伤口愈合及激素分泌中有十分重要的作用。家禽缺锌的典型表现包括免疫系统抑制、足皮炎、孵化率低及蛋壳品质下降。饲料中高浓度的钙和植酸盐会减少锌的吸收，因为锌与饲料中的植酸结合形成植酸锌，所以大豆饼、棉籽饼、芝麻饼和其它一些植物蛋白饲料中锌的利用率较低。

3.4.5 维生素

维生素是动物正常生长和维持生命所必需的有机物(含碳)。日粮维生素不足或吸收利用障碍会造成特定的营养缺乏综合征。

维生素可以定义为拥有以下特点的一类有机物：

- 食物或饲料的天然组成成分，但不同于碳水化合物、脂肪、蛋白质和水。
- 在饲料中的含量很少。

• 在组织的正常发育、生长、健康和新陈代谢中有重要作用。

• 当日粮中缺少或不能被正常吸收利用时，会出现特定的营养缺乏病或症状。

• 不能由动物合成，必须由日粮提供。

也有不符合上述特点的维生素。大多数维生素可以化学合成。动物在紫外线照射下能由皮肤合成维生素 D，烟酸在体内可以由色氨酸合成。

虽然维生素的需要量很少，但它在动物的正常发育和生殖中起着重要作用。禽类自身只能合成少数几种维生素以达到需要量。家禽日粮常用的原料中有些维生素的含量很充足，其余的则需要补充。有些维生素虽然含量充足，但却以结合态或不能被利用的形式存在，所以也需要补充。

1. 维生素的分类

我们通常把维生素分为脂溶性和水溶性维生素（表 3.5）。第一个被发现的维生素是脂溶性维生素 A。随后发现的脂溶性维生素有维生素 D、维生素 E、维生素 K。因为脂溶性维生素溶解于脂肪，所以其在体内吸收的过程和脂肪相似。影响脂肪吸收的因素也影响它们的吸收。脂溶性维生素能在体内贮存可观的数量。它们可以随粪便排出体外。

为与维生素 A 区别，第一个被发现的水溶性维生素叫维生素 B。随后发现了其它的 B 族维生素，它们被命名为维生素 B_1、维生素 B_2 等。现在使用一些特殊的化学名称。与脂溶性维生素不同，水溶性维生素不能与脂肪一起吸收，而且无法贮存于体内（维生素 B_{12} 和硫胺素例外）。过量的水溶性维生素会快速随尿液排出，所以要在日粮中不断地补充。

家禽需要 14 种维生素（表 3.6），但并不需要完全由日粮提供。Scott 等（1982）报道了维生素在家禽中的重要性。

家禽自身可以合成维生素 C，因此不需要在日粮中额外添加。日粮必须提供适量的其它维生素以满足家禽正常生长和繁殖的需要。鸡蛋通常含有充足的维生素以满足胚胎发育的需要。因此对人类而言，鸡蛋是很好的维生素来源之一。

表 3.5 脂溶性和水溶性维生素的主要特性

项目	脂溶性维生素	水溶性维生素
化学组成	C、H、O	C、H、O＋N、S 和 Co
在饲料中的存在情况	维生素原或前体物	不存在维生素前体物（只有色氨酸可以转换为烟酸）
功能	在某些结构单元中具有特定作用，以几种结构类似的化合物的形式存在	能量传递；作为辅酶，所有细胞都需要。只有一种化合物结构
吸收	和脂肪一起被吸收	简单扩散
体内贮存	丰富；主要在肝脏和脂肪，有些组织中没有	极少或没有贮存（除维生素 B_{12} 和维生素 B_1）
排泄	粪便（唯一）	尿液（主要）、粪便中的细菌产物
在日粮中的重要性	所有动物	非反刍动物
种类	维生素 A、维生素 D、维生素 E、维生素 K	B 族维生素、维生素 C、胆碱

(1)脂溶性维生素

表 3.6　家禽需要的维生素

脂溶性维生素	水溶性维生素
维生素 A[a]	生物素[a]
维生素 D_3[a]	胆碱[a]
维生素 E[a]	叶酸[a]
维生素 K[a]	烟酸[a]
	泛酸[a]
	核黄素[a]
	吡哆醇
	硫胺素
	维生素 B_{12}(钴胺素)[a]
	维生素 C(抗坏血酸)

[a]必须由预混料提供。

日粮必须提供维生素 A 或其前体。维生素 A 有不同的形式(同效维生素):视黄醇(醇)、视黄醛(醛)、视黄酸和维生素 A 棕榈酸酯(酯)。维生素 A 需要量通常用 IU/kg 日粮表示。维生素 A 活性的国际标准为:1 IU 维生素 A ＝0.3 μg 结晶维生素 A 醇活性＝0.344 μg 维生素 A 醋酸酯活性＝0.55 μg 维生素 A 棕榈酸酯活性。1 IU 维生素 A 活性相当于 0.6 μg β-胡萝卜素的活性;1 mg β-胡萝卜素活性等于 1 667 IU 维生素 A 活性(家禽)。

维生素 A 对视觉、骨骼和肌肉生长、繁殖和维持上皮组织健康具有重要作用。种子、多叶的绿色蔬菜和牧草(如苜蓿)中含有维生素 A 前体。前体物质通常是 β-胡萝卜素,它能在肠道中转变为维生素 A。胡萝卜素大量存在于牧草、苜蓿干草(干粉)和黄玉米中。当暴露于空气、阳光和酸败环境,尤其是高温时,胡萝卜素和维生素 A 极易受到破坏。因为饲料中的维生素 A 含量很难测定,所以必须在日粮中补充。

家禽维生素 A 缺乏症状包括肌肉共济失调以及输尿管、肾脏和胃肠道中尿酸沉积。蛋鸡缺乏维生素 A 会导致产蛋率下降,孵化率降低。其它缺乏症状还包括采食量下降,容易感染呼吸道疾病和其它疾病甚至死亡。

维生素 D 为禽类钙吸收和沉积所必需。缺乏症在幼禽中更严重。雏鸡缺乏维生素 D 会发生佝偻病,类似钙磷缺乏症。家禽缺乏维生素 D 会导致生长骨不能正常钙化,生长缓慢,不能正常站立。母鸡采食缺乏维生素 D 的日粮产的蛋蛋壳越来越薄,直至停止产蛋。由于胚胎不能从蛋壳中吸收钙,因此还能导致胚胎发育不完全。

像其它脂溶性维生素一样,维生素 D 在肠道与其它脂类物质一起吸收。维生素 D 的主要来源是维生素 D_2(动物来源)和维生素 D_3(植物来源)。家禽只能利用维生素 D_3,而猪和其它家畜则两种形式都可利用。除太阳晒干的干草外,大部分原料中维生素 D 的含量都很低,因此必须额外补充,尤其是冬季。皮肤中维生素 D 的前体物质(7-脱氢胆固醇)能在阳光的作用下生成维生素 D,在夏季能为户外饲养的动物提供足够的维生素 D。太阳光中的紫外线(290～315 nm)使皮肤中的 7-脱氢胆固醇转变成维生素 D_3 的前体物,该前体物在体内转变成维生素 D 的活性形式。纬度和季节影响着地球表面接受日光照射的时间和质量,特别是光谱中的紫外光。有研究(Webb 等,1988)发现,在波士顿(北纬 42.2°)的冬季,从 11 月直到次年 2 月,晴天时暴露于阳光下的皮肤中 7-脱氢胆固醇不会转变为维生素 D_3 前体物;而在埃德蒙顿(北纬 52°)这个时期更长。在偏南一些的地方(北纬 34°和北纬 18°),冬季光照能有效地将 7-脱氢胆固醇转化为维生素 D_3 前体物。我们可以推测南半球也有类似的规律。这些结果显示太阳光中紫外光部分的改变对皮肤中维生素 D_3 前体物的合成有重要影响,同时也揭示纬度对“不能合成维生素 D 的冬季”的时间长短存在影响。在此季节,对室外饲养家禽补充维生素 D 是非常必要的。家禽生产者应该了解这些情况。在不添加维生素的情况下,户外饲养的家禽体内维生素的储量有季节性波动，在冬季必须进行补充。一旦确认缺乏，要立即在日粮中补充。

维生素 D 的效价用 IU(国际单位)或 ICU(国际雏鸡单位)表示，0.025 μg 晶体维生素 D_3 的活性定义为 1 IU 维生素 D。

家禽正常的生长和繁殖需要维生素 E。维生素 E 最主要的天然来源是植物油和种子中的 α-生育酚。现在可以合成维生素 E 的酯类亚型，如维生素 E 醋酸盐，它可作为饲料添加剂利用。1 IU 维生素 E 定义为 1 mg *DL-α-*维生素 E 乙酸酯的活性。维生素 E 的营养功能与硒的功能相关，主要是保护脂质膜(如细胞膜)免受氧化损伤。虽然缺乏症和缺硒很相似，但不能用硒完全代替维生素 E。日粮中这两种营养物质都需要。

缺乏维生素 E 可导致育成鸡脑软化、渗出性素质病和肌肉萎缩症。当日粮中含有极易酸败的不饱和脂肪酸时，就会发生脑软化。维生素 E 和其它抗氧化剂可以抵抗脑软化。日粮中添加硒可以防止渗出性素质。肌肉萎缩症是一种复合疾病，受维生素 E、硒、蛋氨酸和胱氨酸影响。种鸡缺乏维生素 E 会导致受精蛋的孵化率降低。所以为了防止育成鸡和种鸡维生素 E 的缺乏，要在日粮中补充适当的维生素 E。

天然维生素 K 有不同的亚型：维生素 K_1(植物中)和维生素 K_2(由肠道微生物合成)。维生素 K 在肝中参与凝血酶原的合成，而凝血酶原是一种凝血因子，因此维生素 K 也称为凝血维生素或抗出血维生素。幼禽如果缺乏维生素 K，伤口可能会出血不止，甚至导致死亡。成熟的家禽不容易出现这种情况。但当种鸡日粮中缺乏维生素 K 时，雏鸡体内的维生素 K 储备就会减少，较易因凝血时间变长而出现严重的出血情况。某些饲料添加剂可能会增加维生素 K 的需要量。当需要的时候，维生素 K 通常以人工合成的水溶性维生素形式添加到育成鸡和种鸡日粮中。

(2)水溶性维生素

在家禽的营养中有 8 种 B 族维生素很重要，它们作为能量转换相关酶的辅助因子参与生化反应。

生物素参与脂类的合成和葡萄糖的代谢。在家禽日粮中将小麦作为主要谷类的地区，通常需要补充生物素(如加拿大西部、澳大利亚、北欧)。花生饼、苜蓿、棉籽饼、豆粕和鱼粉是生物素的良好来源。青年鸡生物素缺乏的症状为：皮炎(类似泛酸缺乏症)；足变粗糙并变硬，随即开裂、出血；嘴角及眼周围发生皮炎。在火鸡上也有生物素缺乏症，因此在火鸡日粮中也需要补充。给幼禽饲喂生鸡蛋会导致生物素缺乏，因为其所含有的抗生物素蛋白会抑制生物素的活性。将生鸡蛋煮熟后，这种抑制作用即可消失。生物素也可以防止锰缺乏症且对孵化率至关重要。产蛋期蛋鸡维持健康和正常的产蛋性能所需要的生物素的量很少。

从严格意义上来说，胆碱不是维生素，但我们通常把它归为水溶性维生素。它是细胞的结构成分并与神经冲动有关。它和蛋氨酸一起是重要的甲基供给者，为机体代谢所必需。家禽自身能合成胆碱，但幼禽的合成量少，建议在肉鸡和火鸡日粮中补充添加。很多饲料原料中都含有胆碱。和锰、叶酸、烟酸、生物素一样，胆碱可以有效防止幼禽出现滑腱症。缺乏胆碱还会导致生长受阻及饲料转化率降低。

钴胺素(维生素 B_{12})的代谢类似于叶酸。所有的植物、蔬菜、水果和谷类都不含这种维生素。在自然界，微生物制造了所有的维生素 B_{12}。一些存在于植物中的维生素 B_{12}，是由微生物污染造成的。因此，日粮中没有动物性产品时需要补充维生素 B_{12}。充足的维生素 B_{12} 对生长期的幼禽及种鸡至关重要。其缺乏症状有生长缓慢、幼禽的胫骨短粗症、饲料利用率下降、死亡率升高及孵化率降低。

叶酸参与嘌呤、嘧啶的合成与代谢。叶酸非常稳定,但饲料中不含有天然的叶酸。通常,叶酸是以极易被氧化的聚谷氨酸的形式存在。聚谷氨酸在体内转化为叶酸。一般日粮中含有充足的叶酸,但也有可能会出现缺乏。因此,家禽日粮的维生素添加剂中通常含有叶酸。幼禽的叶酸缺乏症包括生长缓慢、羽毛不丰满和滑腱症。另外,缺乏正常的色素沉着导致的彩色羽毛及贫血症也常有发生。火鸡还可能出现颈椎麻痹症。

烟酸(尼克酸)是两个辅酶(NAD和NADP)的组分。因为谷物(尤其是玉米)中烟酸存在的形式不能被禽类利用,因此日粮中需要额外添加烟酸。豆类、酵母、麦麸及次粉、发酵副产物和一些牧草是烟酸的较好来源。家禽能通过色氨酸合成烟酸,但效率比较低。幼禽缺乏烟酸一般会导致生长缓慢、踝关节肿大和滑腱症。火鸡可发生踝关节错位。缺乏症还包括口腔和舌的深度炎症、食欲下降及羽毛不丰满。饲料添加剂中应用的是一种人工合成的烟酸。

泛酸是辅酶A的组成成分。因为谷类和植物蛋白饲料中泛酸的含量很少,所以饲料中通常缺乏泛酸。啤酒酵母、苜蓿和发酵副产物是较好的泛酸来源。幼禽缺乏泛酸首先表现为生长受阻、羽毛生长不良,进一步表现为皮炎,眼睑出现颗粒状的细小结痂并粘连在一起,喙周围有结痂症状,严重时家禽的足也有类似症状。种禽缺乏泛酸导致孵化率降低,孵化出的雏禽死亡率较高。泛酸钙是常用的饲料添加剂。

维生素 B_6 是参与氮代谢的一些酶系的组成成分。普通日粮中含有充足的维生素 B_6,以游离态或与磷酸盐结合的形式存在。亚麻籽和某些豆类可能含有维生素 B_6 拮抗剂。维生素 B_6 在饲料加工过程中损失较大,小麦中的维生素 B_6 在研磨过程中损失70%～90%(Nesheim,1974)。维生素 B_6 缺乏症表现为异常兴奋、癫狂、无目的的运动和倒退、痉挛、抽搐,最终死亡。成熟家禽表现为食欲降低、体重下降及死亡,还会表现出产蛋率下降及孵化率降低。

核黄素是一种水溶性维生素,在家禽日粮中可能最容易缺乏,因为谷类和植物蛋白饲料中核黄素的含量很少,因此,所有家禽日粮都需要添加核黄素。奶制品、牧草及发酵副产物是核黄素很好的来源。核黄素是两种辅酶(FAD和FMN)的组成成分。鸡和火鸡缺乏核黄素会导致生长缓慢及卷趾麻痹症。种鸡日粮需要补充核黄素,否则孵化率会降低。日粮中通常添加人工合成的核黄素。

硫胺素(维生素 B_1)是辅酶焦磷酸硫胺素(thiamin pyrophosphate,TPP)(脱羧辅酶)的重要组成成分。苜蓿、谷类和酵母中含有丰富的硫胺素。与其它维生素相比,硫胺素的缺乏很少出现,因为构成家禽日粮主要部分的谷物中富含硫胺素。青年鸡和老年鸡日粮中缺乏硫胺素会导致神经失调和外周神经末梢麻痹(多发性神经炎)。

抗坏血酸(维生素C)是水溶性维生素,但不属于B族维生素。所有动物的代谢都需要抗坏血酸,但只需要在缺乏抗坏血酸合成酶的动物的日粮中添加(如灵长类、豚鼠、一些鸟类和鱼)。家禽日粮不需要补充维生素C。维生素C参与以胶原蛋白或相关物质作为基础成分的间质组织的形成和维护。

2. 维生素缺乏的补救措施

维生素的缺乏没有特异性,所以如果怀疑缺乏维生素A、维生素D或维生素E时,要由兽医进行确诊,然后在饲料或饮水中添加这三种维生素(以水溶性形式)。如果怀疑B族维生素缺乏,也要由兽医确诊,然后在日粮或饮水中添加B族维生素。因为B族维生素是水溶性的,而且B族维生素缺乏的家禽采食量不高,所以更适宜在饮水中添加。现行的有机标准允许使用注射维生素的方法来补救,但这需要得到有关机构的批准。

3.4.6 水

水也是一种必需的营养物质,而且它的需要量大约是食入饲料量的2～3倍。对家禽而言,最重要的就是要确保始终供给充足的、新鲜的、无杂质的水。家禽应始终可以从饮水器中自由饮水。水质也很重要,普遍接受的标准是总溶解固体(total dissolved solids,TDS)不超过5 000 mg/kg,pH在6～8之间。

禽类对饮水的温度也很敏感,宁可选择冷水也不要超过室温的水。水的温度可以影响采食量。

3.5 饲料分析

可以用化学方法分析以上讨论过的饲料中的成分,这种分析通常不能提供动物可利用养分的信息。

概略养分分析法起源于1865年,是德国Weende实验室的Henneberg和Stohmann发明的一种用来分析常规饲料主要成分的方法,通常被称为Weende体系。这个方法随着时间的推移不断得到改进。这个体系将饲料中的养分分为水分、灰分、粗脂肪(乙醚提取物)、粗蛋白质和粗纤维(crude fibre, CF)。此外,它试图将碳水化合物分为两类:粗纤维(难消化的碳水化合物)和无氮浸出物(N-free extract, NFE,或称可消化碳水化合物)。常规饲料分析不能直接分析NFE含量,而是通过差值计算得到。

可获得的饲料组成成分信息如下:

1. 水分

我们可以把水分看作稀释营养物质的成分。水分测量可以为养分含量提供更精确的信息。

2. 干物质

干物质是除去水分以后所剩余的物质的量。

3. 灰分

灰分表示矿物质含量。进一步的分析可以为特定的矿物质提供准确信息。

4. 有机物

有机物是指干物质除去灰分后剩余的蛋白质和碳水化合物的量。

5. 粗蛋白

粗蛋白的含量是N的含量乘以6.25。这种测定方法是根据粗蛋白的平均氮含量为16%确定的。在大多数饲料中,某些N是以非蛋白氮(non-protein N, NPN)的形式存在的,因此,通过N×6.25计算出的是粗蛋白的含量,而不是真蛋白质。真蛋白质是由氨基酸组成的,这些氨基酸可以用特殊的技术测定。

6. 不含氮的物质

• 纤维。该方法测定的是粗纤维。因为其中一部分可以被消化,所以Van Soest设计了更为精确的粗纤维分析方法。一种方法是将饲料分为两部分:植物细胞内容物和植物细胞壁。前者包括极易消化的糖类、淀粉、可溶性蛋白、果胶和脂肪;后者包括消化率较低的难溶性蛋白、半纤维素、纤维素、木质素以及角质。该方法在中性洗涤剂中溶解样品,可溶的部分叫作中性洗涤剂可溶物(neutral detergent soluble, NDS,细胞内容物),剩余的纤维被称为中性洗涤纤维(neutral detergent fibre, NDF,细胞壁成分)。与 CF 和 NFE 不同,在多种原料中,NDS 和 NDF 都可以准确预测高消化率部分和低消化率部分的比例。第二种方法是酸性洗涤纤维(acid detergent fibre, ADF)分析,将 NDF 分解为可溶部分和难溶部分。可溶部分主要包括半纤维素和一些难溶性蛋白;不溶部分包括纤维素、木质素和角质。木质素被认为是影响饲料可消化性的主要因素。因为一些动物营养学家更需要 NDF 和 ADF,所以饲料成分表中越来越多地应用 NDF 和 ADF。然而,NRC (1994)依然使用 CF 表示纤维成分,而且饲料监管局规定出售的饲料的标签上需要标明 CF,至少在北美洲是这样的。

• 无氮浸出物。这部分包括可消化的碳水化合物,即淀粉和糖类。

7. 脂肪

我们测得的是粗脂肪(因为用乙醚提取,所以有时被称为“油”或“乙醚提取物”)。更详细的分析可以测定各种脂肪酸含量。

在 Weende 体系中,维生素不可以直接测定,但可以通过适当的方法在脂溶和水溶提取物中测定。

最终,以近红外反射光谱技术(near-infrared reflectance spectroscopy, NIRS)为基础的快速测定方法将代替常规饲料化学分析法,但是我们希望继续用动物实验测定生物利用率。

3.6 有关营养需要量的出版物

北美洲的营养需要量是以美国国家科学院的国家研究委员会的规定为基础的。这个规定包括了猪、家禽、奶牛、马、实验动物等,并且出版了一系列的图书。对于每个物种的规定每 10 年更新一次,现在的家禽营养需要量是 1994 年第九次修订版规定的。有一个专门指定的专家委员会总结已发表的研究并估计营养需要量,然后将这些结果作为建议发表。这些信息在北美洲和许多其它地方得到饲料工业的广泛应用。

其它国家的建议或标准没有可比性,英国的营养需要量标准是国家委员会很久前(如 ARC, 1975)规定的,但是直到现在还没有更新。澳大利亚的饲养标准发表于 1987 年(SCA, 1987),同样也没有修订过。法国最近关于营养需要量的出版物是农业科学研究院(Institut National de la Recherche Agronomique, INRA)在 1984 年出版的,包括猪、家禽和兔。已发表的营养需要估算量的局限性之一是其适用性不够普遍。例如,影响生长期家禽能量和氨基酸需要量的一个主要问题是,随着家禽发育趋于成熟或繁殖性能开始发育,某些基因型的瘦肉沉积能力受抑。采食较高水平的氨基酸,仅在具有沉积瘦肉和大量产蛋的遗传潜力的禽类中有积极的作用。因此,很难确定适用于所有基因型家禽的氨基酸的营养标准。为此,欧洲、亚洲、澳大利亚和北美的传统肉鸡和蛋鸡工业普遍使用基于营养需要量数据建立的模型,而不是根据家禽的品系和基因型建立模型。这些模型需要精确的输入/输出数据信息。最近对有机禽没有特别设计营养标准。这些标准必须从家禽商业生产中现存的标准中获得。

对 NRC 出版物的一种批评是,一些数据陈旧,已经过时,因为有关研究是几年前做的。

另外,从科学杂志上发表的最新研究结果、评论文章推导形成 NRC 的建议量存在着时间滞后,降低了这些信息对优秀基因型品种的适用性。但是,这些批评对有机生产者的重要性较小。因为许多有机生产者使用传统的家禽品种和品系,常规生产中使用的优秀基因型受到的选择压力对这些品种和品系没有影响。因此,对于有机生产者来说,NRC 标准为家禽营养需要量提供了一个有用的指南。而且,在多种营养需要估算量中,因为 ARC 利用了合适的基因型,所以 ARC(1975)提供的数据是最适用于有机生产的,但这些数据并不完整。NRC 和 ARC 需要量是否适用于发展中国家还存在争论。例如,Preston 和 Leng(1987)认为,在发展中国家,目标应该是优化利用可用资源,尽量减少使用进口原料。在这种条件下,很难经济地使用 NRC 和 ARC 需要量,结果只能优化生产,而不能实现产量最大化。

本书认为,全世界的有机禽生产者都使用 NRC 建议的营养需要量。相应地,以下列出的营养需要量(来自 NRC,表 3.7 至表 3.16)建议作为建立传统有机禽品种和品系营养需要量的基础。另一方面,饲养现代杂交品种的有机生产者会发现,由育种公司推荐的营养需要量比 NRC 更有效。

表 3.7 NRC (1994) 估算的肉鸡每千克日粮营养需要量(90%干物质基础)[a]

营养素	育雏期(0～3 周龄)	生长期(3～6 周龄)	育肥期
表观代谢能(kcal)[a]	3 200	3 200	3 200
粗蛋白(g)	230	200	180
氨基酸(g)			
精氨酸	12.5	11.0	10.0
甘氨酸＋丝氨酸	12.5	11.4	9.7
组氨酸	3.5	3.2	2.7
异亮氨酸	8.0	7.3	6.2
亮氨酸	12.0	10.9	9.3
赖氨酸	11.0	10.0	8.5
蛋氨酸	5.0	3.8	3.2
蛋氨酸＋胱氨酸	9.0	7.2	6.0
苯丙氨酸	7.2	6.5	5.6
苯丙氨酸＋酪氨酸	13.4	12.2	10.4
苏氨酸	8.0	7.4	6.8
色氨酸	2.0	1.8	1.6
缬氨酸	9.0	8.2	7.0
矿物质(g)			
钙	10.0	9.0	8.0
磷(非植酸磷)	4.5	3.5	3.0
氯化物	2.0	1.5	1.2
镁	0.6	0.6	0.6
钾	3.0	3.0	3.0
钠	2.0	1.5	1.2

续表 3.7

营养素	育雏期(0～3周龄)	生长期(3～6周龄)	育肥期
微量矿物元素(mg)			
铜	8.0	8.0	8.0
碘	0.35	0.35	0.35
铁	80	80	80
锰	60	60	60
硒	0.15	0.15	0.15
锌	40	40	40
维生素(IU)			
维生素 A	1 500	1 500	1 500
维生素 D_3	200	200	200
维生素 E	10	10	10
维生素(mg)			
生物素	0.15	0.15	0.12
胆碱	1 300	1 000	750
叶酸	0.55	0.55	0.5
烟酸	35	30	25
泛酸	10.0	10.0	10.0
吡哆醇	3.5	3.5	3.0
核黄素	3.6	3.6	3.0
硫胺素	1.8	1.8	1.8
维生素 K	0.5	0.5	0.5
维生素(μg)			
钴胺素(维生素 B_{12})	10.0	10.0	7.0
亚油酸(g)	10.0	10.0	10.0

[a] 在常规日粮中使用的典型代谢能水平。上表中的一些数据是暂定值。

表 3.8　根据体重和产蛋率估算的每只蛋鸡每天所需的代谢能

(来源:NRC, 1994)

体重(kg)	产蛋率(%)					
	0	50	60	70	80	90
1.0	130	192	205	217	229	242
1.5	177	239	251	264	276	289
2.0	218	280	292	305	317	330
2.5	259	321	333	346	358	371
3.0	296	358	370	383	395	408

表 3.9 NRC (1994) 估算的生长期来航鸡每千克日粮营养需要量(90%干物质基础)[a]

项目	白壳蛋鸡				褐壳蛋鸡			
	0～6周龄	6～12周龄	12～18周龄	18周龄至开产	0～6周龄	6～12周龄	12～18周龄	18周龄至开产
期末体重(g)	450	980	1 375	1 475	500	1 100	1 500	1 600
典型表观代谢能(kcal)	2 850	2 850	2 900	2 900	2 800	2 800	2 850	2 850
粗蛋白(g)	180	160	150	170	170	150	140	160
氨基酸(g)								
精氨酸	10.0	8.3	6.7	7.5	9.4	7.8	6.2	7.2
甘氨酸＋丝氨酸	7.0	5.8	4.7	5.3	6.6	5.4	4.4	5.0
组氨酸	2.6	2.2	1.7	2.0	2.5	2.1	1.6	1.8
异亮氨酸	6.0	5.0	4.0	4.5	5.7	4.7	3.7	4.2
亮氨酸	11.0	8.5	7.0	8.0	10.0	8.0	6.5	7.5
赖氨酸	8.5	6.0	4.5	5.2	8.0	5.6	4.2	4.9
蛋氨酸	3.0	2.5	2.0	2.2	2.8	2.3	1.9	2.1
蛋氨酸＋胱氨酸	6.2	5.2	4.2	4.7	5.9	4.9	3.9	4.4
苯丙氨酸	5.4	4.5	3.6	4.0	5.1	4.2	3.4	3.8
苯丙氨酸＋酪氨酸	10.0	8.3	6.7	7.5	9.4	7.8	6.3	7.0
苏氨酸	6.8	5.7	3.7	4.7	6.4	5.3	3.5	4.4
色氨酸	1.7	1.4	1.1	1.2	1.6	1.3	1.0	1.1
缬氨酸	6.2	5.2	4.1	4.6	5.9	4.9	3.8	4.3
矿物质(g)								
钙	9.0	8.0	8.0	20.0	9.0	8.0	8.0	18
磷(非植酸磷)	4.0	3.5	3.0	3.2	4.0	3.5	3.0	3.5
氯化物	1.5	1.2	1.2	1.5	1.2	1.1	1.1	1.1
镁	0.6	0.5	0.4	0.4	0.57	0.47	0.37	0.37
钾	2.5	2.5	2.5	2.5	2.5	2.5	2.5	2.5
钠	1.5	1.5	1.5	1.5	1.5	1.5	1.5	1.5

续表 3.9

项　目	白壳蛋鸡				褐壳蛋鸡			
	0～6周龄	6～12周龄	12～18周龄	18周龄至开产	0～6周龄	6～12周龄	12～18周龄	18周龄至开产
微量矿物元素(mg)								
铜	5.0	4.0	4.0	4.0	5.0	4.0	4.0	4.0
碘	0.35	0.35	0.35	0.35	0.33	0.33	0.33	0.33
铁	80.0	60.0	60.0	60.0	75.0	56.0	56.0	56.0
锰	60.0	30.0	30.0	30.0	56.0	28.0	28.0	28.0
硒	0.15	0.1	0.1	0.1	0.14	0.1	0.1	0.1
锌	40.0	35.0	35.0	35.0	38.0	33.0	33.0	33.0
维生素(IU)								
维生素 A	1 500	1 500	1 500	1 500	1 420	1 420	1 420	1 420
维生素 D_3	200	200	200	300	190	190	190	280
维生素 E	10.0	5.0	5.0	5.0	9.5	4.7	4.7	4.7
维生素(mg)								
生物素	0.15	0.1	0.1	0.1	0.14	0.09	0.09	0.09
胆碱	1 300	900	500	500	1 225	850	470	470
叶酸	0.55	0.25	0.25	0.25	0.52	0.23	0.23	0.23
烟酸	27.0	11.0	11.0	11.0	26.0	10.3	10.3	10.3
泛酸	10.0	10.0	10.0	10.0	9.4	9.4	9.4	9.4
吡哆醇	3.0	3.0	3.0	3.0	2.8	2.8	2.8	2.8
核黄素	3.6	1.8	1.8	2.2	3.4	1.7	1.7	1.7
硫胺素	1.0	1.0	0.8	0.8	1.0	1.0	0.8	0.8
维生素 K	0.5	0.5	0.5	0.5	0.47	0.47	0.47	0.47
维生素(μg)								
钴胺素(维生素 B_{12})	9.0	3.0	3.0	4.0	9.0	3.0	3.0	3.0
亚油酸(g)	10.0	10.0	10.0	10.0	10.0	10.0	10.0	10.0

[a] 以玉米/大豆型日粮为基础。上表中的一些数据是暂定值。

表 3.10 NRC(1994)估算的来航蛋鸡每千克日粮营养需要量(90%干物质基础)和每日营养需要量[a]

项目	不同采食量下白壳蛋鸡每千克日粮营养需要量			每日营养需要量		
				白壳蛋种鸡	白壳蛋鸡	褐壳蛋鸡
采食量(g/d)	80	100	120	100	100	110
粗蛋白(g)	188	150	125	15.0	15.0	16.5
氨基酸(g)						
精氨酸	8.8	7.0	5.8	0.7	0.7	0.77
组氨酸	2.1	1.7	1.4	0.17	0.17	0.19
异亮氨酸	8.1	6.5	5.4	0.65	0.65	0.72
亮氨酸	10.3	8.2	6.8	0.82	0.82	0.9
赖氨酸	8.6	6.9	5.8	0.69	0.69	0.76
蛋氨酸	3.8	3.0	2.5	0.3	0.3	0.33
蛋氨酸+胱氨酸	7.3	5.8	4.8	0.58	0.58	0.65
苯丙氨酸	5.9	4.7	3.9	0.47	0.47	0.52
苯丙氨酸+酪氨酸	10.4	8.3	6.9	0.83	0.83	0.91
苏氨酸	5.9	4.7	3.9	0.47	0.47	0.52
色氨酸	2.0	1.6	1.3	0.16	0.16	0.18
缬氨酸	8.8	7.0	5.8	0.7	0.7	0.77
矿物质(g)						
钙	40.6	32.5	27.1	3.25	3.25	3.6
磷(非植酸磷)	3.1	2.5	2.1	0.25	0.25	0.28
氯化物	1.6	1.3	1.1	0.13	0.13	0.15
镁	0.63	0.5	0.42	0.05	0.05	0.06
钾	1.9	1.5	1.3	0.15	0.15	0.17
钠	1.9	1.5	1.3	0.15	0.15	0.17

续表 3.10

项　　目	不同采食量下白壳蛋鸡每千克日粮营养需要量			每日营养需要量		
				白壳蛋种鸡	白壳蛋鸡	褐壳蛋鸡
微量矿物元素(mg)						
铜	ND	ND	ND	ND	ND	ND
碘	0.044	0.035	0.029	0.01	0.004	0.004
铁	56	45	38	6.0	4.5	5.0
锰	25	20	17	2.0	2.0	2.2
硒	0.08	0.06	0.05	0.006	0.006	0.006
锌	44	35	29	4.5	3.5	3.9
维生素(IU)						
维生素 A	3 750	3 000	2 500	300	300	330
维生素 D_3	375	300	250	30	30	33
维生素 E	6	5	4	1.0	0.5	0.55
维生素(mg)						
生物素	0.13	0.1	0.08	0.01	0.01	0.011
胆碱	1 310	1 050	875	105	105	115
叶酸	0.31	0.25	0.21	0.035	0.025	0.028
烟酸	12.5	10.0	8.3	1.0	1.0	1.1
泛酸	2.5	2.0	1.7	0.7	0.2	0.22
吡哆醇	3.1	2.5	2.1	0.45	0.25	0.28
核黄素	3.1	2.5	2.1	0.36	0.25	0.28
硫胺素	0.88	0.7	0.6	0.07	0.07	0.08
维生素 K	0.6	0.5	0.4	0.1	0.05	0.06
维生素(μg)						
钴胺素(维生素 B_{12})	4.0	4.0	4.0	8.0	0.4	0.4
亚油酸(g)	12.5	10.0	8.3	1.0	1.0	1.1

[a] 以玉米/大豆型日粮为基础。上表中的一些数据是暂定值。

ND:没有测定。

表 3.11　NRC (1994) 估算的雄性(M)和雌性(F)火鸡每千克日粮营养需要量(90%干物质基础)[a]

营养素	生长火鸡(译者注:M、F前数字为周龄)						繁殖火鸡	
	0～4M 0～4F	4～8M 4～8F	8～12M 8～11F	12～16M 11～14F	16～20M 14～17F	20～24M 17～20F	后备 火鸡	产蛋 火鸡
表观代谢能(kcal)	2 800	2 900	3 000	3 100	3 200	3 300	2 900	2 900
粗蛋白(g)	280	260	220	190	165	140	120	140
氨基酸(g)								
精氨酸	16.0	14.0	11.0	9.0	7.5	6.0	5.0	6.0
甘氨酸＋丝氨酸	10.0	9.0	8.0	7.0	6.0	5.0	4.0	5.0
组氨酸	5.8	5.0	4.0	3.0	2.5	2.0	2.0	3.0
异亮氨酸	11.0	10.0	8.0	6.0	5.0	4.5	4.0	5.0
亮氨酸	19.0	17.5	15.0	12.5	10.0	8.0	5.0	5.0
赖氨酸	16.0	15.0	13.0	10.0	8.0	6.5	5.0	6.0
蛋氨酸	5.5	4.5	4.0	3.5	2.5	2.5	2.0	2.0
蛋氨酸＋胱氨酸	10.5	9.5	8.0	6.5	5.5	4.5	4.0	4.0
苯丙氨酸	10.0	9.0	8.0	7.0	6.0	5.0	4.0	5.5
苯丙氨酸＋酪氨酸	18.0	16.0	12.0	10.0	9.0	9.0	8.0	10.0
苏氨酸	10.0	9.5	8.0	7.5	6.0	5.0	4.0	4.5
色氨酸	2.6	2.4	2.0	1.8	1.5	1.3	1.0	1.3
缬氨酸	12.0	11.0	9.0	8.0	7.0	6.0	5.0	5.8
矿物质(g)								
钙	12.0	10.0	8.5	7.5	6.5	5.5	5.0	22.5
磷(非植酸磷)	6.0	5.0	4.2	3.8	3.2	2.8	2.5	3.5
氯化物	1.5	1.4	1.4	1.2	1.2	1.2	1.2	1.2
镁	0.5	0.5	0.5	0.5	0.5	0.5	0.5	0.5
钾	7.0	6.0	5.0	5.0	4.0	4.0	4.0	6.0
钠	1.7	1.5	1.2	1.2	1.2	1.2	1.2	1.2

续表 3.11

营养素	生长火鸡(译者注:M、F前数字为周龄)						繁殖火鸡	
	0～4M 0～4F	4～8M 4～8F	8～12M 8～11F	12～16M 11～14F	16～20M 14～17F	20～24M 17～20F	后备 火鸡	产蛋 火鸡
微量矿物元素(mg)								
铜	8.0	8.0	6.0	6.0	6.0	6.0	6.0	8.0
碘	0.4	0.4	0.4	0.4	0.4	0.4	0.4	0.4
铁	80	60	60	60	50	50	50	60
锰	60	60	60	60	60	60	60	60
硒	0.2	0.2	0.2	0.2	0.2	0.2	0.2	0.2
锌	70	65	50	40	40	40	40	65
维生素(IU)								
维生素 A	5 000	5 000	5 000	5 000	5 000	5 000	5 000	5 000
维生素 D_3	1 100	1 100	1 100	1 100	1 100	1 100	1 100	1 100
维生素 E	12	12	10	10	10	10	10	25
维生素(mg)								
生物素	0.25	0.2	0.125	0.125	0.1	0.1	0.1	0.2
胆碱	1 600	1 400	1 100	1 100	950	800	800	1 000
叶酸	1.0	1.0	0.8	0.8	0.7	0.7	0.7	1.0
烟酸	60	60	50	50	40	40	40	40
泛酸	10.0	9.0	9.0	9.0	9.0	9.0	9.0	16.0
吡哆醇	4.5	4.5	3.5	3.5	3.0	3.0	3.0	4.0
核黄素	4.0	3.6	3.0	3.0	2.5	2.5	2.5	4.0
硫胺素	2.0	2.0	2.0	2.0	2.0	2.0	2.0	2.0
维生素 K	1.75	1.5	1.0	0.75	0.75	0.5	0.5	1.0
维生素(μg)								
钴胺素(维生素 B_{12})	3.0	3.0	3.0	3.0	3.0	3.0	3.0	3.0
亚油酸(g)	10.0	10.0	8.0	8.0	8.0	8.0	8.0	11.0

[a] 以玉米/大豆型日粮为基础。上表中的一些数据是暂定值。

表 3.12 NRC (1994) 估算的鹅每千克日粮营养需要量(90% 干物质基础)[a]

营养素	0～4 周龄	4 周龄以后	繁殖期
表观代谢能(kcal)	2 900	3 000	2 900
粗蛋白(g)	200	150	150
氨基酸(g)			
赖氨酸	10.0	8.5	6.0
蛋氨酸+胱氨酸	6.0	5.0	5.0
矿物质(g)			
钙	6.5	6.0	22.5
磷(非植酸磷)	3.0	3.0	3.0
维生素(IU)			
维生素 A	1 500	1 500	4 000
维生素 D_3	200	200	200
维生素(mg)			
胆碱	1 500	1 000	ND
烟酸	65	35	20
泛酸	15.0	10.0	10.0
核黄素	3.8	2.5	4.0

[a] 以玉米/大豆型日粮为基础。上表中的一些数据是暂定值。

ND:没有测定。

表 3.13 NRC(1994)估算的鸭(北京白鸭)每千克日粮营养需要量(90%干物质基础)[a]

营养素	0～2 周龄	2～7 周龄	繁殖期
表观代谢能(kcal)	2 900	3 000	2 900
粗蛋白(g)	220	160	150
氨基酸(g)			
精氨酸	11.0	10.0	ND
异亮氨酸	6.3	4.6	3.8
亮氨酸	12.6	9.1	7.6
赖氨酸	9.0	6.5	6.0
蛋氨酸	4.0	3.0	2.7
蛋氨酸+胱氨酸	7.0	5.5	5.0
色氨酸	2.3	1.7	1.4
缬氨酸	7.8	5.6	4.7

续表 3.13

营养素	0～2 周龄	2～7 周龄	繁殖期
矿物质(g)			
钙	6.5	6.0	27.5
磷(非植酸磷)	4.0	3.0	ND
氯化物	1.2	1.2	1.2
镁	0.5	0.5	0.5
钠	1.5	1.5	1.5
微量矿物元素(mg)			
锰	50	ND	ND
硒	0.2	ND	ND
锌	60	ND	ND
维生素(IU)			
维生素 A	2 500	2 500	4 000
维生素 D_3	400	400	900
维生素 E	10.0	10.0	10.0
维生素(mg)			
烟酸	55	55	55
泛酸	11.0	11.0	11.0
吡哆醇	2.5	2.5	3.0
核黄素	4.0	4.0	4.0
维生素 K	0.5	0.5	0.5

[a] 以玉米/大豆型日粮为基础。上表中的一些数据是暂定值。
ND:没有测定。

表 3.14　NRC(1994)估算的环颈雉每千克日粮营养需要量(90%干物质基础)

营养素	0～4 周龄	5～8 周龄	9～17 周龄	繁殖期
表观代谢能(kcal)	2 800	2 800	2 700	2 800
粗蛋白(g)	280	240	180	150
氨基酸(g)				
甘氨酸＋丝氨酸	18.0	15.5	10.0	5.0
赖氨酸	15.0	14.0	8.0	6.8
蛋氨酸	5.0	4.7	3.0	3.0
蛋氨酸＋胱氨酸	10.0	9.3	6.0	6.0
矿物质(g)				
钙	10.0	8.5	5.3	25.0
磷(非植酸磷)	5.5	5.0	4.5	4.0
氯化物	1.1	1.1	1.1	1.1
钠	1.5	1.5	1.5	1.5

续表 3.14

营养素	0～4 周龄	5～8 周龄	9～17 周龄	繁殖期
微量矿物元素(mg)				
锰	70	70	60	60
锌	60	60	60	60
维生素(mg)				
胆碱	1 430	1 300	1 000	1 000
烟酸	70	70	40	30
泛酸	10.0	10.0	10.0	16.0
核黄素	3.4	3.4	3.0	4.0
亚油酸(g)	10.0	10.0	10.0	10.0

表 3.15 NRC(1994)估算的日本鹌鹑(鹌鹑属)每千克日粮营养需要量(90%干物质基础)

营养素	育雏期和育成期	繁殖期
表观代谢能(kcal)	2 900	2 900
粗蛋白(g)	240	200
氨基酸(g)		
精氨酸	12.5	12.6
甘氨酸＋丝氨酸	11.5	11.7
组氨酸	3.6	4.2
异亮氨酸	9.8	9.0
亮氨酸	16.9	14.2
赖氨酸	13.0	10.0
蛋氨酸	5.0	4.5
蛋氨酸＋胱氨酸	7.5	7.0
苯丙氨酸	9.6	7.8
苯丙氨酸＋酪氨酸	18.0	14.0
苏氨酸	10.2	7.4
色氨酸	2.2	1.9
缬氨酸	9.5	9.2
矿物质(g)		
钙	8.0	25.0
磷(非植酸磷)	3.0	3.5
氯化物	1.4	1.4
镁	0.3	0.5
钾	4.0	4.0
钠	1.5	1.5

续表 3.15

营养素	育雏期和育成期	繁殖期
微量矿物元素(mg)		
铜	5.0	5.0
碘	0.3	0.3
铁	120	60
锰	60	60
硒	0.2	0.2
锌	25	50
维生素(IU)		
维生素 A	1 650	3 300
维生素 D_3	750	900
维生素 E	12	25
维生素(mg)		
生物素	0.3	0.15
胆碱	2 000	1 500
叶酸	1.0	1.0
烟酸	40	20
泛酸	10	15
吡哆醇	3.0	3.0
核黄素	4.0	4.0
硫胺素	2.0	2.0
维生素 K	1.0	1.0
维生素(μg)		
钴胺素(维生素 B_{12})	3.0	3.0
亚油酸(g)	10.0	10.0

表 3.16　NRC(1994)估算的美洲鹌鹑每千克日粮营养需要量(90%干物质基础)

营养素	0～6 周龄	6 周龄后	繁殖期
氮校正表观代谢能(kcal)	2 800	2 800	2 800
粗蛋白(g)	260	200	240
氨基酸(g)			
蛋氨酸+胱氨酸	10.0	7.5	9.0
矿物质(g)			
钙	6.5	6.5	24.0
磷(非植酸磷)	4.5	3.0	7.0
氯化物	1.1	1.1	1.1
钠	1.5	1.5	1.5

续表 3.16

营养素	0～6 周龄	6 周龄后	繁殖期
微量矿物元素(mg)			
碘	0.3	0.3	0.3
维生素(mg)			
胆碱	1 500	1 500	1 000
烟酸	30	30	20
泛酸	12.0	9.0	15.0
核黄素	3.8	3.0	4.0
亚油酸(g)	10.0	10.0	10.0

3.7 标准的形成

生产者和饲料企业可以利用以上数据制定自己的标准。应用标准的目的在于提供平衡的日粮，标准有以下特点：

- 家禽的表观代谢能(或真代谢能)是正确的；
- 粗蛋白与表观代谢能(或真代谢能)的比例适当；
- 满足必需氨基酸的需要量，而且氨基酸比较平衡；
- 添加足够的矿物质满足常量矿物元素、微量矿物元素的需要；
- 添加足够的维生素满足动物的需要；
- 食物中没有有毒的化合物，也不会因某种营养物质过多而造成损害。

另外，还需要选择合适的原料用来混合并生产统一的饲料。这将在第 5 章中进行介绍。

Blair 等(1983)总结了国际上现有的家禽营养标准，Acamovic(2002)代表英国动物科学协会(British Society of Animal Science，BSAS)做出了类似的综述。Acamovic(2002)的综述总结了在根据营养需要量制定标准时需要考虑的因素，并且提供了各种家禽营养需要量和饲料原料养分利用率数据库中目前缺少的信息。

(赵景鹏、宋志刚译校)

参考文献

Acamovic, T. (2002) *Review Nutritional Standards for Livestock: Nutrient Requirements and Standards for Poultry*. BSAS/DEFRA Report, pp. 1–16. Available at: www.bsas.org.uk/downloads/reports/FinalPoultry.pdf

Araba, M., Gos, J., Kerr, I. and Dyer, D. (1994) Identity preserved varieties: high oil corn and low stachyose soyabean. *Proceedings of the Arkansas Nutrition Conference*. Fayetteville, Arkansas, pp. 135–142.

ARC (1975) *Agricultural Research Council: The Nutrient Requirements of Farm Livestock, No. 1 Poultry*. Agricultural Research Council, London.

Atteh, J.O. and Leeson, S. (1983) Effects of dietary fatty acids and calcium levels on performance and mineral metabolism of broiler chickens. *Poultry Science* 62, 2412–2419.

Baker, D.H. and Han, Y. (1994) Ideal amino acid profile for chicks during the first three weeks posthatching. *Poultry Science* 73, 1441–1447.

Blair, R., English, P.R. and Michie, W. (1965) Effect of calcium source on calcium retention in the young chick. *British Poultry Science* 6, 355–356.

Blair, R., Daghir, N.J., Peter, V. and Taylor, T.G. (1983) International nutrition standards for poultry. *Nutrition Abstracts and Reviews – Series B* 53, 669–713.

CVB (1996) Amino acid requirement of laying hens and broiler chicks. In: Schutte, J.B. (ed.) *Dutch Bureau of Livestock Feeding*. Report No. 18, Lelystad, The Netherlands.

El Boushy, A.R.Y. and van der Poel, A.F.B. (2000) Palatability and feed intake regulations. In: *Handbook of Poultry Feed from Waste: Processing and Use*, 2nd edn. Kluwer Academic Publishers, Dordrecht, The Netherlands, pp. 348–397.

Firman, J.D. and Boling, S.D. (1998) Ideal protein in Turkeys. *Poultry Science* 77, 105–110.

Forbes, J.M. and Shariatmadari, F. (1994) Diet selection for protein by poultry. *World's Poultry Science Journal* 50, 7–24.

Gerendai, D. and Gippert, T. (1994) The effect of saponin content of alfalfa meal on the digestibility of nutrients and on the production traits of Tetra-SL layers. *Proceedings of the 9th European Poultry Conference*, Glasgow, UK, 2, pp. 503–504.

Gruber, K. (1999) Cited by Van Cauwenberghe, S. and Burnham, D. (2001).

Henry, K.M., MacDonald, A.J. and McGee, H.E. (1933) Observations on the functions of the alimentary canal in fowls. *Journal of Experimental Biology* 10, 153–171.

Hossain, S.M. and Blair, R. (2007) Chitin utilization by broilers and its effect on body composition and blood metabolites. *British Poultry Science* 48, 33–38.

İnal, F., Coskun, B., Gülsen, N. and Kurtoğlu, V. (2001) The effects of withdrawal of vitamin and trace mineral supplements from layer diets on egg yield and trace mineral composition. *British Poultry Science* 42, 77–80.

INRA (1984) *L'alimentation des Animaux Monogastriques: Porc, Lapin, Volailles*. Institut National de la Recherche Agronomique, Paris, France.

ISA (1996/97) Cited by Van Cauwenberghe, S. and Burnham, D. (2001).

Katongole, J.B.D. and March, B.E. (1980) Fat utilization in relation to intestinal fatty acid binding protein and bile salts in chicks of different ages and different genetic sources. *Poultry Science* 59, 819–827.

Lippens, M., Deschepper, K. and De Groote, G. (1997) Cited by Van Cauwenberghe, S. and Burnham, D. (2001).

Mack, S., Bercovici, D., De Groote, G., Leclercq, B., Lippens, M., Pack, M., Schutte, J.B. and Van Cauwenberghe, S. (1999) Ideal amino acid profile and dietary amino acid specification for broiler chickens of 20–40 days of age. *British Poultry Science* 40, 257–265.

MN (1998) Cited by Van Cauwenberghe, S. and Burnham, D. (2001).

Patel, K.P., Edwards, H.M. and Baker, D.H. (1997) Removal of vitamin and trace mineral supplements from broiler finisher diets. *Journal of Applied Poultry Research* 6, 191–198.

Nesheim, R.O. (1974) Nutrient changes in food processing: a current review. *Federation Proceedings* 33, 2267–2269.

NRC (1994) *Nutrient Requirements of Poultry*, 9th revised edn. National Academy of Sciences, National Academy Press, Washington, DC.

Preston, T.R. and Leng, R.A. (1987) *Matching Ruminant Production Systems with Available Resources in the Tropics and Subtropics*. Penambull books, Armidale, New South Wales, Australia.

SCA (1987) *Feeding Standards for Australian Livestock – Poultry*. Standing Committee on Agriculture. CSIRO Editorial and Publishing Unit, East Melbourne, Victoria, Australia.

Scott, M.L., Nesheim, M.C. and Young, R.J. (1982) *Nutrition of the Chicken*, 3rd edn. M L Scott, Ithaca, New York.

Shelton, J.L. and Southern, L.L. (2006) Effects of phytase addition with or without a trace mineral premix on growth performance, bone response variables, and tissue mineral concentrations in commercial broilers. *Journal of Applied Poultry Research* 15, 94–102.

Sibbald, I.R. (1982) Measurement of bioavailable energy in poultry feedingstuffs: a review. *Canadian Journal of Animal Science* 62, 983–1048.

Van Cauwenberghe, S. and Burnham, D. (2001) New developments in amino acid and protein nutrition of poultry, as related to optimal performance and reduced nitrogen excretion. *Proceedings of the 13th European Symposium on Poultry Nutrition*, October 2001, Blankenberge, Belgium, pp. 1–12.

Underwood, E.J. and Suttle, N. (1999). *The Mineral Nutrition of Livestock*, 3rd edn. CAB International, Wallingford, UK, 624 pp.

Webb, A.R., Kline, L. and Holick, M.F. (1988) Influence of season and latitude on the cutaneous synthesis of vitamin D_3: exposure to winter sunlight in Boston and Edmonton will not promote vitamin D_3 synthesis in human skin. *Journal of Clinical Endocrinology and Metabolism* 67, 373–378.

Wiseman, J. (1984) Assessment of the digestibility and metabolizable energy of fats for non-ruminants. In: Wiseman, J. (ed.) *Fats in Animal Nutrition*. Butterworths, London, pp. 227–297.

Wiseman, J. (1986) Anti-nutritional factors associated with dietary fats and oils. In: Haresign, W. and Cole, D.J.A. (eds) *Recent Advances in Animal Nutrition*. Butterworths, London, pp. 47–75.

Zhang, Y. and Parsons, C.M. (1993) Effect of extrusion and expelling on the nutritional quality of conventional and kunitz trypsin inhibitor-free soybeans. *Poultry Science* 72, 2299–2308.

第 4 章 批准使用的有机饲料原料

新西兰是在有机原则中列出批准使用的有机饲料原料清单的少数国家之一。对于落实有机原则,清单非常有用。此外,有机原则还规定,所用饲料必须符合《农用化合物和兽药管理法》(Agricultural Compounds and Veterinary Medicines, ACVM)和《有害物质和新生物体法》(Hazardous Substances and New Organisms, HSNO),否则将被认定不合格,因而为消费者提供了额外的保证。可能因出口的需要,新西兰的有机饲料名录以欧盟(EU)的有机饲料名录为基础。

欧盟也有类似的名录(表 4.1),是一个经过详细规定、可在有机禽饲料中限量使用的非有机饲料原料名录。由欧盟的名录可推断出,清单中列出的有机来源的饲料原料是可以接受的。

很多国家遵循着欧盟饲料组分添加的体系,也就没有颁布自己批准的饲料原料清单,只是要求所有使用的饲料原料必须符合有机原则。美国就是一个典型的例子,其法规也规定,所有的饲料、饲料添加剂和饲料补充料必须符合食品和药物管理局(Food and Drug Administration, FDA)的相关规定。

加拿大的魁北克省和不列颠哥伦比亚省近来批准了纯氨基酸的使用,但要区分是发酵生产的氨基酸(允许使用),还是人工合成的氨基酸(禁止使用)。

基于以上的信息,无论来自北半球,还是南半球,下面列出的饲料原料可建议作为很多国家用于有机禽生产并具有发展潜力的饲料原料清单。表 4.1 列出的饲料原料并不是都适用于家禽日粮,一方面是因为一些饲料原料更适于做反刍动物的饲料原料,另一方面是一些饲料原料数量通常也不是很充足。

对于已公布的符合有机原则且允许使用的饲料原料清单,人们提出了很多问题,其中之一是如何增加新的有机饲料原料。

有一个例子就是扁豆,在很多的国家可以进行有机种植(主要供给人类),并用于禽类饲养。因此,下面清单中涉及的饲料原料可能未包括在表 4.1 中,但是符合用于有机日粮的标准。另一个有趣的问题是,从传统观念看,鱼类产品,如鱼粉,是否可以作为有机饲料原料?幸运的是,鱼类产品作为有机饲料原料已被接受,因为它是氨基酸的重要来源,尤其在缺乏纯氨基酸时。其它产品像马铃薯蛋白能否作为有机原料从传统观念上是受到质疑的,因为它们属于工业化的副产品。因此,它们能够列入有机饲料原料的清单中实属幸运,因为它们也是氨基酸有价值的来源。它们能够作为有机饲料更多的是权宜之计,而不是基于有机物的遴选标准。

人们对颁布的清单也是各有解释。举个例子,碳酸钙是一种获批的含钙物质的来源。其中石粉是碳酸钙的一种天然的和常见的来源,但它采自含钙岩石,那么它是否是获批的碳酸钙呢?在普通的家禽日粮中,它是历史悠久的禽类饲料,也被看成一种有机饲料。在这种情况下,生产商就应该和相关认证部门进行核实,它可否作为有机饲料。这个例子也为本书第一章 Wilson(2003)的结论提供了有力的佐证。在第 1 章中,Wilson 提出,如果对获批的饲料原料名录解释得更加具体,就会更有用处。

表 4.1 新西兰批准的有机饲料原料和欧盟批准的非有机饲料原料(直至限量)对比

原料	新西兰批准的有机饲料原料(只包括各类别中已命名的部分)MAF 标准 OP3,附录 2,2006 版(NZFSA,2006)	欧盟批准的非有机饲料原料(取决于使用上限)Council Regulation EC No. 834/2007(EU,2007)
1 植物性饲料原料	1.1 麦类、谷类及其产品和副产品:燕麦粒,燕麦片,燕麦次粉,燕麦壳,燕麦麸;大麦粒,大麦蛋白粉,大麦次粉;稻米胚芽榨出物;粟米粒;黑麦粒,黑麦次粉;高粱粒;小麦粒,小麦次粉,小麦麸,小麦蛋白饲料,小麦蛋白粉,小麦胚芽;斯佩尔特小麦粒;黑小麦粒;玉米粒,玉米麸,玉米次粉,玉米胚芽榨出物,玉米蛋白粉;麦芽;酿酒类谷物(2004 年没有列入稻米粒,碎稻米,米糠,黑麦饲料,黑麦麸和木薯) 1.2 油料籽实、含油水果及其产品和副产品:油菜籽及其压榨物和外壳;大豆,烘焙大豆,大豆压榨物及外壳;葵花籽及其压榨物;棉花籽及其压榨物;亚麻籽及其压榨物;芝麻籽压榨物;棕榈仁压榨物;南瓜籽压榨物;橄榄,橄榄果肉;菜籽油(来自物理压榨)[2004 年没有列入芜菁菜籽(turnip rapeseed)压榨物] 1.3 豆科植物籽实及其产品和副产品:鹰嘴豆籽实、次粉和糠;荆豆籽实、次粉和糠;加热处理过的草香野豌豆籽实、次粉和糠;豌豆籽实、次粉和糠;蚕豆籽实、次粉和糠;马豆籽实、次粉和糠;野豌豆籽实、次粉和糠;羽扇豆籽实、次粉和糠 1.4 块茎及其产品和副产品:甜菜浆,马铃薯,甘薯块茎,马铃薯浆(提取马铃薯淀粉的副产品),马铃薯淀粉,马铃薯蛋白粉和木薯 1.5 其它籽实、果实及其产品和副产品:长豆角,长豆角荚及其粗粉;南瓜,柑橘浆,苹果,温柏,梨,桃子,无花果,葡萄及其浆;栗子,核桃压榨物,榛果压榨物,可可豆外壳和压榨物;橡子 1.6 草料和粗饲料:苜蓿,苜蓿粉,三叶草,三叶草粉,草料(来自牧草植物),草粉,干草,青贮饲料,用于放牧的谷物秸秆和块根蔬菜 1.7 其它植物及其产品和副产品:糖蜜,海藻粉(来自晒干、粉碎的海藻,并经过冲洗以降低含碘量),植物粉和提取物,植物蛋白质提取物(专供于青年禽),香料植物和草本植物	1.1 麦类、谷类及其产品和副产品:燕麦粒,燕麦片,燕麦次粉,燕麦壳,燕麦麸;大麦粒,大麦蛋白粉,大麦次粉;稻米粒,碎稻米,米糠,稻米胚芽榨出物;粟米粒;黑麦粒,黑麦次粉,黑麦饲料,黑麦麸;高粱粒;小麦粒,小麦次粉,小麦麸,小麦蛋白饲料,小麦蛋白粉,小麦胚芽;斯佩尔特小麦粒;黑小麦粒;玉米粒,玉米麸,玉米次粉,玉米胚芽榨出物,玉米蛋白粉;麦芽;酿酒类谷物 1.2 油料籽实、含油水果及其产品和副产品:油菜籽及其压榨物和外壳;大豆,烘焙大豆,大豆压榨物及外壳;葵花籽及其压榨物;棉花籽及其压榨物;亚麻籽及其压榨物;芝麻籽及其压榨物;棕榈仁压榨物;芜菁菜籽压榨物及壳;南瓜籽压榨物;橄榄果肉(来自对橄榄的物理压榨) 1.3 豆科植物籽实及其产品和副产品:鹰嘴豆籽实;荆豆籽实;经过适当热处理的草香野豌豆籽实;豌豆籽实、次粉和糠;蚕豆籽实、次粉和糠;马豆籽实;野豌豆籽实;羽扇豆籽实 1.4 块茎及其产品和副产品:甜菜浆,干甜菜,马铃薯,甘薯块茎,木薯块茎,马铃薯浆(提取马铃薯淀粉的副产品),马铃薯淀粉,马铃薯蛋白粉和木薯 1.5 其它籽实、果实及其产品和副产品:长豆角荚,柑橘浆,苹果渣,番茄浆和葡萄浆 1.6 草料和粗饲料:苜蓿,苜蓿粉,三叶草,三叶草粉,草料(来自牧草植物),草粉,干草,青贮饲料,用于放牧的谷物秸秆和块根蔬菜 1.7 其它植物及其产品和副产品:糖蜜,海藻粉(来自晒干、粉碎的海藻,并经过冲洗以降低含碘量),植物粉和提取物,植物蛋白质提取物(专供于青年禽),香料植物和草本植物

续表 4.1

原料	新西兰批准的有机饲料原料(只包括各类别中已命名的部分)MAF 标准 OP3,附录 2,2006 版(NZFSA,2006)	欧盟批准的非有机饲料原料(取决于使用上限)Council Regulation EC No. 834/2007(EU, 2007)
2 动物源饲料原料	2.1 奶和奶制品:原料奶,奶粉,脱脂奶,脱脂奶粉,酪乳,酪乳粉,乳清,乳清粉,低糖乳清粉,乳清蛋白粉(物理提取),酪蛋白粉,乳糖粉,凝乳和酸乳 2.2 鱼、其它海生动物及其产品和副产品:鱼类,鱼油和未提炼的鱼肝油;鱼类软体或硬壳的自溶物,由酶作用获得的水解物和蛋白水解物,无论是否可溶,专供于青年禽;鱼粉	2.1 奶和奶制品:原料奶(查看指令 92/46/EEC 第二条),奶粉,脱脂奶,脱脂奶粉,酪乳,酪乳粉,乳清,乳清粉,低糖乳清粉,乳清蛋白质粉(物理提取),酪蛋白粉,乳糖粉 2.2 鱼、其它海生动物及其产品和副产品:鱼类,鱼油和未提炼的鱼肝油;鱼类软体或硬壳的自溶物,由酶作用获得的水解物和蛋白水解物,无论是否可溶,专供于青年禽;鱼粉
3 矿物源饲料原料	3.1 含钠产品:未提炼的海盐,粗矿盐,硫酸钠,碳酸钠,碳酸氢钠,氯化钠 3.2 含钙产品:钙化红藻,钙化海藻,水生动物外壳(包括乌贼骨),碳酸钙,乳酸钙,葡萄糖酸钙 3.3 含磷产品:骨中磷酸二钙沉积物,脱氟磷酸二钙,脱氟磷酸一钙 3.4 含镁产品:硫酸镁,氯化镁,碳酸镁,氧化镁(无水氧化镁) 3.5 含硫产品:硫酸钠	3.1 含钠产品:未提炼的海盐,粗矿盐,硫酸钠,碳酸钠,碳酸氢钠,氯化钠 3.2 含钙产品:钙化红藻,钙化海藻,水生动物外壳(包括乌贼骨),碳酸钙,乳酸钙,葡萄糖酸钙 3.3 含磷产品:骨中磷酸二钙沉积物,脱氟磷酸二钙,脱氟磷酸一钙 3.4 含镁产品:无水氧化镁,硫酸镁,氯化镁,碳酸镁 3.5 含硫产品:硫酸钠
添加剂	微量矿物元素 E1 含铁产品:碳酸亚铁,一水硫酸亚铁/七水硫酸亚铁,氧化铁 E2 含碘产品:碘酸钙,无水碘酸钙,六水碘酸钙,碘化钠 E3 含钴产品:一水/七水硫酸钴,碱式一水碳酸钴 E4 含铜产品:氧化铜,碱式一水碳酸铜,五水硫酸铜 E5 含锰产品:碳酸锰,氧化锰,一水/四水硫酸锰 E6 含锌产品:碳酸锌,氧化锌,一水/七水硫酸锌 E7 含钼产品:钼酸铵,钼酸钠 E8 含硒产品:硒酸钠,亚硒酸钠	微量矿物元素 E1 含铁产品:碳酸亚铁,一水硫酸亚铁,氧化铁 E2 含碘产品:碘酸钙,无水碘酸钙,六水碘酸钙,碘化钾 E3 含钴产品:一水/七水硫酸钴,碱式一水碳酸钴 E4 含铜产品:氧化铜,碱式一水碳酸铜,五水硫酸铜 E5 含锰产品:碳酸锰,氧化锰,一水/四水硫酸锰 E6 含锌产品:碳酸锌,氧化锌,一水/七水硫酸锌 E7 含钼产品:钼酸铵,钼酸钠 E8 含硒产品:硒酸钠,亚硒酸钠
维生素和维生素原	在新西兰法规下使用的维生素:最好源于天然饲料原料或者人工合成但与天然维生素成分相同的维生素,仅用于单胃动物。当对美国出口有机饲料或者有机猪肉产品时,使用的维生素和微量矿物元素应是美国食品和药物管理局批准的	维生素、维生素原以及有相似作用的能准确描述的化学物质,指令 70/524/EEC 批准使用的维生素:最好源于天然饲料原料或者人工合成但与天然维生素成分相同的维生素(仅用于单胃动物)

续表 4.1

原料	新西兰批准的有机饲料原料(只包括各类别中已命名的部分)MAF 标准 OP3,附录 2,2006 版(NZFSA,2006)	欧盟批准的非有机饲料原料(取决于使用上限)Council Regulation EC No. 834/2007 (EU, 2007)
酶	新西兰法规批准使用的酶	指令 70/524/EEC 授权许可的酶
微生物	新西兰法规批准使用的微生物	指令 70/524/EEC 授权许可的微生物
防腐剂	E236 蚁酸 E260 乙酸 E270 乳酸 E280 丙酸	E236 蚁酸,只用于青贮 E260 乙酸,只用于青贮 E270 乳酸,只用于青贮 E280 丙酸,只用于青贮
黏合剂,抗黏结剂和凝结剂	E551b 硅胶 E551c 硅藻土 E558 斑脱土 E559 高岭土 E561 蛭石 E562 海泡石 E599 珍珠岩	E551b 硅胶 E551c 硅藻土 E553 海泡石 E558 斑脱土 E559 高岭土 E561 蛭石 E599 珍珠岩
抗氧化物	E306 自然来源的生育酚提取物	E306 自然来源的生育酚提取物
应用在动物营养中的一些产品	酿造酵母粉	酿造酵母粉
青贮饲料的辅助添加物	海盐,岩盐,乳清,糖,甜菜浆,谷物面粉和糖浆	海盐,岩盐,酶,酵母菌,乳清,糖,甜菜浆,谷物面粉,糖浆,乳酸菌,乙酸菌,蚁酸菌和丙酸菌
纯氨基酸	无	无

注:新西兰和较早的欧盟法规中玉米麸列入了两次,可能是印刷错误,上面作了纠正。

下文列出了上面提到的最有可能考虑在有机禽日粮中使用的饲料原料的营养特性和推荐用量。由于一些饲料原料通常都有几个国际上通用的名称,所以每一种饲料原料都按国际饲料编号进行排列,犹他州州立大学国际饲料原料研究所所长 Lorin Harris 教授制定了国际饲料词汇来克服饲料命名的混乱。他的这个命名体系现在已得到广泛使用。采用这一体系命名饲料时,要考虑以下 6 个方面:(a)来源,包括科学名称(种类、变种、品种)、通用名称(种类、变种、品种)以及酌情使用的化学式;(b)饲用部位,受加工影响;(c)饲用动物前可食部分的加工和调制方法;(d)发育和成熟阶段(用于草料和动物食用);(e)刈割或粉碎情况(主要用于草料);(f)等级(官方等级和质量保证等)。另外,饲料原料被分为 8 个类别:(a)干草和粗饲料;(b)青绿饲料;(c)青贮饲料;(d)能量饲料;(e)蛋白质补充料;(f)矿物质补充料;(g)维生素补充料;(h)添加剂。每一类别都代表了每类给定饲料产品的特性。6 位国际饲料编号分配给每种饲料,并用于随附的饲料成分表中。第一位数字代表饲料原料的类别,其余 5 位数字连续使用,但不要重复。在计算机编程中可使用这一饲料编号来识别某种特定饲料原料,以进行日粮配方计算、数据汇总、饲料成分表打印和在线数据检索。

4.1　谷物及其副产品

谷物是家禽日粮能量的主要来源。除了全麦，那些在给人类加工的谷类产生的副产品也是重要的饲料原料。适用于有机禽类生产的谷类大多数属于草本植物(禾本科)。它们的种子(籽实)含有丰富的碳水化合物，适口性通常很好，易消化。但是它们的营养成分变化很大，取决于谷物品种、肥料的使用情况和生长环境、收获和存储的条件(例如，Svihus 和 Gullord，2002；表 4.2)。

由于有机谷物生产中的施肥实践，有机谷物营养价值的变异程度通常比普通谷物更大，但现在还没有足够的数据可以说明。与谷物比，谷物副产品营养价值可变性更大。因此，它们在家禽日粮中可能不得不限制使用，以实现配方的一致性。

谷物中的纤维素主要存在于谷物籽实壳中，含量差异很大，取决于生长和刈割条件。这会影响到种子的淀粉含量甚至能值(表 4.2)。谷物壳很难消化，对养分消化率也有降低作用。

表 4.2　挪威产小麦、大麦和燕麦的营养价值变异(总计 60 批次)

项目	大麦			燕麦			小麦		
	最小值	最大值	均值	最小值	最大值	均值	最小值	最大值	均值
粗蛋白(%)	9.6	11.5	10.7	7.4	13.2	10.0	10.9	15.4	13.0
淀粉(%)	58.7	64.1	61.4	46.8	54.5	50.9	61.4	71.2	66.5
粗纤维(%)	3.8	6.4	4.9	9.2	12.3	10.8	2.0	2.6	2.5
容重(kg/hL)	58.4	73.2	67.8	57.3	62.5	59.7	77	83.1	79.4

在干燥的情况下，谷类粗蛋白含量 100～160 g/kg，这个数值是经常变化的。与禽类的所需氨基酸相比，谷类粗蛋白中含有的重要氨基酸(赖氨酸、蛋氨酸、苏氨酸、色氨酸)较低。谷类中含有的维生素和矿物质也较低。因此，以谷物为基础的日粮必须补充其它的成分来满足氨基酸和微量营养素的需求。因为维生素原(主要是 β-胡萝卜素)的存在，黄玉米是唯一含有维生素 A 的谷物。所有谷物都缺少维生素 D 和维生素 E。谷类的乙醚提取物(油脂)存在于胚芽，含量从小麦中的小于 20 g/kg(干燥情况)到燕麦中的超过 50 g/kg 不等。谷类中富含油酸和亚油酸，磨碎后就不稳定了，结果很快就会出现酸败，从而导致饲料适口性下降或者动物拒食。总体来说，谷类是维生素 E 的良好来源，如果谷类在加工后快速使用，就可以阻止其出现酸败和异味，这样就可以满足维生素 E 的全部需要。小麦胚芽油是维生素 E 众所周知的天然来源，但缺乏稳定性。

对于主要的维生素 B，谷类中富含硫胺素，而核黄素含量却较低。与大麦和小麦相比，玉米、燕麦和黑麦中烟酸的含量较低，而且只有约 1/3 的烟酸可以利用。玉米中的泛酸含量也很低，而且所有谷类都缺维生素 B_{12}。所有的谷类，特别是玉米，都缺钙。它们都含有很高水平的磷，但大多数与植酸结合，家禽大部分不能利用。植酸也会影响钙及其它矿物质的利用。作物育种者已意识到植酸的问题，正培育低植酸含量的谷物新品种。2006 年，降低了 75%植酸磷的大麦品种引进到加拿大。谷类一般可提供足够的镁,但钠含量不足,钾也可能不足。所有的谷类微量矿物元素含量都不高。

因此,饲用谷物只能满足日粮营养素的部分需求。必须添加其它饲料成分才能配成全价日粮。将谷物和其它成分配制成最后的日粮混合物,以满足家禽的营养需要,需要掌握每种饲料原料的营养含量及其是否适合作为饲料原料的有关信息。

玉米、小麦、燕麦、大麦和高粱是主要的谷物,它们的整粒籽实用于饲料。在这些谷物中,只有玉米用于产蛋禽日粮中会导致蛋黄呈现黄色。生产者如果希望在市场上推销黄色蛋黄的蛋,则在使用其它谷物时需要确保在日粮中补充蛋黄着色剂的替代物质。一般情况下,对于家禽玉米、高粱和小麦能值最高,大麦、燕麦和黑麦能量较低。一些黑麦用于家禽喂养。虽然黑麦的组成与小麦类似,但比其它谷物适口性差,可能还含有麦角——一种有毒的真菌。黑小麦是黑麦和小麦的杂交种,在一些国家也用来饲喂家禽。好像还没有任何转基因(GM)小麦、高粱、大麦和燕麦的品种种植,这与玉米的情况不同。例如,在美国种植了大量的抗虫、抗除草剂的转基因玉米品种。这样的生物工程品种显然不适合有机禽生产。

本章末(附录 4.1)以表的形式列出了常用饲料营养成分均值,在配制家禽日粮时可以参考。然而,可能的话,还是建议在饲喂前对谷物或饲料产品进行化学成分分析,以更准确地确定其养分组成和品质。分析谷物的水分、蛋白质和粒重一般就足够了。

谷物粉碎和加工的几个副产品是家禽日粮有价值的成分。谷物种子有覆盖胚乳的外层壳或麸皮部分,胚乳部分主要由淀粉和一些蛋白质组成。在种子的基部是胚芽,其中含有大部分的脂肪(油)、脂溶性维生素和矿物质。为人类消费市场进行的谷物加工通常涉及提取淀粉,留下的其它组分作为动物饲料。这些副产品的成分随着采用的加工过程而变化。储备粮(清理)用于饲喂普通动物,它们含有破碎和损坏的谷物、杂草种子、灰尘等,可能不符合有机禽日粮的质量标准。

通常,谷物应粉碎成细小的、均匀一致性的成分混合到日粮中制成颗粒料或破碎料。在这种情况下,其粒径大小应该与其它成分类似,以避免与其它日粮成分相比家禽过量采食谷物或采食谷物不足。在群体中占优势地位的家禽可能会挑选出较大的饲料颗粒,留下较小的饲料颗粒给占劣势地位的家禽,这样可能会导致不均匀的群体性能。

一个引起有机禽饲养者兴趣的方面是在日粮中加入整粒(未粉碎)的谷物,这种饲喂整粒谷物的饲养系统与自然的家禽饲养状况相似,而不同于饲喂含有粉碎谷物的日粮。此外,禽类消化道有与其前胃相连的粉碎食物的器官(肌胃),能很好地消化整粒谷物。在给轻型杂交蛋鸡饲喂普通粉料或以适宜比例的整粒谷物和浓缩颗粒为基础的日粮,Blair 等(1973)发现它们之间的产蛋量和代谢能采食量相似。与有机生产相关的饲料颗粒大小的另一方面是,粗碎谷物或整粒谷物可能有助于提高禽类肌胃功能及抗病力。这将在后面的章节中作进一步阐述(本书第 6 章)。

4.1.1 大麦及其副产品

大麦(*Hordeum* spp.)是世界上种植最广泛的谷物。在北美、欧洲和澳洲都可见其分布,但玉米在这些地方不宜种植,因为这些地区通常生长季节相对较短,气候干燥寒冷。在加拿大,大麦是主要的饲用谷物,特别是在草原地区。大麦也是一种与小麦轮作种植的很好作物,而且产量高,成熟快,抗旱和抗盐碱能力强。依据籽粒的物理排列,可将大麦分成二棱大麦或六棱大麦。二棱大麦品种适合在干燥的气候下种植，而六棱大麦适合在潮湿的地区生长。

通常，高质量的大麦被用来酿造啤酒，而低质量的大麦用来饲养动物。高质量的大麦是家禽日粮的上乘谷物来源(Jeroch 和 Dänicke, 1995)。在北美西部、英国和欧洲的很多国家，大麦一直是饲喂家禽的主要谷类，因为大麦可以更好地适应这些地区的气候。一些地方要求白色的胴体并带有一层较硬实的皮下脂肪，也用大麦替代黄玉米，因为与以黄玉米为基础的日粮相比，大麦可以满足这样的需求。

1. 营养特性

大麦是一种中能量水平的谷物，富含纤维素，比玉米的代谢能低。它是禽类的重要饲料原料(Jeroch 和 Dänicke, 1995)。由于其外壳到籽粒的比例各异，导致禽代谢能值发生变化。作为生长禽的饲料原料，大麦的营养价值和可食性受到非淀粉多糖 β-葡聚糖含量变化(通常 40～150 g/kg)的影响。水溶性非淀粉多糖(non-starch polysaccharide, NSP)增加肠道内容物的黏性，导致家禽生产性能下降，也会使家禽排出潮湿黏性粪便，最终引起动物腿足部问题以及胸部疱疹。大麦的蛋白含量比玉米高，变化幅度约为 90～160 g/kg。它的氨基酸品质也优于玉米，跟燕麦和小麦相近，其必需氨基酸的生物利用率较高。大麦也是谷物中含磷较多的作物。

2. 家禽日粮

与肉禽相比，大麦更适合用于蛋禽的日粮中，因为相比玉米或小麦，大麦纤维素含量高，代谢能值低。蛋鸡日粮中含有高比例的大麦不会影响产蛋量，尽管饲料利用效率不如高能日粮。当配制以大麦为基础的日粮时，应把其亚油酸含量低考虑进去，否则可能会使禽蛋变小。日粮中添加微生物来源的 β-葡聚糖酶可以降低或消除非淀粉多糖的副作用。添加酶制剂使大麦适合用于肉禽日粮(Classen 等, 1988a; Choct 等, 1995)。研究表明，在以大麦为主的日粮中添加酶制剂能使肉鸡的生产性能与饲喂玉米日粮的肉鸡生产性能差不多(Marquardt 等, 1994)。混入日粮中制成颗粒料或破碎料时，大麦应磨得细些，均匀些，而粗粉碎的大麦可以做成粉料。

4.1.2　裸大麦

1. 营养特性

裸大麦品种已经有了很大的发展，在脱粒过程中，外皮被剥离开来。这些大麦品种比普通大麦含有更高的蛋白质和更少的纤维素。因此，理论上，这些大麦比普通大麦营养价值更高。但是 Ravindran 等(2007)发现，裸大麦和脱壳大麦的代谢能(氮校正)差不多。Helmand 和 de Francisco(2004)研究了巴西六种裸大麦栽培品种的化学组成，结果如下：含量最高的是淀粉(575～631 g/kg)、粗蛋白(125～159 g/kg)和总食用纤维(total dietary fibre, TDF; 124～174 g/kg)，淀粉和粗蛋白含量与先前报道的瑞典(Elfverson 等, 1999)和加拿大(Li 等, 2001)大麦品种一致。其它报道的成分含量(g/kg)为灰分 15.1～22.7，乙醚提取物 29.1～40.0，淀粉 574.6～631.4，不溶性纤维 80.7～121.6，可溶性纤维 43.0～64.5 和 β-葡聚糖 37.0～57.7。

2. 家禽日粮

Classen 等(1988b)做了如下的两个实验：用小麦为基础的日粮喂养 20 周龄白来航鸡 40 周，实验一用裸大麦分别代替 0、200、400、600 或 800 g/kg 的小麦，实验二用裸大麦或普通大麦代替 357 或 714 g/kg 小麦。结果表明,与等量普通大麦喂养的鸡相比,用 714 g/kg 裸大麦喂养的鸡更重,产蛋更大。因此,对用于喂养产蛋母鸡的谷物来说,裸大麦至少和小麦相当,且优于普通大麦。

对生长禽的研究还缺少结论性发现,可能与 β-葡聚糖对青年禽的影响比对成年禽的影响更大有关。例如,Bekta 等(2006)在波兰的一个肉鸡实验中发现,采食以裸大麦为基础的日粮的鸡生长性能低于采食以小麦为基础的日粮的鸡,即使裸大麦日粮中添加了 β-葡聚糖酶。此外,裸大麦的市场价格高于普通大麦,它通常用于人类消费、饲养猪等其它市场。因此,一些营养学家认为,如果它们的营养价值相似,裸大麦可以替代普通大麦。

有证据表明,对于青年肉鸡,裸大麦中加入 β-葡聚糖酶可以提高其营养价值(Salih 等,1991)。Ravindran 等(2007)指出,添加 β-葡聚糖酶提高了一些大麦品种的代谢能,但是与普通淀粉基因型品种相比,蜡质基因型品种反应程度明显更大。这些数据表明,淀粉特性和 β-葡聚糖酶类型影响了喂养肉鸡大麦的能值,而这些特性在决定大麦对家禽饲喂价值时可能与纤维含量相当或更重要。因此,希望在有机日粮中使用裸大麦的生产者,应该获得特定品种的有用信息。

4.1.3 干啤酒糟

干啤酒糟(brewers dried grains)(通常指啤酒糟)是单独用大麦芽或者大麦芽混以其它谷物或谷物产品,生产提取麦芽汁或者啤酒后的干残余物。这一副产品含有大量的结构性碳水化合物(纤维素、半纤维素),以及大麦发芽后或者大麦磨碎释放出制酒用的糖分后所残留的蛋白质(Westendorf 和 Wohlt,2002)。其它谷物也可与大麦一起用于酿酒。

1. 营养特性

由于酿酒时利用了糖和淀粉,使得酒糟中的蛋白质含量高于大麦原料,而能量低于大麦原料。啤酒糟中粗蛋白、油和粗纤维含量大约是大麦原料的 2 倍。根据 Westendorf 和 Wohlt(2002)最近的数据,以干物质(dry matter, DM)计(美国数据),啤酒糟中粗蛋白含量为21%~29%。目前,这些研究者引用的一些数据显示,啤酒糟中平均粗蛋白含量较高,为 29%~33%(以干物质计),Westendorf 和 Wholt(2002)推测,粗蛋白含量较高可能是因为酿酒原料使用了改良的大麦、玉米和稻谷品种,同时采用了不同的酿制方法或者改变了酿制过程中产生的废物回收或集中工艺。

酿酒过程中所产生的其它副产品还有麦芽、啤酒糟浓缩可溶物(啤酒糟经机械脱水制得)和啤酒酵母。大多数啤酒糟以湿制品形式销售,用作奶牛饲料(Westendorf 和 Wohlt,2002)。然而,一些啤酒糟干制品用作家禽饲料原料有可能更经济实用。在北美洲对适宜在禽饲料中使用的主要酿酒副产品进行了定义(AAFCO, 2005),具体如下。

①干啤酒糟:是指单独用大麦芽或者大麦芽混以其它谷物或谷物产品,生产麦芽汁或者啤酒后的干残余物,可能含有粉末状的失去功效的干啤酒花,但数量不超过 3%。IFN 5-00-516 为脱水大麦啤酒糟。

②麦芽:是指除去根芽的麦芽,这些根芽含有一些麦芽壳、麦芽的其它部分和无法去除的杂质。市场出售的产品,蛋白质含量不得低于 24%。麦芽类,当特指其它谷物的相应部位时,应标识出其所含的特定成分,例如"黑麦芽"、"小麦芽"等。在一些国家,麦芽也被称为麦茎。IFN 5-00-545 为脱水大麦芽,IFN 5-04-048 为脱水黑麦芽,IFN 5-29-796 为脱水小

麦芽。

③麦芽筛出物：是指大麦芽筛出物或因不符合麦芽最低蛋白质含量标准而再次筛出的产物，必须以蛋白质含量进行分级和销售。IFN 5-00-544 为脱水大麦芽筛出物。

④湿啤酒糟：指单独用大麦芽或者大麦芽混以其它谷物或谷物产品，生产麦芽汁后的残渣。品质保证分析必须包括最高含水量的分析。IFN 5-00-517 为湿大麦酒糟。

⑤啤酒糟浓缩可溶物：是指将生产啤酒或麦芽汁后的副产品进行浓缩而得到的产物。市场流通的产品，干物质含量不得低于 20%，碳水化合物含量不得低于 70%(以干物质计)，品质保证分析必须包括最高含水量的分析。IFN 5-12-239 为啤酒糟浓缩可溶物。

⑥干啤酒酵母：酿造啤酒或淡啤酒的副产品之一，干燥、未发酵、未经提取的酵母，植物分类上属于酵母菌。市场流通的产品蛋白质含量不得低于 35%。啤酒酵母必须标示蛋白质含量。IFN 7-05-527 为脱水啤酒酵母。

2. 家禽日粮

啤酒糟通常用来饲喂家畜如牛或猪。在家禽日粮中使用的啤酒糟大多数是干制品。

Draganov(1986) 综述了啤酒糟用于畜禽日粮中的资料得出，啤酒糟可以部分替代家禽日粮中的小麦麸、豆饼和葵花饼，如肉鸡日粮中最多可用到 20%。但最近的研究指出，肉鸡日粮中干啤酒糟用到 10%以上时，会引起采食量下降(Onifade 和 Babatunde, 1998)。蛋鸡的结果表明，日粮中干啤酒糟用到 5%以上时，会降低体重、产蛋率或蛋大小(Eldred 等，1975；Ochetim 和 Solomona, 1994)。Shim 等(1989) 研究得出，4 周龄以下的鸭日粮中不适合使用湿啤酒糟，但育肥鸭日粮中湿啤酒糟可用到 10%～20%。从这些文献得出结论是很困难的，因为酿造过程中使用的谷物和工艺条件各个国家各不相同。酿造副产品最好用于种禽日粮或蛋鸡产蛋后期日粮，特别在非洲地区干啤酒糟在经济上适合用来饲养家禽。

4.1.4　荞麦

荞麦(*Fagopyrum* spp.)是蓼科植物的一员，它不是真正的谷类作物。通常广泛种植荞麦是为了人类的消费，因此用作家禽饲料的数量可能很有限。

1. 营养特性

荞麦蛋白质品质在谷物中是最高的，因其赖氨酸含量较高。然而，与其它谷物相比，荞麦代谢能含量相对较低(11.0 MJ/kg；Farrell, 1978)，主要是因为其纤维含量高且含油量低。限制荞麦在家禽日粮中使用的另一个重要原因是，荞麦含有抗营养因子(anti-nutritional factor, ANF)——荞麦碱。据报道采食荞麦的家禽，暴露在阳光下，特别是在长时间暴露的情况下(Cheeke 和 Shull, 1985)，可以引起家禽皮肤病变、头部皮肤裸露部分起包、肢体动作不协调和皮肤剧烈瘙痒。因此，有机禽日粮中应慎用荞麦。

2. 家禽日粮

Farrell(1978)评估荞麦作为大鼠、猪、肉鸡和蛋鸡饲料的使用效果。大鼠和肉鸡的生长试验结果表明，荞麦作为饲料中唯一的谷物来源要优于其它类型的谷物。在猪的生长试验中得到了对荞麦最好的应用效果，但是 Farrell(1978)认为用荞麦作为测试动物唯一的谷物来源是不合适的，这样会导致一些拒绝采食的行为。通过过筛除去荞麦的纤维外壳没有增加动物的生长率，但是改善了饲料转化率。尽管对荞麦的化学分析表明，其氨基酸含量足够维持产蛋，但是这一结果甚至在日粮中添加了赖氨酸和蛋氨酸的蛋禽试验中也没有得到确认。饲喂全荞麦日粮和饲喂全小麦日粮(12%CP),两者在生长率方面没有什么不同,但是添加赖氨酸可以提高生长率和饲料转化率。在荞麦日粮中添加10%肉骨粉或葵花饼获得的生长效果和饲料转化率与商用生长日粮相似。

荞麦在诸如印度东北地区等高原地区作为家禽饲料可能具有更大的潜力。Gupta 等(2002)报道,在相同地块每年可以收获三季荞麦,而且荞麦可以成功用于肉鸡生长料中,使用量高达30%,尽管荞麦在日粮中使用到15%以上时,干物质和钙的利用效率会降低。

这些研究结果表明,荞麦可以替代家禽日粮中的部分谷物。同时也表明,当试图把试验结果应用于有机禽养殖时,在实验室条件下评估荞麦的使用效果是不够的。环境条件也需要考虑。

4.1.5 玉米

在美洲玉米(*Zea mays*)这种谷物也称为 maize(玉米)或者 Indian maize(印第安玉米)。由于它的用途广泛,与其它任何谷类作物相比,种植玉米的国家更多(图 4.1)。由于适口性好、能值高以及每单位土地上可消化营养产量较高,玉米在美国成为最重要的饲料作物。因此,相比家禽饲养中的其它饲料谷物,玉米常被当作标准。美国的平原地区为玉米种植提供了一些最好的生长条件,使其成为世界上最大的玉米生产国。其它主要的玉米生产国有中国、巴西、欧盟国家、墨西哥和阿根廷。

图 4.1 玉米棒,示玉米粒排列

1. 营养特性

玉米中碳水化合物含量高,其中大部分为高度可消化淀粉,而且玉米中纤维含量较低。玉米脂肪含量相对较高,因此代谢能值高。除了小麦,其它谷物代谢能值都没有玉米高。玉米油中含有较高比例的不饱和脂肪酸,是油酸的极好来源。如果黄玉米在家禽饲料中的使用导致家禽体脂过软或者胴体颜色太黄而影响销售,则应该限制黄玉米在家禽饲料中的使用。白玉米的使用可以避免脂肪着色。黄色玉米和白色玉米在能量、蛋白质、矿物质含量上相似，但是相比白玉米黄玉米胡萝卜素含量高。当需要将蛋黄染成黄色时，黄色玉米就成为产蛋家禽日粮中一种重要的组成成分。黄色玉米还含有玉米黄素，能在动物体内转化成维生素A。

玉米中蛋白质含量通常为8.5%，但是氨基酸不太平衡，赖氨酸、苏氨酸、异亮氨酸和色氨酸含量非常有限。像Opaque-2和Floury-2这样的品种氨基酸品质有所改善，但达不到普通品种的产量。因此，它们还没有得到广泛种植。生产者要想使用这样的品种，应该检查有机食品认证机构对它们的可接受性。

玉米中钙含量非常低(约0.03%)，磷含量较高(0.25%～0.3%)，但大多数以植酸磷的形式存在，家禽很难吸收。因此，很高比例的磷通过肠道最后从粪便中排泄。可以向日粮中补充植酸酶来提高磷的利用率。另一种方法是，使用一种低植酸玉米新品种，其中只有大约35%的磷以植酸磷的形式存在，而普通的玉米达到了70%。家禽能更有效地利用这些品种中的磷，从而使随粪便排出的磷更少。与其它改进的玉米品种一样，生产者要想使用这样的品种，应该检查有机食品认证机构对它们的接受性。玉米中钾、钠、微量矿物质含量都非常低。

玉米缺乏维生素，但包含大量有用的生物素和胡萝卜素。烟酸是以结合的形式存在的，同时色氨酸(一种烟酸的前体物质)的含量非常低，在以玉米为基础的日粮中，这种维生素成为特别受限制的维生素，除非另外补充。

当在适当条件下收获和贮存时，包括适当烘干至水分含量为10%～12%时，玉米的质量是非常高的。如果收获时潮湿或贮存过程中受潮，那么霉菌毒素(玉米赤霉烯酮、黄曲霉毒素和赭曲霉毒素)会出现在玉米籽实中。这些毒素会引起家禽的严重反应。由于玉米种皮特点和胚乳类型的不同，不同的品种贮存特点明显不同。

2. 家禽日粮

玉米适合饲养所有的家禽。在家禽日粮中使用黄玉米的好处之一是，家禽能够被黄色的谷物吸引。玉米用于粉料日粮应该粉碎成中等至中等偏细粒度，用于颗粒日粮应该粉碎成细粒度。玉米磨碎后应该迅速混合到日粮中，因为在贮存过程中它可能会酸败。

4.1.6　玉米副产品

如果能够获得有机认证机构的认可，谷物加工企业可以提供适合家畜使用的副产品。为人类消费市场生产粉碎的玉米时，会去除外壳和胚芽，留下的饲用玉米粉含有麸皮、胚芽和一些胚乳。它在组成上与最初的玉米相似，但是纤维、蛋白和脂肪含量较高。

1. 饲用玉米粉

饲用玉米粉是一种很好的家禽饲料，由于其脂肪含量高，代谢能值与整粒玉米类似。玉米粉是亚油酸的很好来源。使用玉米副产品，比如玉米粉，作为饲料的好处之一是质量很高，因为玉米的主要产品用于人类消费市场。这有助于确保玉米不受霉菌毒素污染、昆虫和啮齿类动物侵扰。Leeson等(1988)表明，通过干磨工艺生产的高脂玉米粉用于肉鸡和火鸡日粮，效果与玉米相当。

2. 玉米蛋白饲料

玉米蛋白饲料(corn gluten feed，CGF)是一种玉米的副产品，在一些地区可以以湿样或者干样形式获得，干产品可以用来进行国际贸易。因为生产玉米蛋白饲料的方法不同，它的饲喂价值也随使用的具体工艺变化。因此购买时应该以保证分析值为基础。玉米蛋白饲料是生产淀粉时产生的副产品。在北美的生产工艺中，玉米在 35～47℃下浸泡于水和二氧化硫中 30～35 h，为最初的粉碎步骤进行软化处理。在这一过程中，一些营养素溶解在水中。当浸泡完成后，抽取浸泡液并浓缩制成“可溶物”。在湿磨工艺中，胚芽从谷粒中分离出来，可能经过进一步的加工去除脂肪。在第二次的湿磨工艺中，剩余的部分被分离成外壳（麸皮）、蛋白和淀粉组分。然后麸皮部分与浸泡液和胚芽组分混合，作为湿的或者脱水的玉米蛋白饲料出售。蛋白组分在市场上可能作为玉米蛋白粉出售或者加入到玉米蛋白饲料中。干燥的玉米蛋白饲料可以制成颗粒以方便处理。它的分析值通常为粗蛋白 21%、脂肪 2.5%、粗纤维 8%。湿的玉米蛋白饲料（干物质 45%）组成是相似的，但是没有干燥。湿玉米蛋白饲料是易腐败的产品，必须在 6～10 d 内用完，并且必须保存在厌氧环境中。

3. 玉米蛋白粉

玉米蛋白粉不是一种合适的家禽饲料，因为它的适口性相对较差，赖氨酸含量非常缺乏，氨基酸组成不平衡。然而，它可以作为天然的黄色色素来源在肉鸡和蛋鸡日粮中使用，因为其叶黄素含量丰富（达 300 mg/kg）。玉米蛋白粉用于家禽饲料可能不再适宜也不经济，因为它作为天然的除草剂广泛用于园艺上。

4. 玉米干酒糟

这种玉米副产品可以用于家禽饲养，和玉米蛋白粉一样，是玉米黄素的很好来源。它是生产乙醇（作为燃料来源或者酒精饮料）的过程中获得的。北美生产的这种副产品出口到包括欧洲在内的几个地区。生产过程中先使用干磨工艺，然后用酵母烹煮和发酵淀粉组分来生产乙醇。除去淀粉后剩余残渣中的营养素含量大约是最初谷物的 3 倍。蒸发剩余液体来生产可溶物，可溶物通常被回加到残渣中以生产酒糟及其可溶物。通常情况下，这种副产品是脱水的，作为干酒糟及其可溶物（dry distillers grains plus solubles，DDGS）在市场上出售。这种副产品的一个好处是酵母提供了一些养分。

DDGS 分析值通常为：蛋白质 27%，脂肪 11%，粗纤维 9%。Batal 和 Dale（2006）报道，DDGS 的真代谢能 TME_n 的变化范围为 2 490～3 190 kcal/kg（86%干物质基础），平均值为 2 820 kcal/kg。不同样品之间的差异很显著，可能反映出最初玉米组成、可溶物发酵和组成的不同（Cromwell 等，1993；Batal 和 Dale，2006）。各营养成分报道的变化范围为：粗蛋白 23.4%～28.7%，脂肪 2.9%～12.8%，中性洗涤纤维 28.8%～40.3%，酸性洗涤纤维 10.3%～18.1%，灰分 3.4%～7.3%。赖氨酸含量的变化范围为 0.43%～0.89%。检测的大部分样品颜色为金黄色，各样品之间氨基酸真消化率相对一致。8 个 DDGS 样品中几个重要的限制性氨基酸平均总含量（g/kg）和消化系数如下：赖氨酸 7.1（70），蛋氨酸 5.4（87），胱氨酸 5.6（74），苏氨酸 9.6（75），缬氨酸 13.3（80），异亮氨酸 9.7（83）和精氨酸 10.9（84）。总的说来，在 DDGS 样品中，颜色更加发黄和较淡的，氨基酸总含量和可消化氨基酸水平更高。不同样品中观察到的真代谢能 TME_n 和氨基酸消化率的变异程度强烈表明在使用新供应商提供的原料时，首先应该进行验证分析。

家禽日粮　Lumpkins 等（2004）评价了作为肉鸡饲料成分的 DDGS 使用效果。在一个试验中，DDGS 在高浓度（粗蛋白含量为 22%，代谢能 ME_n 含量为 3 050 kcal/kg）和低浓度（粗蛋白含量为 20%，代谢能 ME_n 含量为 3 000 kcal/kg）日粮中的使用量为 0 或 15%。DDGS 添加到高浓度日粮相比添加到低浓度日粮，动物体增重和饲料转化率（增重饲料比）较高，但是在每个浓度日粮以内，DDGS的添加量为0或15%对生长性能的影响没有差异。在另一个试验中，日粮中DDGS的添加量为0、6%、12%或18%。在42 d的全期试验中，各添加组之间生长性能和胴体产量没有显著差异。然而，在育雏阶段饲喂含有18%DDGS的日粮，肉鸡体增重和饲料转化率降低。这些研究表明，使用DDGS作为肉鸡日粮的饲料成分是可以接受的，在育雏料中可有效使用到6%，在生长和育肥期料中可有效使用到12%～15%。

这些作者认为DDGS作为蛋鸡日粮的饲料成分也是可接受的(Lumpkins等，2004)。给25～43周龄的蛋鸡饲喂含有0或15%DDGS的商用或低浓度日粮，结果发现采食含0或15% DDGS的日粮对蛋鸡的生产性能没有不同影响。然而，给蛋鸡饲喂含15%DDGS的低浓度日粮至35周龄时，会引起蛋鸡日产蛋量的显著下降。建议普通能量水平的日粮中DDGS最大使用量为10%～12%，对于低浓度日粮DDGS使用量低些。对产蛋火鸡的研究表明，在生长期和育肥期日粮中，DDGS可以加到10%(Roberson，2003)。

Swiatkiewicz和Koreleski(2006)研究了日粮中添加DDGS至20%对蛋鸡产蛋性能的影响。他们发现在产蛋周期的第一阶段(26～43周龄)，DDGS的添加水平对产蛋率、蛋重、采食量或饲料转化率没有显著影响。在产蛋的第二阶段(44～68周龄)，DDGS添加至15%时，产蛋指标没有不同。给蛋鸡饲喂DDGS添加水平为20%的日粮时，会引起产蛋率下降、蛋重减轻，这些影响可以通过向日粮中补充非淀粉多糖水解酶得到部分减轻。DDGS的添加水平不会影响白蛋白高度、哈夫单位、蛋壳厚度、蛋壳密度、蛋壳破碎强度或煮熟蛋的感官特性。然而，蛋黄颜色随着日粮中DDGS添加水平的增加而增加，反映出这种饲料成分中叶黄素含量高。

4.1.7　燕麦

燕麦(*Avena sativa*)在比较寒冷和湿润的地区种植。加拿大在1910年之前，燕麦的种植区域就大于小麦的种植区域，目的是为了用来喂马。当今世界上燕麦的主要生产国家和地区有俄罗斯、欧盟、加拿大、美国和澳大利亚。许多有机农场种植并使用燕麦。

1. 营养特性

根据燕麦品种、气候条件和施肥实践的不同，燕麦的化学组成变异很大。脱粒燕麦依然被包裹在外壳里，将秕糠(颖)留在秸秆上。与玉米、高粱或小麦相比，燕麦的壳、粗纤维和灰分含量高，淀粉含量低。壳含量变化范围为20%～45%，因此，燕麦比其它主要的谷物能值低很多。燕麦的营养价值与其壳含量呈负相关，这可以通过千粒燕麦重概算出来。燕麦中蛋白质含量在11%～17%变化，其中氨基酸组成与小麦类似，赖氨酸、蛋氨酸和苏氨酸含量有限。燕麦的蛋白质含量主要受其壳含量的影响，因为燕麦的蛋白质几乎全部在燕麦仁中。与玉米相比，燕麦脂肪含量高，但是这并不能补偿其高粗纤维含量。和其它小谷物一样，燕麦同样含有β-葡聚糖，因此使用时可能必须添加适当的酶制剂以避免其造成不良影响。

2. 家禽日粮

由于燕麦纤维含量高、能量含量低，因此燕麦适合用于青年母禽和繁殖家禽日粮。壳含量低的燕麦新品种可能更加适合用于生长肉禽日粮。

Ernst等(1994)报道了饲喂玉米、燕麦和大麦对白来航鸡生长性能、公鸡胃肠道重量和母鸡性成熟的影响。试验使用了5种日粮，每种日粮蛋白质含量约为22.5%，代谢能约为

3 000 kcal/kg。对照组日粮只含有玉米，其余试验组用燕麦或大麦代替每千克日粮中的200或400 g玉米。用所有的日粮饲喂生长母鸡和产蛋母鸡，其中有一半的试验鸡喂砂粒直到15周龄，一半不喂砂粒。对任何日龄的试验鸡，平均体增重和饲料转化率均不受日粮的影响。在12周龄时，饲喂含有燕麦的日粮与饲喂只含玉米的日粮相比，小公鸡消化道重量、肌胃重量显著增加。在12周龄，饲喂砂粒也增加了肌胃的重量。采食含20%燕麦日粮的母鸡首先达到性成熟，比采食玉米日粮的母鸡提前8 d。从事放养家禽并能获得最大天然抗病力家禽生产的有机生产者对这些试验结果，尤其是关于消化道和肌胃发育的试验结果是非常感兴趣的，比如抗球虫病的家禽对有机养殖而言极其重要。来自澳大利亚的研究结果表明，肌胃发育良好的家禽能够更好地抵抗球虫病的侵袭(Cumming，1992)。

Aimonen和Näsi(1991)研究得出，质量好的燕麦可以取代产蛋母鸡日粮中的大麦而不会对蛋鸡的产蛋性能造成不良影响。他们也发现添加酶制剂可以使燕麦日粮平均代谢能从11.8 MJ/kg增加到12.1 MJ/kg(干物质基础)，并且使饲料转化率提高了3%。

在天气炎热的情况下，必须避免在日粮中使用燕麦，因为使用燕麦会使动物在消化过程中增加产热，导致采食量和生长率的降低。

4.1.8 裸(少壳)燕麦

虽然裸燕麦(*Avena nuda*)品种的产量有时很低，但是裸燕麦品种也得到了发展。这些燕麦品种在收割过程中脱去了壳，因此纤维含量比有壳的燕麦大大降低。和普通的燕麦一样，它们含有β-葡聚糖。想要使用裸燕麦的生产者应该确保该品种为非转基因品种。

裸燕麦与普通的燕麦相比，蛋白质和脂肪含量较高，这使得裸燕麦代谢能值与玉米代谢能值相似。裸燕麦氨基酸组成比普通燕麦或玉米更加平衡。因此，裸燕麦有潜力成为极好的家禽饲料原料。现在人们对裸燕麦很感兴趣，尤其是在欧洲。

Maurice等(1985)评价了裸燕麦作为潜在的家禽饲料原料的使用效果，并报道了裸燕麦在氨基酸组成和矿物元素含量方面优于玉米。裸燕麦总脂肪含量为6.85%，其中亚油酸含量为3.09%(译者注：原文为30.9%，有误)，这比大多数谷物都高，使得裸燕麦代谢能值相对较高，达到13.31 MJ/kg。裸燕麦总磷含量为0.4%，植酸含量为1.07%。

家禽日粮

来自加拿大的早期试验结果表明，当给育雏期肉鸡饲喂含有一些裸燕麦品种的日粮时，会引起其生长性能的下降。此外，还会引起肉鸡粪便发黏的问题。与此相反，对较大肉鸡的饲喂效果却是令人满意的(Burrows，2004)。随后的试验结果表明，燕麦中含有β-葡聚糖，引起营养利用率和采食量下降，造成了育雏期肉鸡生长迟缓。试图通过蒸汽和制粒工艺改善裸燕麦使用效果的努力没有取得成功，但是添加β-葡聚糖酶是有效的，且可以使日粮中添加较高水平的裸燕麦。研究结果中的一个有趣的结果是，随着日粮中燕麦添加水平的增加，鸡肉脂肪稳定性得到适当提高，毫无疑问这是由于燕麦中含有的脂肪类型导致的。美国随后的研究表明，裸燕麦在日粮中的使用量可达到40%，而不产生不良影响(Maurice等，1985)。澳大利亚的研究结果表明，如果将肉鸡日粮制成颗粒料并且添加酶制剂，那么裸燕麦可以作为肉鸡日粮中谷物的唯一来源(Farrell等，1991)。在澳大利亚的试验研究中使用的裸燕麦品种总脂肪含量为3.1%～11.8%，粗蛋白含量为9.8%～18.1%。

加拿大关于产蛋家禽的研究表明，裸燕麦在日粮中的使用量可以达到60%，以取代玉米、豆饼和脂肪(Burrows,2004)。当日粮中裸燕麦添加到60%时,与饲喂玉米豆饼型日粮相比,蛋禽产出的总蛋重相等。当日粮中不使用豆饼,裸燕麦添加到80%时,总蛋重仅下降4%。Hsun和Maurice(1992)得到了类似的试验结果。日粮中裸燕麦添加到66%时,对采食量、蛋重和产蛋量没有影响,但是当日粮中裸燕麦添加到88%时,采食量、产蛋量、蛋重和蛋壳强度有所下降。Sokól等(2004)报道,给蛋鸡饲喂玉米日粮或者饲喂以裸燕麦完全取代玉米的日粮时,产蛋率都超过了90%。向添加裸燕麦的日粮中补充β-葡聚糖酶,对产蛋性能或者蛋黄中的脂肪酸组成没有影响。据报道,饲喂火鸡和鹌鹑也得到了良好的试验结果。

用高水平饲料原料如裸燕麦取代黄玉米配制日粮来饲喂产蛋家禽发现,蛋黄颜色有所下降。因此,对于有机生产者而言,为了向注重蛋黄颜色的消费者出售鸡蛋,应该向以大麦、燕麦或小麦为基础的日粮中补充一种天然色素来源,如紫花苜蓿粉、玉米蛋白粉、草粉或万寿菊粉。

4.1.9 稻米

稻米(*Oryza sativa*)研磨后得到磨光的白米是很大一部分人群重要的主食。稻米经过初磨后得到如下组分(括号里是大约的比例):糙米(80%)和稻壳(20%)。糙米再经研磨产生米糠(10%)、白米(60%)和抛光屑+碎米(10%),稻米的主要副产品是米糠,它由外壳、胚芽和米糠组成,适用于饲养禽类。抛光屑+碎米粒通常添加到米糠中。副产品的比例取决于研磨率、稻米的种类和其它一些因素。

糙米在研磨后可以用于家禽日粮,但是一般很难得到。如果没有发霉或者没有有毒真菌污染,加工后达不到人类食用质量标准的稻米,是家禽日粮很好的饲料原料。

4.1.10 稻米副产品

米糠是稻米最重要的副产品,它可以作为谷类饲料的替代品,如果质量好的话,饲用价值与小麦相当。它是水溶性维生素很好的来源,新鲜的米糠是禽类可口的饲料。米糠的一个问题是,它含有很高浓度的油脂(140~180 g/kg),且这些油脂非常不饱和和不稳定,在高温、有湿气的环境下,油脂分解成甘油和游离脂肪酸,这是由于当米糠从稻米中剥离开时,脂解酶就会激活。结果产生了不好的味道,饲料的适口性下降。澳大利亚报道,油脂的过氧化反应是由于维生素E敏感条件的出现(Farrell和Hutton,1990)。维持维生素E和亚油酸的比例为0.6 mg/g已被推荐为一种预防措施(Farrell和Hutton,1990),如果认证机构可接受的话,也应考虑用其它办法(如使用抗氧化剂)确保油脂的稳定。另一方面,高不饱和脂肪酸含量会使屠体产生低熔点脂肪。从米糠中把油脂提取出来就可以解决以上提到的问题,脱脂后的米糠可以更多地添加到日粮中去。除了提取掉油脂外,在研磨后立即通过加热或者干燥使湿度降低到4%以下也能延缓酸败。用100℃的流动蒸汽加热4~5 min,足以延缓游离脂肪酸的产生。如果放在200℃烘盘上10 min,也可以使米糠烤干。

家禽日粮

一些国家在生长禽和产蛋禽日粮中用米糠代替部分谷物饲料,代替比例已成功达到20%(Ravindran和Blair,1991;Farrell,1994)。鸭可以忍受高米糠含量的日粮。补充木聚糖酶、植酸酶和脂肪酶后,肉鸡日粮可以成功加入高达30%的米糠(Mulyantini等,2005)。

当作为能量饲料配入肉鸡日粮高达 40%的米糠时，米糠油脂显示出与牛油相似的作用(Purushothaman 等，2005)。

4.1.11　黑麦

黑麦(*Secale cereale*)的能值介于小麦和大麦之间，它的蛋白质含量与大麦和燕麦相似。但是，它的营养价值由于受到一些抗营养因子影响而下降，如 β-葡聚糖和阿拉伯木聚糖，这些物质被认为会增加肠内容物的黏性、降低消化率以及产生其它不良影响，如不干净的蛋增多。这些副作用在干燥和炎热的环境里更明显，这样的环境加快了收获前谷物的成熟速度(Campbell 和 Campbell，1989)，西班牙和其它地中海国家就出现过这种情况。黑麦可能也含有麦角菌，这是一种有害的真菌，它会影响禽类的健康和生产性能。

4.1.12　高粱、蜀黍

高粱(*Sorghum vulgare*)，又称蜀黍，是世界上第五大重要的谷类作物。大多数供人类食用。就大洲而言，非洲是种植高粱最多的一个大洲，其它像美国、印度、墨西哥、澳大利亚和阿根廷也是主要的生产国。高粱是最为抗旱的谷类作物之一，比玉米更能适应恶劣的环境，如高温和变化幅度大的湿度。

1. 营养特性

高粱的粗蛋白质比玉米高，所含消化能与玉米比相差无几。但是，它的一个缺点是，由于生长环境的不同，其营养成分更不稳定。它的粗蛋白质平均含量通常为 8.9%左右，但可在 7.0%～13.0%范围内变化。因此，建议在做日粮配方前，要分析它的蛋白质含量。对于家禽，有着黄色胚乳的杂交种与深棕色高粱相比更为鲜美，因为深棕色高粱含有更高含量的单宁酸，这种物质会阻止野生鸟类破坏庄稼。在高湿度的条件下贮存 10 d，高单宁酸高粱中的单宁酸会灭活，之后就能成功使用。结果已显示，日粮蛋白质消化率增加 6%～16%，代谢能增加 0.1～0.3 kcal/g(Mitaru 等，1983，1985)，两种未经处理的高单宁酸高粱蛋白质回肠真消化率分别是 45.5%和 66.7%，而低单宁酸高粱蛋白质回肠真消化率为 89.9%，对应的氨基酸消化率分别是 43.1%～73.7%和 84.9%～93.0%。基因重组后的高单宁酸高粱蛋白质消化率为 77.4%和 84.5%，氨基酸消化率为 73.5%～90.9%。但对低单宁酸高粱进行基因重组则没有效果。这些发现给那些只用高单宁酸高粱饲养禽类的生产者提供了方法。赖氨酸是高粱蛋白质中第一限制性氨基酸，接下来是色氨酸和苏氨酸。

在美国，种植的高粱很大比例用来生产乙醇，并随之产生了用于饲养动物的高粱酒糟饼。

2. 家禽日粮

研究表明，低单宁酸高粱可以成为家禽日粮中主要的或者唯一的谷物饲料(例如，Adamu 等，2006)。Mitaru 等(1983，1985)研究显示，肉鸡对基因重组后的高单宁酸高粱能量和蛋白质的利用提高显著，生长性能更为出色。饲喂以三种基因重组后的高单宁酸高粱为基础的开食料与饲喂以未经处理的高单宁酸高粱为基础的日粮比，肉鸡获得更高的日增重(23～83 g)和更高的饲料转化效率。研究表明，低单宁酸高粱能成功地成为家禽日粮主要的或者单一的谷物来源(例如，Adamu 等，2006)。由于高粱外面有坚硬的种皮，因此适当的研磨是相当必要的。

4.1.13　斯佩尔特小麦

斯佩尔特小麦(*Triticum aestivum* var. *spelta*)是小麦的一个亚种,广泛种植于中欧。它在欧洲的广泛种植很可能是由于当地缺乏高蛋白质的有机饲料。由于麦醇溶蛋白含量低(其谷朊部分与腹腔疾病有关联),它被广泛地推广到其它国家,部分供人类食用。

这种作物的抗寒性比软红冬小麦略强,但不如硬红小麦。它的产量比小麦低,但是在生长条件不太理想的环境下,它们的产量差不多。

Ranhotra 等(1996a,b)的研究表明,在美国各种斯佩尔特小麦粗蛋白均值为 16.6%,而各种小麦粗蛋白均值为 13.4%,斯佩尔特小麦和小麦的蛋白质中赖氨酸含量分别为 2.93%和 3.21%。而它们的营养品质受栽培方法和种植地区影响很大。所有斯佩尔特小麦和小麦测试样品均含有谷朊。

4.1.14　黑小麦

黑小麦(*Triticale hexaploide*)是小麦(*Triticum*)和黑麦(*Secale*)的杂交品种,以获得小麦的谷物品质、产量和抗病性,又具有黑麦的力度、硬度和高赖氨酸含量。1875 年,苏格兰(Wilson,1876)首次培育了小麦和黑麦的杂交品种,但是直到后来这个被称为黑小麦的杂交品种才出现在科学文献中。黑小麦可以由黑麦和四倍染色体的小麦(硬粒小麦)或者六倍染色体的小麦杂交而成。它主要种植于波兰、中国、俄罗斯、德国、澳大利亚和法国,但是北美和南美也有种植。据报道,不适合玉米或小麦生长的地方,黑小麦却生长得很好。在全球,黑小麦主要用于畜禽饲料。最近加拿大的黑小麦产量可以与最高产量的小麦品种相竞争,可能还超过大麦的产量。同时,在黑小麦新品种中,蛋白质的高品质得以保持。现在也有适于冬季和春季种植的黑小麦品种(包括半无芒的冬小麦),这为打破谷类作物系统中的疾病周期提供了一个全新的作物选择。根据 Briggs(2002)的论述,黑小麦是农场最有使用潜力的谷类饲料原料,原因在于至少可以生产供应自己农场的谷物饲料,并利用高施肥程度的土地种植。在这种条件下,黑小麦通常比大麦或者其它饲料谷物的产量和稳定性高。而且它的抗病性也比小麦或大麦强。因此,它就受到了有机禽类饲养者的特别青睐。

1. 营养特性

为了提高其产量、质量和对种植地的适应性,应用了黑小麦的许多品种和杂交种结果导致其营养成分差异很大。新黑小麦品种蛋白质含量变化幅度为 9.5%~13.2%,与小麦相似(Briggs,2002;Stacey 等, 2003),Hede(2001)在墨西哥和厄瓜多尔的试验表明,典型情况下,赖氨酸含量为:黑小麦 5.04%,大麦 2.94%,小麦 4.30%和玉米 2.27%。

据报道,黑小麦代谢能值一般等于或高于小麦。Vieira 等(1995)报道,生长肉鸡黑小麦代谢能值为 3 246 kcal/kg。

Jaikaran(2002)指出,新育成的加拿大黑小麦品种(*X Triticosecale* Wittmack L.)与黑麦亲本相比,拥有更多小麦亲本的特点。这就意味着提高了能量含量、适口性和营养价值。此外,它含有更少的抗营养物质,如麦角碱,这种物质常见于原先的品种。

2. 家禽日粮

黑小麦在很多国家广泛用于家禽日粮。最近波兰的研究对比了生长肉鸡日粮中的各种谷物。Józefiak 等(2007)发现,饲喂以黑小麦为基础的日粮与饲喂以小麦或者黑麦为基础的日粮相比，肉鸡的生长性能更加优越。在生长肉禽日粮中，黑小麦已成功用到40%（Vieira等，1995），而在一些试验中，黑小麦作为日粮全部的谷物来源（Korver等，2004）。最终活体重、饲料消耗量、加工出的胴体重、禽群均匀度、A级胴体比例和受污染胴体的比例没有受到日粮谷物来源的影响（Korver等，2004）。

养至45周龄雄火鸡的研究表明，在日粮中用黑小麦替代玉米，提高煮熟火鸡肉的嫩度（Savage等，1987）。其它的研究表明，给成熟的雄性种火鸡饲喂以黑小麦为基础的日粮，对其精子数量没有影响（Nilipour等，1987）。

黑小麦Bogo，是在波兰培育出的一种品种，由于它比传统的黑小麦品种产量更高，因而备受关注。在美国，科学家（Hermes和Johnson，2004）用它做的试验表明，当在肉鸡日粮中黑小麦Bogo用量达到15%时，没有影响肉鸡的生长；而对于蛋鸡，只有日粮中达到30%时，与不用黑小麦饲料相比，鸡蛋的蛋黄才会变得有些发白。德国的学者用72%黑小麦替代日粮中的玉米和小麦，结果蛋鸡的饲料消化率、产蛋性能、饲料利用率、成活率或者体增重都没有受到影响。然而，三次实验中两次发现蛋重会随着黑小麦在日粮中的用量增加而逐渐变轻，但是可以通过添加低含量的（1.0%或者1.5%）的葵花油来校正。这个副作用是由于日粮中添加黑小麦后，亚油酸含量降低造成的。因此，研究者建议，在添加油脂的蛋鸡日粮中，黑小麦可用到50%，但是在不添加油脂的日粮中黑小麦的最高含量不应超过20%。另外研究发现蛋黄的色度会随着黑小麦量增加而逐渐变浅。

Briggs（2002）指出，日粮中黑小麦含量过高会对蛋鸡有副作用。这些发现提示，在家禽日粮中使用高浓度黑小麦前，要把黑小麦作为农场质量控制项目的一部分。

4.1.15　小麦

小麦（*Triticum aestivum*）籽粒由小麦作物的整粒种子组成。这种谷物在温带国家或者热带国家偏冷的地区广泛种植。一些品种生长于欧洲和北美，包括软质白冬小麦、硬质红冬小麦、硬质红春小麦和软质红冬小麦，颜色描述种子的色泽。硬小麦的粗蛋白含量多于软小麦。生长在欧洲和澳大利亚的品种包括白色品种。通常当小麦供给人类食用有富余或者不适合人类食用时，才用它们来饲养禽类，否则用于禽类饲养可能太贵。然而，有些品种的小麦是为了饲用而种植的。磨面厂的副产品也是家禽日粮的非常可取的原料。

与大麦和燕麦不同，小麦在脱粒时，外壳与谷粒脱离开，留下低纤维的产品。结果，小麦比玉米的代谢能稍低，但含有更多的粗蛋白、赖氨酸和色氨酸。这样，它可以替代玉米作为高能饲料原料，而且需要添加的蛋白质比玉米少。

如果不磨得过细，小麦是相当可口的，可以有效地用于各种禽类。当粉料中加入粗磨的小麦（锤式粉碎机筛孔大小介于4.5～6.4 mm）时，饲养禽类可以取得好的结果。小麦不必磨得过细，因为那样会有太多粉末，禽类进食时不舒服，除非日粮制成颗粒。此外，细磨的小麦容易吸收空气中的水分和料槽中的唾液，导致饲料霉变而影响采食。含有细磨小麦的饲料也会产生搭桥现象而在饲养设备中流动不畅。小麦作为饲料原料的一个优点是，因为其面筋含量，小麦能提高颗粒品质，可能不必使用颗粒黏合剂。

1. 营养特性

对小麦的一个关注是，它的代谢能和粗蛋白含量比其它谷物如玉米、高粱和大麦的变化更大（Zijlstra等，2001）。加拿大大草原猪研究中心研究者分析了大量的小麦样品发现，它们的粗蛋白含量介于12.2%～17.4%，NDF 7.2%～9.1%，可溶性NSPs 9.0%～11.5%。整体上小麦粗纤维含量低，且变异小，但籽粒容重高(77～84 kg/hL)。小麦成分和营养价值的变化与供给人类消费的不同小麦等级和品种、种植条件和施肥状况有关。结果显示，小麦粗蛋白含量变化幅度为50%，尽管饲用小麦粗蛋白变化幅度通常约为13%～15%。因此，对各批次小麦营养素含量应该进行周期性测试。

Steenfeldt(2001)在丹麦进一步验证了小麦营养素含量的变异。试验表明，16种小麦的化学成分各异，蛋白质含量介于112～127 g/kg DM，淀粉含量658～722 g/kg DM，NSPs含量98～117 g/kg DM。当饲喂生长鸡时，化学成分各异的小麦表现出对试鸡生长性能及其肠道影响的不同，特别是在日粮中含有高浓度的小麦时。当日粮中小麦含量分别为81.5%、65%时，相应的日粮表观代谢能(AME_n)则为12.66～14.70 MJ/kg DM、13.20～14.45 MJ/kg DM。与饲料级小麦比，使用优质研磨小麦生产性能更佳。

2. 家禽日粮

尽管小麦的营养价值不稳定，但是有足够证据表明小麦在生长禽和产蛋禽日粮中能得到有效利用。当日粮中用小麦完全代替玉米而又没有添加适当的酶制剂时，禽的生产效率预期可能会下降。

在澳大利亚、加拿大和英国，小麦是禽日粮中最常用的谷物，普通的肉鸡日粮中小麦的含量多达60%。现在在小麦日粮中通常要加入木聚糖酶，这样可以减轻小麦中可溶性糖类对肠道黏性和功能的影响。添加酶的效果取决于禽类的日龄。大多数成年禽，由于其肠道中微生物菌落的发酵能力很强，增强了它们对日粮中可溶性糖类的处理能力。用小麦替代玉米会降低日粮中叶黄素含量，这样会降低肉鸡皮肤和蛋黄的色素沉积，因此当用小麦替代玉米时，肉鸡和蛋鸡的日粮中可能需要添加叶黄素源。

Chiang等(2005)最近发现指出，当用小麦替代24%的玉米，肉鸡生长期的性能最好。在育肥期和整个0～6周的试验期，用小麦完全替代玉米，肉鸡的生产性能没有明显的变化。但是盲肠重量随着小麦替代玉米的比例提高而直线上升，添加木聚糖酶可以降低该副作用。

至于上述涉及"黑麦"的部分，Lázaro等(2003)用含有50%小麦或大麦，或者35%黑麦的日粮饲喂蛋鸡时发现，与饲喂玉米为主的对照日粮相比，产蛋量或饲料转化效率没有明显变化。但是，在小麦、大麦或黑麦日粮中添加真菌来源的β-葡聚糖酶-木聚糖酶混合酶制剂提高了营养素的消化率，并降低了肠道黏性和脏蛋的产生。基于这些发现，作者总结出小麦、大麦和黑麦可以成功替代蛋鸡日粮中的玉米，添加酶可以提高消化率和生产性能。以整粒未研磨的小麦为基础的饲养方案已在农场得到应用。

4.1.16 小麦研磨副产品

面粉是研磨小麦的主要产品，还有一些副产品可用于动物饲养，用于家禽日粮很普遍，因为作为饲料原料它们具有很好的价值。这样的用法降低了用于混合料中整粒谷物的数量。这些副产品通常根据粗蛋白和粗纤维的含量进行分类，并以各种令人费解的名称出售，如细麸皮、"磨尾巴"的碎物(offals)、碎小麦、麸皮粉和次粉(middlings)等。

经过清洗(筛选)、过筛、分级，小麦通过波纹状的滚筒后，麦粒受到挤压和剪切，将麸皮和胚芽与胚乳分离开来。干净的胚乳随即经过筛选磨碎成为供人类食用的面粉。磨粉机进一步把剩余的部分加工成次粉、小麦麸、胚芽和小麦粗粉(wheat mill run)。一些麦麸和胚芽既可以供人类食用,也可以供动物食用。小麦粗粉包括筛选残留物和所有剩下的细小残留物,通常用来喂牛。总体而言,那些粗纤维含量低的副产品用于家禽日粮,具有很高的营养价值。美国饲料管理协会(AAFCO,2005)对面粉和供动物食用的小麦副产品定义如下:

1. 小麦面粉

小麦面粉(wheat flour)主要是由小麦粉、小麦麸细颗粒、小麦胚芽和来自"磨尾巴"的碎物组成。这种产品必须来自商业化面粉厂常规的加工过程,粗纤维不得超过1.5%:IFN 4-05-199号小麦粉不低于1.5%。

2. 小麦麸

小麦麸(wheat bran)是小麦粒外层的粗糙覆盖物,商业化面粉厂常规的加工过程中从清洗、筛选的小麦中分离出来,即为IFN 4-05-190号小麦麸。有时筛上物经过研磨也加到了小麦麸中,通常小麦麸粗蛋白为14.0%~17.0%,粗脂肪3.0%~4.5%和粗纤维10.5%~12.0%。因此,小麦麸的粗蛋白含量可能与原小麦相同,甚至更高,但因为粗纤维较高,小麦麸的能量较低。结果,小麦麸的代谢能较低,限制了其在家禽日粮中的使用,但是用于成年家禽日粮中则可控制它们过度采食饲料。

3. 小麦麦芽粉

小麦麦芽粉(wheat germ meal)主要由麦芽和一些小麦麸、次粉或碎小麦(wheat shorts)组成。IFN 5-05-218号小麦麦芽粉粗蛋白不得低于25%,粗脂肪不得低于7%。

各等级小麦麦芽粉有很大差别,这随地区、加工的小麦类型以及筛上物和其它小麦副产品加入的多少而改变。通常小麦麦芽粉粗蛋白含量为25.0%~30.0%,粗脂肪7.0%~12.0%,粗纤维3.0%~6.0%。与其它含油脂高的饲料一样,由于脂肪的过氧化反应会导致贮存时发生酸败。

去脂的小麦麦芽粉也在市场上出售。去脂的小麦麦芽粉是经过去除小麦麦芽粉的油脂而得来,粗蛋白含量不得低于30%,IFN 5-05-217号为机榨小麦麦芽粉。

小麦麦芽粉存在市场竞争、不易得到且价格较高,故用作禽类饲料的小麦麦芽粉数量通常非常有限。

4. 低等小麦粉

低等小麦粉(wheat red dog)由"磨尾巴"的碎物和一些小麦麸细颗粒、小麦胚芽和小麦面粉组成。这种产品必须从商业化面粉厂常规的加工过程中获得,粗纤维含量不得超过4%,IFN 4-05-203号小麦粉副产品粗纤维低于4%。

低等小麦粉是一种很细、粉状、淡色的饲料原料。它的颜色可以从乳白到浅棕色或浅红色,这取决于研磨的小麦品种。低等小麦粉可以用作颗粒黏合剂,也可以作为蛋白质、碳水化合物、矿物质和维生素的来源。其营养素平均约为:粗蛋白15.5%~17.5%,粗脂肪3.5%~4.5%和粗纤维2.8%~4.0%。

5. 小麦粗粉

小麦粗粉由粗小麦麸、小麦麸细颗粒、碎小麦、小麦胚芽、小麦面粉和"磨尾巴"的碎物组成。这种产品必须从商业化面粉厂常规的加工过程中获得,粗纤维不得超过9.5%:IFN 4-05-206号小麦粗粉粗纤维少于9.5%。

小麦粗粉通常含有一些筛上物。在将小麦副产品分为小麦麸、次粉和低等小麦粉的地区,小麦粗粉可能不易得到。通常小麦粗粉约含粗蛋白14.0%～17.0%，粗脂肪3.0%～4.0%和粗纤维8.5%～9.5%。

6. 小麦次粉

小麦次粉(wheat middlings)由小麦麸细颗粒、碎小麦、小麦胚芽、小麦面粉和一些"磨尾巴"的碎物组成。这种由碎小麦和小麦胚芽组成的混合物是面粉加工厂最常见的副产品。这种产品必须从商业化面粉厂常规的加工过程中获得，粗纤维不得超过9.5%：IFN 4-05-205号小麦粉副产品纤维素低于9.5%。

"次粉"(middlings)这个名称来自这种副产品介于小麦面粉和小麦麸之间的事实，在欧洲和澳大利亚被称为细麸皮(pollards)。次粉成分和质量随着各组分的含量、筛上物的添加量以及研磨的细度而变化很大。由美国猪营养研究区域委员会的成员进行了一次合作性研究，评估了来自13个州(绝大多数是中西部的州)的14个小麦次粉样品的营养成分的变化。次粉的容重介于289～365 g/L，其它营养素均值如下：干物质89.6%，粗蛋白16.2%，钙0.12%，磷0.97%，中性洗涤纤维36.9%，赖氨酸、色氨酸、苏氨酸、蛋氨酸、胱氨酸、异亮氨酸、缬氨酸和硒含量分别为6.6、1.9、5.4、2.5、3.4、5.0、7.3和0.53 mg/kg，其中钙(0.8～3.0 g/kg)和硒(0.05～1.07 mg/kg)特别高，"重"次粉(高容重，≥335 g/L)是向小麦麸中混入较大比例的小麦面粉而得，其粗蛋白、赖氨酸、磷和中性洗涤纤维含量比"轻"次粉(≤310 g/L)低。

小麦次粉蒸汽制粒，通过破坏糊粉细胞，使细胞内容物暴露于消化酶的作用之下，提高了代谢能和粗蛋白在家禽日粮中的利用效率。

在传统的饲料加工业中，这种副产品被认为是小麦麸和碎小麦的混合物，它的成分也介于两者之间。它可能含有一些小麦的筛上物(草籽或者其它应在研磨前先去除的外来物质)。由于其对颗粒质量有好处，它通常作为营养物质添加到商品饲料中。当次粉(或者全小麦)加到颗粒饲料中，颗粒会变得更为黏合，很少产生破碎和细粉。

家禽日粮 小麦次粉在一些国家常用于家禽日粮，例如澳大利亚。当小麦次粉在日粮中含量达到45%(Bai等，1992)时，可以作为谷物和蛋白质补充料的部分替代品用于蛋禽和种禽日粮中。但是，低含量使用次粉更为普遍。Patterson等(1988)做了一系列在白来航产蛋母鸡日粮中将小麦次粉用作饲料原料的试验，发现在日粮中小麦次粉添加至43%，不会影响产蛋率。但是，与饲喂对照日粮相比，次粉添加至43%，鸡采食量增加，饲料转化率下降，除非再添加5%的油脂。饲喂25%次粉的日粮，鸡产蛋量和采食量与饲喂普通日粮差不多。

尽管小麦次粉中含有相当数量的NSP，但是Im等(1999)研究表明，在肉鸡日粮中添加木聚糖酶只略微提高次粉的营养价值。另外，Jaroni等(1999)证实，通过在次粉为主的日粮中添加蛋白酶和木聚糖酶可以提高来航鸡的产蛋量。

7. 碎小麦

碎小麦由小麦麸细颗粒、小麦胚芽、小麦面粉和一些"磨尾巴"的碎物组成。这种产品必须从商业化面粉厂常规的加工过程中获得，粗纤维含量不得超过7%：IFN 4-05-201号小麦面粉副产品纤维素低于7%(注意：加拿大饲料法规对次粉和碎小麦使用相反的国际饲料编码)。

和次粉一样，家禽日粮中加入碎小麦的效果会有些变化，这可能和其组成的变化有关。碎小麦可以按照小麦次粉的方式使用。

4.2 油料籽实及其产品、副产品

动物生产中使用的主要蛋白源就是油籽饼。Ravindran 和 Blair(1992)综述了油籽饼在家禽日粮的使用。种植大豆、花生、油菜和向日葵主要是为了收获其种子,产出的油脂用于人类消费和工业。棉籽是棉花生产的一种副产品,它产出的油广泛用于食物和其它方面。在过去种植亚麻(胡麻)是为生产亚麻衣服提供纤维。而轧棉机的出现,使得棉花成为更可用的衣服原材料,这样亚麻布的需要就降低了。现在亚麻籽主要用于工业油生产。这样,大豆就顺理成章地成了世界上生产的最主要油籽。

时代在发展,油料作物用于农场的畜禽饲养、提供高能量和高蛋白的饲料原料正在成为现实。这种技术上和经济上的进步,与有机动物生产有着很大关系。

对油籽饼需要适当加热以灭活其中的抗营养因子。必须避免加热过度,因为那样会破坏其蛋白质,最终使可消化或可用的赖氨酸数量降低,其它氨基酸如精氨酸、组氨酸和色氨酸受到的影响通常较小。油籽加工商通常能很好地认识到过度加热的潜在问题。只要那些用机器从油籽压榨出油而获得的油籽饼都可获准用于有机日粮。

整体上看,除了有壳的红花籽饼,油籽饼粗蛋白含量较高。普通的油籽饼,在进入市场前,通常要加入外壳和其它物质,使其粗蛋白含量标准化。除了豆饼,大多数油籽饼赖氨酸含量较低。去皮的程度会影响到蛋白质和纤维的含量,而油脂榨取效率则影响到油脂含量,从而影响到油籽饼代谢能含量。油籽饼总体上钙含量低,磷含量高,但很大比例的磷以植酸磷的形式存在。植物源矿物质(如油籽)的生物利用率相当低,磷更是如此,因为植酸磷含量很高(表 4.3)。

4.2.1 油菜籽

油菜属于芥科植物,人们种植是为了收获其籽实。主要生产油菜的国家有中国、加拿大、印度和一些欧洲国家,商业化油菜品种已发展成两大种类:*Brassica napus*(阿根廷型)和 *Brassica campestris*(波兰型)。在很长一段时间,菜籽是欧洲重要的饲料原料和燃料。这种作物在北美开始流行种植是在第二次世界大战期间,为了获得工业原料用油,破碎的油菜籽壳用作动物饲料。“canola”于 1979 年在加拿大被注册成“双低”油菜品种,例如压榨出的油芥酸含量不超过 20 g/kg,风干后的菜籽饼风干样硫代葡糖苷含量不超过 30 μmol/g(3-丁烯硫代葡糖苷、4-戊烯硫代葡糖苷、2-羟-3-丁烯硫代葡糖苷或 2-羟-4-戊烯硫代葡糖苷的任意混合物)。除了以上标准以外,双低菜籽饼粗蛋白不低于 35%,粗纤维不高于 12%。这个标准至少在 22 个国家获得了批准。双低油菜占世界油籽作物的第五位,位于大豆、向日葵、花生和棉花之后。它是加拿大的主要油料作物,种植广泛,最适应温带气候,在炎热的气候易受到热胁迫,因此,在一些不适于种植大豆的地区,双低油菜通常是一个好的替代作物。种植的一些双低油菜是转基因的,因此要注意确保给有机禽类生产提供非转基因双低油菜。

表 4.3 豆科粮食作物、油籽饼及其它饲料原料中的植酸磷含量

(来源:Ravindran 等,1995)

原料	植酸磷(g/100 g)	植酸磷占总磷的比例(%)
野豌豆(*Pisum sativum*)	0.19(0.13~0.24)	46(36~55)
豇豆(*Vigna unguiculata*)	0.26(0.22~0.28)	79(72~86)
绿豆(*Vigna radiata*)	0.22(0.19~0.24)	63(58~67)
木豆(*Cajanus cajan*)	0.24(0.21~0.26)	75(70~79)
鹰嘴豆(*Cicer arietinum*)	0.21(0.19~0.24)	51(47~58)
羽扇豆(*Lupinus* spp.)	0.29(0.29~0.30)	54(54~55)
豆饼	0.39(0.28~0.44)	60(46~65)
棉籽饼	0.84(0.75~0.90)	70(70~83)
菜籽饼	0.54(0.34~0.78)	52(32~71)
花生饼	0.42(0.30~0.48)	51(46~80)
葵花饼	0.58(0.32~0.89)	55(35~81)
亚麻籽饼	0.43(0.39~0.47)	56(52~58)
椰子饼	0.27(0.14~0.33)	46(30~56)
芝麻饼	1.18(1.03~1.46)	81(77~84)
棕榈仁饼	0.39(0.33~0.41)	66(60~71)
草粉	0.01	2
紫花苜蓿粉	0.02(0.01~0.03)	12(5~20)
银合欢(*Leucaena leucocephala*)叶粉	0.02	9
木薯叶粉	0.04	10
玉米蛋白粉	0.41(0.29~0.63)	59(46~65)
玉米酒糟	0.26(0.17~0.33)	22(20~43)
大豆分离蛋白	0.48	60

芥酸是一种含有毒性物质的脂肪酸,与人类的心脏病有关。硫代葡糖苷降解会产生对动物有毒的物质。这些特征导致油菜籽产品不适合用作动物饲料。但是双低油菜籽例外,它像大豆一样,油脂和蛋白含量高,是禽类很好的饲料。

符合有机标准的双低油菜籽可进一步加工成有机工业可接受的油脂和高蛋白籽饼。在北美的商业加工中,生产者根据加拿大谷物委员会或者国家油籽加工协会制定的等级标准买卖双低菜籽饼。一些标准给双低油菜籽分级,其中菜籽中芥酸和硫代葡糖苷含量必须符合双低油菜籽的标准。

1. 营养特性

菜籽含有40%的油脂、23%的粗蛋白和7%的粗纤维。油脂中多不饱和脂肪酸(油酸、亚油酸、亚麻酸)含量高,在人类食物市场很有价值,也可用于动物饲料。但由于多不饱和脂肪酸含量高,菜籽油很不稳定,像大豆油一样,会导致畜禽体脂变软。用作有机饲料,必须要用机械的方法如挤压(压榨加工)进行压榨,一定要避免使用传统的溶剂浸提的方法。压榨加工的两个特性是非常重要的。一方面,菜籽饼中剩余油脂的含量随挤压效率而改变,这样与传统的溶剂浸提产品相比,挤压菜籽饼中含有更高的代谢能;另一方面,挤压产生的热度可能不足以灭活菜籽中的芥子酶。因此,推荐要经常分析挤压菜籽饼中的油脂和蛋白含量,并应该将用于禽日粮中挤压菜籽饼的含量规定得更保守些。

挤压菜籽饼是一种高品质、高蛋白的饲料原料。*B. campestris* 菜籽饼约含 35%的粗蛋白,而 *B. napus* 菜籽饼含 38%~40%的粗蛋白。与豆饼比,菜籽饼赖氨酸含量较低,蛋氨酸含量较高。其它氨基酸含量,菜籽饼与豆饼相当。然而,菜籽饼可利用氨基酸一般比豆饼低 8%~10%(Heartland Lysine, 1998),因此,必须妥善加工菜籽饼以优化其蛋白的利用。

由于纤维含量高(>11%),菜籽饼代谢能比豆饼约低 15%~25%。去皮可用来增加 ME 含量。与大豆比,油菜籽是钙、硒和锌的良好来源,但其钾和铜含量较低。与豆饼比,菜籽饼通常是多种矿物质的较好来源,但高植酸和纤维含量降低了许多矿物元素的可利用率。已有的田间试验报告表明,与豆饼比,菜籽饼硫含量高(约 3 倍),可能与禽腿病有关(Swick,1995)。对此结论还缺乏科学证据,然而在禽日粮中将硫水平限制到不超过 0.5%却是很好的建议。

菜籽饼是胆碱、烟酸和核黄素的良好来源,但是叶酸、泛酸含量较低。在北美菜籽饼通常是生物素含量最多的饲料原料之一,总含量平均达到 1 231 μg/kg,生长肉鸡对它的利用率为 0.66,与之相比,小麦、黑麦、大麦、高粱、豆饼和玉米中生物素利用率分别为 0.17、0.2、0.21、0.39、0.98 和 1.14(Blair 和 Misir,1989)。

菜籽中的胆碱含量大概是豆饼中的 3 倍,但是以不易利用的形式存在(Emmert 和 Baker,1997),虽然在很多方面都有利,但是对于洛岛红的褐壳蛋鸡,菜籽中的高胆碱含量却是一个劣势。给这样的鸡群喂含有菜籽饼的日粮,它们会产出鱼腥味的鸡蛋。其原因就是,菜籽中高含量的胆碱和芥子碱(见下文)在鸡的肠道会转变成三甲胺,这种化合物有鱼腥味。白壳蛋鸡能把三甲胺降解成无味的氧化物,就不会出现问题,但是褐壳蛋鸡不能够产生足够的三甲胺氧化酶降解三甲胺,这样三甲胺就沉积到鸡蛋中(Butler 等, 1982)。因此不应给褐壳蛋鸡喂菜籽饼,如果要喂,也只能是少量的。

2. 抗营养因子

硫代葡糖苷是在菜籽中发现的主要抗营养因子,大多存在于胚芽中。过去这一特性限制了它在家禽日粮中的使用。尽管硫代葡糖苷自己没有生物活性,但是能被种子中的芥子酶水解,产生致甲状腺肿混合物(goitrogenic compounds)。这会导致甲状腺增大,形成甲状腺肿。它也会导致肝损伤,对生产和繁殖造成负面影响。幸运的是,现在菜籽品种含有的硫代葡糖苷只有原先品种的 15%。此外,热加工可以有效地灭活芥子酶。菜籽的冷压处理已经在澳大利亚试验(Mullan 等, 2000),这种加工使得菜籽饼含有比压榨处理的菜籽饼更高的油脂和硫代葡糖苷。

一些油菜品种中含有少量的单宁(Blair 和 Reichert,1984),与其它饲料原料如高粱相比,双低油菜籽、油菜籽和大豆外壳的单宁不会抑制 α-淀粉酶(Mitaru 等, 1982)。芥子碱是菜籽中主要的酚类成分,虽呈苦味(Blair 和 Reichert,1984),可能除了上文提到的褐壳蛋鸡,对家禽饲养没有出现实际问题。

3. 家禽日粮

菜籽饼用于各种家禽日粮(表4.4)。由于其对家禽的能值相对较低,最好用作蛋鸡和种禽饲料,而不用于肉鸡的高能饲料。另一个必须提到的问题就是,菜籽饼中主要的必需氨基酸消化率比豆饼低(Heartland Lysine,1998)。因此,日粮应根据可消化氨基酸标准而不是总氨基酸标准来配,否则禽类生产性能会受到影响。

表4.4　菜籽饼和豆饼中主要必需氨基酸的禽真可消化率

(来源:Heartland Lysine,1998)　%

氨基酸	菜籽饼可消化率	豆饼可消化率	氨基酸	菜籽饼可消化率	豆饼可消化率
赖氨酸	79	91	苏氨酸	78	88
蛋氨酸	90	92	色氨酸	82	88
胱氨酸	73	84			

菜籽饼在蛋鸡日粮中能很好地用到20%(Roth-Maier,1999; Perez-Maldonado 和 Barram,2004),尽管给一些褐壳蛋鸡饲喂含菜籽饼的日粮,产出的鸡蛋带有鱼腥味(Butler 等,1982)。这可能与双低油菜籽和油菜籽有关,因为它们比其它日粮组分含有较高水平的胆碱和芥子碱(三甲胺前体)。此外,甲状腺肿素和单宁会抑制酶的作用。因此,在北美,褐壳蛋鸡的日粮中菜籽饼的最高限量推荐为3%。高含量的菜籽饼可以用于那些历史上在饲料中使用高水平鱼粉的国家,因为那里的消费者习惯了鸡蛋里带有鱼腥味。

菜籽饼也已成功地用于种禽(Kiiskinen,1989)、生长火鸡(Waibel 等, 1992)、鸭以及鹅(Jamroz 等, 1992)的日粮。与其它蛋白质源饲料如豆饼相比,菜籽饼较低的代谢能限制了其在普通肉鸡日粮中的使用,但是可以用于配制与普通日粮比代谢能较低的有机肉鸡日粮。

由于新品种的引入,菜籽饼中硫代葡糖苷含量持续得到改善,使得菜籽饼可以比以前更多地加入到家禽日粮中(Perez-Maldonado 和 Barram, 2004; Naseem 等, 2006)。

4.2.2　全脂双低油菜籽

最近对菜籽进行的研究包括在日粮中使用非压榨的菜籽,就和传统方法一样,为动物提供补充性的蛋白质和能量。这种饲料原料已经取得了很好的结果,特别是那些低硫代葡糖苷含量的品种。但是,这里需要指出两个潜在的问题,就像全脂豆饼一样。全脂菜籽经过机械破碎和热处理,破坏了其中的硫代葡糖苷,并将其细胞中的油脂暴露出来,接触到禽类肠中的脂肪分解酶,这样才能获得全脂菜籽的最大营养价值(Smithard,1993)。一旦粉碎,全脂菜籽中的油脂极容易氧化,产生不受欢迎的气味。菜籽中含有高水平的α-生育酚(维生素E),一种自然的抗氧化剂。但是,如果磨碎的产品需要存储时,还必须另外添加可接受的抗氧化剂。一个可以解决酸败的实用方法就是,只粉碎需要立即使用的菜籽。

一些研究表明菜籽饼可以添加到蛋鸡、肉鸡和火鸡的日粮中,但是日粮中添加高含量菜籽饼后,生产性能会低于预期,除非日粮经过蒸汽制粒(Salmon 等, 1988; Nwokolo 和 Sim, 1989a,b)。Nwokolo 和 Sim(1989a)研究的一个有趣发现是,日粮中菜籽饼的含量增加会引起蛋黄中的亚油酸、亚麻酸和二十二碳六烯酸含量线性增加。这两位学者也对肉鸡进行了相关研究，结果发现在日粮中添加菜籽饼后，肉鸡骨骼肌、皮脂及皮下脂肪和腹脂含有高水平的亚油酸和亚麻酸（Nwokolo 和 Sim，1989b）。

用产于沙特阿拉伯的菜籽做的研究表明，当在来航鸡日粮中加入 5%～10%的整粒菜籽时没有影响母鸡饲养日产蛋量、总产蛋量、饲料转化效率或蛋重（Huthail 和 Al-Khateeb，2004）。Talebali 和 Farzinpour（2005）报道指出，当肉鸡日粮以 12%全脂菜籽来替代豆饼，肉鸡仍然生长很好。

Meng 等（2006）最近的研究揭示了饲喂高菜籽含量的日粮肉鸡表现不好的原因。经过锤片粉碎的菜籽 TME_n 为 3 642 kcal/kg，添加酶制剂后可以增至 4 783 kcal/kg，也观察到脂肪、NSP 消化率出现相似的变化（脂肪：63.5%升至 80.4%，NSP：4.4%升至 20.4%）。菜籽日粮添加酶提高了料肉比、肠道总干物质、脂肪、NSP 消化率、AME_n 含量和回肠脂肪消化率。试验表明禽类不能有效地消化菜籽、吸收其中的全部油脂。数据表明，为了最有效地利用全脂菜籽，必须在含该成分的家禽日粮中添加酶制剂。

基于这些结果，建议家禽日粮中全脂菜籽含量应限制在 5%～10%，并且无论在菜籽加工前，还是加工中，都要对其进行一定形式的热处理。结果也表明，在这种日粮中添加适当的酶制剂是非常有益的。

4.2.3 棉籽饼

棉籽（*Gossypium* spp.）在全球油籽生产中非常重要，主要产于美国、中国、印度、巴基斯坦、拉丁美洲和欧洲。它是美国第二重要的蛋白质饲料原料，主要通过溶剂提取来生产出棉籽粕。大多数的棉籽饼用于反刍饲料，但是如果在饲料配方中考虑到它的使用限量，棉籽饼也可以用于家禽日粮（Ravindran 和 Blair，1992）。

1. 营养特性

棉籽饼粗蛋白含量随着外壳和残留油脂的含量而变，一般在 36%～41%之间变动。其氨基酸含量和可消化率没有豆饼的高。虽然它的蛋白含量很高，但是赖氨酸和色氨酸含量低。纤维素含量比豆饼高，而其代谢能值与纤维素含量呈反比。矿物质含量没有豆饼高。棉籽饼的胡萝卜素含量低，但是水溶性维生素除了生物素、泛酸和吡哆醇均比豆饼高。

棉籽中色素腺体棉酚的存在大大地限制了家禽日粮中棉籽饼的添加量。这个问题在无腺体的棉花品种中并不存在。棉酚也会使蛋鸡的蛋黄褪色，特别是经过一段时间的贮存，而棉籽油中含有的环丙烯类脂肪酸（cyclopropenoid fatty acids，CPFAs）会使蛋清变成粉红色（Ravindran 和 Blair，1992）。棉酚分为结合棉酚和游离棉酚，前者对非反刍动物是无毒的，而后者是有毒的。

肉鸡棉酚中毒的总体症状表现为：生长抑制，血浆铁离子和血细胞比容值下降，胆囊变大，外周淋巴细胞聚集，胆管增生，肝胆汁淤积，因心脏衰竭致死率上升（Henry 等，2001）。这些作者发现，当日粮中游离棉酚含量接近 400 mg/kg 时，这些中毒症状会很明显。

2. 抗营养因子

棉籽饼中游离棉酚含量会在加工过程中降低，并随所采用的加工方法而发生变化。在新的棉籽中，游离棉酚占核仁重量的 0.4%～1.4%。每千克经螺旋榨油的棉籽饼中含有 200～500 mg 游离棉酚。由于高温条件下棉酚与赖氨酸结合，因此必须控制加工条件来阻止蛋白的质量变差。幸运的是，在压榨过程中螺旋挤压的剪切作用能使棉酚有效失活的加工温度不会降低蛋白的质量(Tanksley,1990)。

总的建议是,棉籽饼的替代量不要超过日粮中一半的豆饼或一半的蛋白补充料。在这种棉籽饼含量下,日粮中游离棉酚含量不会达到有毒性的水平。铁盐,例如硫酸亚铁,可以有效地阻断日粮中游离棉酚的毒性作用,可能是铁和棉酚形成了强化合物从而阻止对棉酚的吸收。在肝内,棉酚也可能与铁发生反应形成铁和棉酚的化合物,最后通过胆汁排出。在超过100 mg/kg游离棉酚的日粮中,加入与游离棉酚等重的铁,可以灭活游离棉酚(Tanksley,1990),但是,在有机禽日粮中,不可能接受这个方法。如果方便的话,一个更可行的方法是使用无腺体的棉花品种来去除棉酚。

3. 家禽日粮

日粮中加入机械挤压的棉籽饼的数据很有限,现有数据大多数是关于溶剂浸提的、用膨胀器加工的棉籽粕。在棉花生产国如巴基斯坦,挤压棉籽饼在家禽日粮中广泛用作蛋白补充料。例如,Amin 等(1986)将挤压棉籽饼或者溶剂浸提棉籽粕和菜籽粕作为蛋白源加入肉鸡开食料日粮中,发现不同日粮处理对肉鸡体重、饲料采食量、饲料转化率或胴体屠宰率没有显著差异。在几内亚,Ojewola 等(2006)进行了一个持续 6 周的大型肉鸡实验,分别用棉籽饼代替 0、25%、50%、75%和 100%的豆饼,结果显示补充铁元素的棉籽饼在肉鸡日粮中可以替代豆饼。而在几内亚的蛋鸡和生长火鸡的试验表明,棉籽饼可以替代蛋鸡日粮中的花生饼,对产蛋量、饲料利用效率、蛋重或蛋品质没有不良影响(Nzekwe 和 Olomu,1984)。在蛋鸡日粮中使用棉籽饼,对即使存储 8 周后的鸡蛋,也没有发现其蛋黄和蛋清褪色或变成粉色。在火鸡日粮中使用棉籽饼替代花生饼对生长性能和死亡率没有产生不良影响。

在英国,Panigrahi 等(1989)在日粮中加入螺旋压榨的进口棉籽饼直至 30%,发现日粮中棉籽饼使用到 7.5%时,母鸡总体生产性能与对照组比没有显著差异。但是,当棉籽饼使用到30%时(提供游离棉酚 255 mg/kg 和环丙烯类脂肪酸 87 mg/kg,即肉鸡每天采食到 26.2 mg 游离棉酚和 9.0 mg 环丙烯类脂肪酸),就会采食量和产蛋量。当日粮中含 15%棉籽饼(肉鸡每天会采食到 14.6 mg 游离棉酚和 4.8 mg 环丙烯类脂肪酸)时,刚开始对肉鸡没有不良影响,但是 10 周后,产蛋量会略微下降。在温暖的环境(20 和 30℃)下,鸡蛋存储到 1 个月也不会褪色,但是蛋黄出现斑点,不过通过铁的处理棉籽饼可以减少这种情况。当鸡日粮含 30%的棉籽饼时,其所产的蛋在寒冷的条件下(5℃)存储 3 个月,会导致褐色的蛋黄褪色,初始阶段的粉色蛋清也会褪色;褐色的蛋黄褪色可以通过铁盐处理棉籽饼来减轻。

已有的研究结果表明,总体而言生长禽有机日粮中可以使用低水平的棉籽饼,而且在配方中考虑到低消化率和棉酚含量,利用棉籽饼将会更有效。一旦现行的法规允许使用含铁添加剂,日粮中就可以使用高含量的棉籽饼,而且棉籽饼也许适合用于蛋鸡日粮。在发展中国家,棉籽饼是唯一可以得到的蛋白补充料,因此在添加铁剂的同时日粮中可以使用高水平的棉籽饼。

4.2.4 亚麻籽

种植亚麻(*Linum usitatissimum*)主要是为了生产亚麻籽油,提供给工业应用。加拿大西部、中国和印度是亚麻的主产区。其它重要的生产地区有美国的北部平原(Maddock 等,2005)、阿根廷、前苏联和乌拉圭。亚麻通常生长在干燥的土地上。在加拿大,亚麻只作为工业油料作物种植,而不像其它国家用来制作纺织品。

亚麻籽的含油量范围是40%～45%，机械榨油后的副产品即亚麻籽饼可以用于有机禽饲养。令人感兴趣的是，用磨碎的整粒含油籽实来饲养禽类主要有两个理由：生产出的肉脂肪组成有益于消费者健康(Conners，2000)，且肉味更浓。

1. 营养特性

正如大多数谷类和油籽，亚麻籽组成随栽培品种和环境因素而变化，一般含41%的油脂、20%的粗蛋白(干物质基础；DeClercq，2006)。报道的粗蛋白含量为18.8%～24.4%(Daun和Pryzbylski，2000)。和其它的油籽一样，与溶剂浸提相比，机械压榨得到的亚麻籽饼剩余油含量更高。正如Maddock等(2005)综述，一些研究报告指出，消费亚麻籽也许与人类健康有关。亚麻籽油含有23%的α-亚麻酸(α-linolenic acid, ALA)、6.5%的亚油酸。亚麻酸是一种必需的ω-3脂肪酸，为二十碳五烯酸(eicosapentaenoic acid, EPA)的前体物。EPA是类花生酸的前体物，类花生酸是一种类荷尔蒙的化合物，在免疫反应中起到重要作用。另外，一些证据表明EPA可以转化成二十二碳六烯酸(docosahexanoic acid，DHA)。二十二碳六烯酸是维持细胞壁完整性以及大脑、眼睛健康所必需的一种ω-3脂肪酸。亚麻是木质素前体物——亚麻木酚素(secoisolariciresinol diglycoside，SDG)——最丰富的植物性来源。亚麻木酚素(SDG)在老鼠和其它哺乳动物的后肠由微生物转化成植物雌激素(Begum等，2004)。在鸟类，这个过程似乎还没有建立起来。人们相信植物雌激素在人类的激素替代疗法和癌症预防方面有应用潜力(Harris和Haggerty，1993)。

最近的研究显示，用亚麻籽饼饲养的动物产品中ω-3脂肪酸含量增加了(Scheideler等，1994；Maddock等，2005)，相信会有益于人类的饮食。禽蛋是为人类饮食提供ω-3脂肪酸最方便的方式。举个例子，Farrell(1995)给志愿者每周吃7个普通的或者富含ω-3脂肪酸的鸡蛋。在20周后，吃富含ω-3脂肪酸鸡蛋的志愿者血浆ω-3脂肪酸明显高于吃普通鸡蛋的志愿者，而且ω-6脂肪酸与ω-3脂肪酸的比例降低。两组志愿者血浆胆固醇含量只有很小的差异。Farrell总结说，富含ω-3脂肪酸的鸡蛋大约可以提供人类每日所需ω-3多不饱和脂肪酸总量的40%～50%。在另一个试验中，Marshall等(1994)发现，65%的被调查者愿意购买富含ω-3脂肪酸的蛋。

亚麻籽饼的营养含量已由Chiba(2001)和Maddock等(2005)作过综述。其粗蛋白平均含量为35%～36%，然而也可能在34%～42%之间变化。亚麻籽饼缺乏赖氨酸，含有的蛋氨酸比其它油籽饼少(Ravindran和Blair，1992)。由于外壳的原因，亚麻籽由大量的黏质物包被，因此亚麻籽饼的粗纤维含量相对较高。黏质物含有水溶性碳水化合物，不易被非反刍动物消化(Batterham等，1991)。亚麻籽饼中主要的常量矿物元素与其它油籽饼相当，尽管亚麻籽饼的钙、磷和镁的含量高于豆饼。虽然亚麻籽饼的微量矿物元素含量差异很大，却是硒的很好来源，这可能是由于它生长在含硒丰富的地区。亚麻籽饼的水溶性维生素含量与豆饼及大多数其它油籽饼相似。

2. 抗营养因子

亚麻籽或亚麻籽饼含有一些对畜禽不利的抗营养物质，主要的是亚麻苦苷和亚麻素。亚麻苦苷是一个氰基糖苷(cyanoglycoside)，在亚麻苦苷酶(linamarase)的作用下，它可能会导致氰化物中毒。成熟的种子中亚麻苦苷含量很少或者没有，亚麻苦苷酶通常在榨油的热处理过程中遭到破坏。亚麻素是一种二肽，可以充当维生素B_6的对抗剂。

因为亚麻籽饼缺乏赖氨酸，应该与其它蛋白补充料共同使用。正如其它含油的油籽容易酸败一样，粉碎的亚麻籽在加工后应尽快混入日粮中使用。

3. 家禽日粮

早期的研究显示，亚麻籽饼在经过浸泡和干燥或加入维生素 B_6 以抵消其拮抗剂亚麻素，并添加赖氨酸后，可以成为家禽满意的蛋白补充料(Kratzer 和 Vohra，1996)。亚麻籽饼的黏质物会使禽类产生黏性粪便，但是不会影响其生产性能。这一信息表明，肉鸡日粮中可以添加经水处理过的亚麻籽饼，提供 50%～75%的蛋白，获得理想的效果(例如，Madhusudhan 等，1986)。机械压榨的亚麻籽饼可以替代小鸡日粮中豆饼提供的一半蛋白，前提是要加入蛋氨酸和维生素 B_6(Wylie 等，1972)。

然而，有机生产者不可能广泛地使用亚麻籽饼，大部分用于动物饲养的亚麻籽饼被用于反刍动物。在家禽饲养中使用亚麻籽方面，最令有机生产者感兴趣的是，在家禽日粮中使用本地的整粒籽实以同时提供蛋白和能量，从而提供有利于消费者健康的禽肉和禽蛋。Thacker 等(2005)用含 12.5%亚麻籽结合豌豆或菜籽部分替代豆饼的日粮来喂养肉鸡，发现对这些蛋白质补充料进行挤压膨化后，肉鸡的生长速度或饲料转化率等方面没有差异。Ajuyah 等(1993)指出，用含 15%全脂亚麻籽并添加抗氧化剂的日粮饲养出的肉鸡，与用含有 15%全脂亚麻籽但不添加抗氧化剂饲养出的肉鸡相比，前者胸肉中含有更高的多不饱和脂肪酸(C18:3ω3、C20:5ω3、C22:5ω3 和 C22:6ω3)，更低的 ω-6 : ω-3 比及饱和脂肪酸。

Caston 和 Leeson(1990)实验表明，饲喂蛋鸡含 10%、20%或 30%亚麻籽的日粮时，其产的鸡蛋中 ω-3 脂肪酸含量大幅增加。Cherian 和 Sim(1991)饲喂母鸡含 8%和 16%粉碎的亚麻籽并添加吡哆醇的日粮，发现来自采食亚麻籽日粮母鸡的鸡蛋、胚胎及雏鸡脑组织中 ω-3 脂肪酸含量均有增加。在饲喂亚麻籽母鸡产的鸡蛋中增加的亚麻酸主要是甘油三酯。长链 ω-3 脂肪酸只沉积在磷脂中。Aymond 和 Van Elswyk(1995)报道，日粮中含 5%和 15%亚麻籽会使鸡蛋中总 ω-3 脂肪酸含量增加，在含 15%亚麻籽的水平上，粉碎的亚麻籽比整粒亚麻籽可以获得更高的不饱和脂肪酸。在两个水平上使用亚麻籽均没有对卵黄硫代巴比妥酸反应物质的含量(一种酸败指标)产生影响。

Basmacioğlu 等(2003)报道，当日粮中含有 1.5%鱼油或 8.64%亚麻籽，母鸡所产鸡蛋蛋黄胆固醇含量显著降低，而且试验至 28 d(第一阶段)和 56 d(第二阶段)时，母鸡鸡蛋中总 ω-3 脂肪酸显著提高。饲喂含有亚麻籽日粮的母鸡产的鸡蛋中亚麻酸含量是最高的。与对照比，饲喂含 1.5%鱼油和 4.32%亚麻籽或 8.64%亚麻籽的日粮，蛋鸡血清胆固醇含量降低。含有亚麻籽的日粮对蛋重、蛋黄重、蛋黄比、蛋白重、蛋白比、壳重、壳比、壳强度或壳厚度没有产生负面影响。饲喂含 4.32%亚麻籽日粮的母鸡产蛋量显著高于对照日粮组，母鸡采食量和饲料转化率没有受到日粮影响。

使用亚麻籽日粮饲养母鸡一个可能的问题是，产出的鸡蛋可能出现鱼腥味。Jiang 等(1992)报道，饲喂亚麻籽日粮，鸡蛋出现鱼腥味或鱼味的发生率为 36%。而用不含亚麻籽或含有高油酸或高亚油酸葵花籽的日粮喂养的母鸡产出的鸡蛋鱼腥味不明显。另一个可能的问题与球虫病有关。Allen 等(1997)发现，饲喂亚麻籽饼有益于减少柔嫩艾美耳球虫感染的影响，但对减少巨型艾美耳球虫感染的影响没有益处，并可能加剧在高感染水平下的病变。

4.2.5　芥菜籽

芥菜既是调味品也是油籽作物。它生长在温带以及高海拔、亚热带地区，具有适度抗旱的特性。现种植的品种有两个：叶用芥菜(*Brassica juncea*)(棕色和东方芥菜)和白芥(*Sinapis alba*)(黄色或白色的芥菜)。叶用芥菜在中国、印度、俄罗斯和东欧是作为食用油作物种植的。加拿大是世界上最大的芥菜籽供应商，将芥菜籽出口到日本、美国、欧洲和亚洲。较新的芥菜品种似乎已经具备超过一些油菜主栽品种的诸多优点，即高产，早熟，更能抵抗晚春霜冻，更耐热和耐旱，更抗落粒和更抗病。

1. 营养特性

与油菜籽相比芥菜籽饼含有更多的硫代葡糖苷，尽管种类不同(Ravindran 和 Blair, 1992)，高硫代葡糖苷含量决定芥菜的价值(作为人类饮食中的调味品)。已经有几种脱毒的方法，包括氨化和碳酸钠处理，但要用于有机日粮则不能接受。

一些低硫代葡糖苷的新品种可以考虑替代油菜作为油籽作物，因为这些芥菜籽饼的营养成分类似菜籽饼。芥菜新品种在几个国家种植，包括澳大利亚。这些品种引起了有机生产者的兴趣，因为它们有潜力作为有机日粮的成分在农场种植和使用。

关于未经压榨、低硫代葡糖苷的芥菜籽对家禽的营养价值的信息非常有限。因此，不得不使用压榨芥菜籽饼数据作为参考。Blair(1984)发现，肉鸡开食料中经过氨化、溶剂浸提的芥菜籽粕表观代谢能为 2 648 kcal/kg DM(2 383 kcal/kg，风干基础)。Bell 等(1998)报道，菜籽饼和芥菜籽饼粗蛋白含量为：高级菜籽饼 41.8%，帕克兰菜籽饼 40.1%，叶用芥菜籽饼 43.9%。Cheva-Isarakul 等(2003)研究报道了产于泰国的芥菜籽饼成分，粗蛋白 30.0%～32.0%，油脂 19.0%～22.0%，粗纤维 12.0%～13.0%，灰分 5.0%～6.0%和无氮浸出物(NFE)28.0%～31.0%(干物质基础)。晒干的芥菜籽饼表观代谢能和真代谢能分别为 2 888 和 3 348 kcal/kg DM(2 724 和 3 161 kcal/kg，风干基础)，而气干的芥菜籽饼的表观代谢能和真代谢能较低(2 435 和 2 892 kcal/kg DM；2 328 和 2 765 kcal/kg，风干基础)。

Newkirk 等(1997)评价了低硫代葡糖苷含量芥菜籽饼的营养价值。对芸薹属植物(4 种 *B. juncea* 型芥菜，一种 *B. napus* 型芥菜，一种 *B. rapa* 型芥菜)种子样品进行油脂浸提加工，生产出芥菜籽粕，然后用来饲养肉鸡。*B. juncea* 型芥菜籽粕比 *B. napus* 型芥菜籽粕或 *B. campestris* 型芥菜籽粕含有更多的粗蛋白和更少的 TDF(干物质基础)，其对应粗蛋白含量分别为 45.9%、44.6%、43.1%，TDF 含量分别为 27.22%、29.47%、29.67%。*B. juncea* 型芥菜籽粕和 *B. campestris* 型芥菜籽粕的 ADF 和 NDF 水平相当，但比 *B. napus* 型芥菜籽粕低，其对应 ADF 含量分别为 12.79%、13.20%、20.6%，NDF 分别为 21.15%、19.58%、29.47%。*B. juncea* 型芥菜籽粕硫代葡糖苷含量高于 *B. napus* 型和 *B. campestris* 型芥菜籽粕的，其对应的总硫代葡糖苷含量分别为 34.3、21.8、25.5 μmol/g。*B. juncea* 型芥菜籽粕的氮校正表观代谢能和表观回肠蛋白消化率等于或优于 *B. napus* 和 *B. campestris* 型芥菜籽粕。

2. 家禽日粮

Blair(1984)研究了经过氨化、溶剂浸提的芥菜籽粕饲喂 0～4 周龄肉鸡的效果，发现其 AME 值为 2 648 kcal/kg DM(2 383 kcal/kg，风干基础)。结果表明，虽然甲状腺变大，高达 10%氨化的芥菜籽粕可以成功地添加到日粮中。芥菜籽粕加到 20%导致肉鸡生长不良。如果日粮中添加 *L*-赖氨酸，芥菜籽粕可成功地添加到 20%。

Rao 等(2005)在商用肉鸡日粮中比较了低硫代葡糖苷含量的芥菜籽饼和普通芥菜籽饼，结果表明可用低硫代葡糖苷含量的芥菜籽饼替代豆饼(在育雏期和育肥期肉鸡日粮中含量分别为 53.50%和 46.65%)，或用普通芥菜籽饼可替代到 50%(在育雏期和育肥期肉鸡日粮中含量分别为21.50%和18.67%)。在普通芥菜籽饼的育雏期肉鸡日粮中补充0.1%胆碱效果很好。

Newkirk等(1997)发现,用*B. juncea*型芥菜籽饼饲喂肉鸡至21日龄,与用*B. napus*型芥菜籽饼和*B. campestris*型芥菜籽饼喂养肉鸡相比,生长速度和饲料转化率相当。饲喂*B. campestris*型芥菜籽饼的肉鸡生长速度和饲料转化率会降低。他们的结论是,低硫代葡糖苷含量的芥菜籽饼营养价值相当于或优于*B. napus*型芥菜籽饼和*B. campestris*型芥菜籽饼。

Cheva-Isarakul等(2001)研究了一芥菜籽饼工厂的芥菜籽饼对蛋鸡的影响。芥菜籽饼经晒干或在燃气加热盘脱水后,分别以0、10%、20%和30%加入日粮中替代豆饼。结果发现,随着芥菜籽饼使用量的增加,蛋鸡的产蛋量、采食量、体增重和蛋重明显降低。日粮中含有芥菜籽饼的鸡脂肪沉积量也显著下降,但与对照组相比,肾重量增加。芥菜籽饼喂养的蛋鸡甲状腺和脾脏重量有变重的趋势,但统计上不显著。因此可以得出结论,两种方法干燥的芥菜籽饼,在蛋鸡日粮中加入10%,不会产生任何不良影响。

4.2.6 花生

花生(*Arachis hypogaea* L.)未列入欧盟或者新西兰批准的饲料原料清单中,但是如果它是有机种植的,用于有机禽日粮应该是可以接受的。没有列入清单的原因可能是,种植花生主要是为了供应人类消费市场。这种作物广泛种植于热带和亚热带地区,因为它对人类太重要,以至于不能在有机禽日粮中使用。然而,这一问题应该以当地认证机构的解释为准。印度和中国是主要生产国,在许多发展中国家,花生在该国油料作物中占重要地位。不宜供人消费的花生用来生产花生油。压榨花生油后的副产品——花生饼,在家畜日粮中被广泛用作蛋白补充料。

1. 营养特性

生花生含油40.0%~55.0%。花生饼是带壳花生的粉碎产品,主要由核仁以及经过机械提取油脂后剩下的外壳或纤维、剩余油脂组成。机械压榨得到的花生饼可能含有5.0%~7.0%油脂,因此往往在存储期间容易发生酸败,尤其是在夏季。机械压榨得到的花生饼粗蛋白含量41.0%~50.0%。在美国,通常用粉碎的花生壳将花生饼的蛋白含量调整到标准水平。在美国上市的花生饼产品粗纤维含量不得超过7%,这正是良好生产实践中不可避免的花生壳数量。花生饼缺乏蛋氨酸、赖氨酸、苏氨酸和色氨酸,其中赖氨酸是第一限制性氨基酸,随后是蛋氨酸、苏氨酸。因此,花生不适合作为家禽日粮中唯一的蛋白质补充料,它需要与其它蛋白源混合使用。花生饼中钙、钠、氯的含量低,而其中的磷多以植酸磷的形式存在。它是烟酸、维生素B_1、核黄素、维生素B_6、泛酸和胆碱的良好来源。

Batal等(2005)调查了在美国销售的用溶剂浸提的花生粕的营养成分,发现其氮校正代谢能介于2 273~3 009 kcal/kg,平均值为2 664 kcal/kg,而粗蛋白质含量介于40.1%~50.9%,平均45.6%。脂肪、纤维和灰分平均值分别为2.5%、8.3%和5.0%。几个关键氨基酸的总含量(%)和可利用率(%)分别为赖氨酸1.54(85)、蛋氨酸0.52(87)、胱氨酸0.64(78)、苏氨酸1.17(81)和精氨酸5.04(90)。钙、磷、钠和钾的平均含量分别为0.8、5.7、0.1和12.2 g/kg。样品间的数值差异很大,表明从一个新的供应商手里购买的样品使用之前,应对其进行验证分析。

2. 抗营养因子

花生易受到霉菌污染。黄曲霉(产生黄曲霉毒素),可以在花生中生长,从而出现在花生饼中。黄曲霉毒素是剧毒致癌物质,依据污染程度可导致动物和人类急性中毒(见“霉菌毒素”一节)。它对畜禽饲养产生影响(Ravindran 和 Blair,1992)。造成花生严重霉菌污染的主要因素是外壳损坏和核仁碎裂,这通常由昆虫、收割不到位和干燥条件差所致。最大限度地降低污染的方法就是及时收割和烘干、适当贮存。

花生也含有蛋白酶抑制剂和单宁,由于其含量较低,不足以引起关注。通过轻微加热就可以灭活胰蛋白酶抑制剂。

3. 家禽日粮

花生和花生饼在家禽日粮中已得到成功使用。然而,当豆饼来源的蛋白超过 50%被花生饼取代时,生长禽、蛋禽的生产力一般会降低,除非添加富含赖氨酸和蛋氨酸的蛋白质补充料(El-Boushy 和 Raterink,1989;Ravindran 和 Blair,1992;Amaefule 和 Osuagwu,2005)。

Offiong 等(1974)报告中显示,日粮中含有 5%、10%或 12.5%生花生和鱼粉后,肉鸡体重显著高于以豆饼为基础的日粮喂养的肉鸡。日粮含 10%或 25.0%花生饼时,饲料转化效率也较高。

Pesti 等(2003)分别用花生饼和豆饼作为以玉米为基础的蛋鸡日粮的蛋白补充料,考察了它们对鸡蛋品质的影响。日粮有 3 个粗蛋白水平:16.0%、18.5%和 21.0%。随着日粮蛋白质水平的增加,产蛋率并没有持续提高,但显著提高了蛋鸡体重和蛋重(每枚蛋增加了 1.2~2.5 g)。饲喂含花生饼日粮的蛋鸡,产的鸡蛋一开始略小,但发现与用豆饼日粮饲喂产的鸡蛋相比,花生饼日粮喂养产的鸡蛋有更好的内部品质,存储 2 周后,无论是 4℃冷藏,还是 20℃室温存放,花生饼喂养产的鸡蛋哈夫单位(新鲜度)都比豆饼喂养产的鸡蛋好。花生饼喂养的蛋鸡产的蛋比重略低。

4.2.7　红花籽饼

红花(*Carthamus tictorius*)是主要种植于热带地区的一种油籽作物。红花油富含多不饱和脂肪酸,特别是亚油酸,因而是重要的人类食用油,就像菜籽油和橄榄油一样。印度、美国和墨西哥是红花主产地。同时,它也可以生长在凉爽的地区,因为它是一个长季作物,红花比谷类作物从土壤中吸收更长时间的水分,它的较长主根可以从地下深层的土壤中吸收水分。这些特性可有助于防止诸如加拿大草原地区旱地盐碱化的蔓延,如果用完了这些地区盈余的水,将加速土地盐碱化的发展或扩张。红花籽饼粉不包括在上文提及的已获批的饲料原料清单中,但如果经有机方式生产,也应该可以接受。

1. 营养特性

红花种子的营养价值类似于葵花籽,平均有 40%的外壳,约含 17%的粗蛋白,35%的粗脂肪(Seerley,1991)。种子由一层难以去除的很厚的纤维外壳包裹着核仁组成。因此,许多红花籽饼是由未脱壳的籽实生产而成,只适合饲喂反刍动物。澳大利亚研究人员(Ashes 和 Peck, 1978)介绍了一种简单的轧机和筛选设备,可以用来给红花籽实、其它籽实和谷物脱壳。该设备将籽实在“鼠笼”型滚筒和波纹板之间来回揉搓,从而把外壳从核仁上剥离出来,这与传统铣削或滚轧明显不同。13 种类型的籽实和谷物过一次研磨和筛分设备就能脱壳。红花种子脱壳的效果较理想,但需要两次通过这种设备。其它籽实和谷物通过此设备一次后的脱壳效果各异，葵花籽脱壳率为90%，棉籽脱壳率为95%。脱壳的程度与滚筒转子的速度呈正比，并且很容易调整。事实表明，该轧机可以处理多种籽实，也可以处理其它饲料成分，如苜蓿干草。那些自产诸如红花籽饼蛋白原料的有机禽饲养者可能会对这种澳大利亚设备感兴趣。

红花籽饼粗蛋白含量介于20.0%～60.0%，随外壳所占比例及加工方法而变。完全脱壳的红花籽饼粗蛋白含量约可达到60%，但实践中很难做到外壳和核仁的完全分离，因为该籽实外壳很硬，而核仁却相当柔软(Ravindran 和 Blair，1992)。籽实经部分脱壳得到的红花籽饼一般含粗蛋白40%多，约含粗纤维15%。红花籽饼蛋白质品质低是由于赖氨酸含量低且利用率低。在一次油籽蛋白营养价值评定中，Evans 和 Bandemer(1967)相对于酪蛋白，把红花蛋白排在50位，大豆蛋白排在96位。

榨油生产的带壳红花籽饼约含粗蛋白20%～22%、粗纤维40%，带壳红花籽饼也被称为全压饼，而脱壳的被称为红花籽饼。带壳红花籽饼脱壳后可得到高蛋白(42%～45%)、低纤维(15%～16%)的红花籽饼，更适合添加到家禽或猪的日粮中(Darroch，1990)。

红花籽饼矿物质含量一般比大豆饼少，但红花籽饼钙和磷含量相对丰富。红花籽饼铁含量丰富(Darroch，1990)。与其它油籽饼相比，红花籽饼维生素种类相对较少，但与豆饼相比，它是生物素、核黄素和烟酸的良好来源(Darroch，1990)。

2. 抗营养因子

红花籽饼对家禽的适口性往往较差(Ravindran 和 Blair，1992)，这是因为其含有两种酚醛苷：一种是罗汉松树脂酚-β-葡糖苷，味道苦涩，另一种是2-羟基牛蒡苷-β-葡糖苷，也有苦涩味和轻泻特性(Darroch，1990)。这两种葡糖苷都与红花籽饼蛋白质组分相结合，可在压榨过程中用水或甲醇去除，或者添加β-葡糖苷酶去除。

3. 家禽日粮

关于家禽日粮早期研究的综述表明，饲喂含未脱壳的红花籽饼的日粮，家禽生长不良(Ravindran 和 Blair，1992)。但是，当纤维素含量受到限制时，部分脱壳的红花籽饼可以用于肉鸡和蛋鸡平衡日粮。然而，只有加入其它蛋白改善日粮蛋白质品质，家禽才能达到令人满意的生产性能。

在家禽日粮中使用压榨红花籽饼的最新数据很有限。Thomas 等(1983)发现，成年公鸡对该产品的真代谢能为2 402 kcal/kg。用红花籽饼取代25%或50%的大豆蛋白为基础的日粮比用油菜籽取代25%或50%的大豆蛋白为基础的日粮，鸡群的采食量和增重显著增加。红花油用于生产营养品质理想的鸡蛋，因为其多不饱和脂肪酸含量高(Kim 等，1997)。

4.2.8　芝麻饼

芝麻(*Sesamum indicum*)是一种主要在中国、印度、非洲、东南亚和墨西哥种植的油料作物。由于芝麻油优良的烹饪特性(Ravindran 和 Blair，1992)，芝麻被誉为“油籽作物女王”。由于芝麻油的需求不断增加，全球芝麻生产已有增加。芝麻的主产国有印度、中国、苏丹、缅甸和墨西哥。芝麻是一种热带作物，但通过适当的品种选育，扩展到温带种植已成为可能。在榨油后，芝麻饼可用于动物饲养。但是，芝麻饼对家禽饲养意义不大。

1. 营养特性

芝麻饼营养成分与大豆饼比较接近(Ravindran 和 Blair，1992)。压榨获得的芝麻饼粗蛋白平均含量一般为40%,粗纤维为6.5%。但这些含量随着所用的品种、去皮的程度和加工方法可能会大幅地变化。芝麻饼代谢能含量比豆饼低,这与灰分含量高有很大关系。芝麻饼是蛋氨酸、胱氨酸和色氨酸极好的来源,但赖氨酸缺乏,表明芝麻饼不能用作家禽日粮唯一的蛋白质来源。芝麻饼灰分含量高,表明其矿物质含量丰富。特别是它的钙含量是豆饼的10倍。然而,芝麻饼矿物质利用率可能会较低,因为在籽实外壳部分存在高浓度的草酸(35 mg/100 g)和植酸(5 g/100 g)。去皮后,不仅提高矿物质利用率,而且降低纤维含量,提高蛋白质水平和适口性。然而,芝麻籽实很小,彻底去皮并不是总能做到。芝麻饼维生素水平与大豆饼和大多数其它油籽饼相当(Ravindran 和 Blair,1992)。

2. 抗营养因子

虽然不知道芝麻是否含有蛋白酶抑制剂或其它抗营养因子,但草酸和植酸含量高可能对其适口性(Ravindran 和 Blair,1992)、矿物质和蛋白质的利用率(Aherne 和 Kennelly,1985)产生负面影响。芝麻种子去皮几乎能完全去除其中的草酸,但对籽实中的植酸影响不大(Ravindran 和 Blair,1992)。由于芝麻籽实很小,彻底去皮很困难。

3. 家禽日粮

在开食料中使用芝麻饼应限制比例,因为其纤维含量高,还可能存在植酸和草酸相关的适口性问题(Ravindran 和 Blair,1992)。

品质好的芝麻饼在家禽日粮中可用到15%,然而,为了达到最佳生长和理想的饲料转化率,建议添加豆饼或鱼粉等赖氨酸含量高的原料(Ravindran 和 Blair,1992)。

芝麻饼可作为天然抗氧化剂,用于小规模养殖场以米糠为基础的日粮中,因为米糠质量很不稳定,存储时容易酸败(Yamasaki 等, 2003)。在越南湄公河三角洲等地区,小规模养殖户用米糠、碎米、浓缩蛋白、蔬菜来饲养畜禽。在这种情况下,米糠作为主要的地方饲料资源,生产出来后必须在数周内用完,因为通常不对它脱脂,容易氧化,适口性变差。Yamasaki 等(2003)在生长猪日粮中使用1.0%~3.5%粉碎的白芝麻,结果提高了采食量和饲料转化率。所以这些研究者建议,芝麻饼可以作为天然抗氧化剂,少量地与米糠同时添加到日粮中,但必须保证添加的芝麻饼是新鲜的。芝麻饼能够起这样的作用大概是由于它含有维生素 E。

4.2.9 大豆及大豆产品

大豆(*Glycine max*)和豆饼现在广泛用于动物饲养(图 4.2)。人们种植大豆,作为一种蛋白和油脂来源,供人类食用和添加到动物饲料中。美国、巴西、阿根廷和中国是大豆的主产地。从营养价值角度看,普遍认为豆饼是最佳的植物蛋白源。此外,它与其它谷物的互补关系可以满足农场动物对氨基酸的需要。因此,它是其它植物蛋白的参照标准。

用生物工程方法培育的几种大豆品种现在广泛种植,因此,有机生产者必须小心选择非转基因产品。在北美种植的主要转基因作物有大豆、玉米、油菜和棉花。

全脂大豆含15.0%~21.0%的油脂,通过压榨或浸提工艺提取出来。北美工业从20世纪30年代开始采用液压或螺旋压榨机(压榨机)来提取大豆中的油脂。后来大多转用溶剂浸提法。机械压榨的缺点是它没有溶剂法提取油脂的效率高,而且螺旋压榨产生的摩擦热在灭活生大豆中的抗营养因子的同时会使产品的温度比溶剂浸取过程更高,从而可能破坏蛋白质量。由于压榨法获得的豆饼过瘤胃蛋白质含量高,可以提高牛奶产量,因此受到奶牛养殖的青

图 4.2　大豆——家禽饲养的一种重要作物

睐。结果,北美的大多数压榨豆饼用到奶牛业,替代肉骨粉,这使得有机禽生产者很难获取压榨豆饼。

最近出现了一种称为挤出压榨的新方法。在挤出机中,大豆或其它油籽都要通过锥形模的挤压,其摩擦压力产生热量。在挤出压榨过程中,螺旋压榨前使用干挤机就不需要蒸汽。在美国,这些加工厂规模相对较小,通常每天加工 5～25 t 大豆。挤出压榨的豆饼比传统浸提的豆粕含油量更大,但胰蛋白酶抑制剂含量相似,都较低。挤出压榨的豆饼营养价值和螺旋压榨的豆饼差不多,Woodworth 等(2001)表示,挤出压榨的豆饼消化率比普通的豆粕高。他们还发现,挤出压榨的豆饼可成功用于猪日粮。因此,有机禽生产者应该会对这个工艺感兴趣,因为有机日粮许可添加大豆产品。

然而,在小型工厂使用的另一个工艺是挤压,但并未除去油脂,该产品是全脂豆饼。通常,这些工厂都由合作社经营,有机禽生产者应该会对这个工艺感兴趣,因为在有机日粮添加该产品也获得了许可。另一个有趣的进展是,研制出了适合在凉爽气候下生长的大豆品种,例如在加拿大东部滨海区。这一进展加上挤压油脂型的工厂的兴建,使得作物种植和利用都可以在本地进行,这样原本蛋白质原料缺乏的地区就有希望成为自给自足的地区。像这样的进展可能有助于解决欧洲一直存在的有机蛋白质原料供应不足的问题。

1. 营养特性

整粒大豆粗蛋白含量为 36.0%～37.0%,而豆饼粗蛋白含量为 41.0%～50.0%,豆粕粗蛋白含量的变化与油脂提取工艺的效率和残留豆皮的数量有关。大豆油富含多不饱和脂肪酸——亚油酸(C18:2)和亚麻酸(C18:3)。它还含大量的另一种不饱和脂肪酸——油酸(C18:1)和中等数量的饱和脂肪酸——棕榈酸(C16:0)和硬脂酸(C18:0)。

普通的豆粕一般有两种形式:含 44.0%粗蛋白的豆粕和含 48.0%～50.0%粗蛋白的去皮

豆粕。由于豆粕纤维含量低，它的代谢能比大多数其它油籽粕高。豆粕氨基酸品质优良。大豆蛋白的赖氨酸含量超过豌豆、鱼类和牛奶蛋白质。豆粕是色氨酸、苏氨酸和异亮氨酸非常好的来源，弥补了谷物蛋白质限制性氨基酸的缺乏。此外，与其它植物蛋白质相比，豆粕中的氨基酸很容易消化。两种类型的豆粕中氮和多数氨基酸的表观消化率相似。这些特点使使用豆粕的日粮比含有其它油脂饼粕的日粮总蛋白含量低，从而减少动物排出体外的氮，最终减少环境的氮负荷。

豆粕的矿物质和维生素含量通常较低(胆碱和叶酸除外)。豆粕中大约 2/3 的磷以大多数动物不能利用的植酸磷形式存在。这类化合物也螯合钙、镁、钾、铁和锌等矿物质元素，使家禽不能利用。因此重要的是，豆粕型日粮要添加足量的微量矿物元素。解决植酸盐问题的另一个办法是添加植酸酶——降解植酸的酶，释放饲料中的被植酸结合的磷。这样可以减少日粮中磷的添加量，最终减少过多的磷排放到环境中。

2. 抗营养因子

所有油籽蛋白质中均存在抗营养因子。生大豆中的抗营养因子有蛋白酶抑制剂。这些抑制剂也被称为 Kunitz 抑制剂和 Bowman-Birk 抑制剂，它们抑制胰蛋白酶活性，而后者也抑制糜蛋白酶活性(Liener，1994)。这些蛋白酶抑制剂干扰蛋白消化，导致动物生长缓慢。烘干或加热处理可灭活这些酶抑制剂。然而，要小心避免过分加热大豆。当蛋白质受热过高时，蛋白质和氨基酸的生物利用率可能会降低，这是因为由于美拉德或者褐变反应，可利用的赖氨酸数量锐减。褐变反应涉及赖氨酸侧链的游离氨基与还原糖反应，最后形成褐色、难以消化的聚合物。

生大豆中的外源凝集素(血凝素)能抑制动物生长，并导致动物死亡。它们是蛋白质，易与含碳水化合物的分子结合，导致血液凝固。幸运的是，迅速加热可以使外源凝集素降解。大豆还含有加热不易降解的生长抑制剂。

对饲料生产者来说，普通的豆粕是一种供应最稳定的饲料原料，不同种类豆粕之间的营养成分和物理特性相差很小。有机豆粕供应商需要采取类似的质量控制措施，确保在成分上的一致性。

正确的大豆加工需要对水分、温度和处理时间的精确控制。加工过程中充足的水分可以破坏抗营养因子。过分烘烤和未充分烘烤都可能导致豆饼营养价值降低。未充分加热会使抗营养因子失活不完全，但过度加热又会降低氨基酸利用率。

工业上用脲酶活性监测未充分加热的豆饼质量，用氢氧化钾(KOH)溶解度监测过度加热的豆饼质量。脲酶检测的是尿素酶的活性，该方法的原理以在尿素酶的作用下释放的氨气所造成的 pH 值增加为基础。脲酶的活性丧失与胰蛋白酶抑制剂和其它抗营养因子受到破坏相关。为了测量氢氧化钾溶解度，豆制品混有 0.2%的氢氧化钾，然后可以测量氮溶解量。氮溶解量随着加热时间的延长而降低，这表明氨基酸利用率下降。

3. 家禽日粮

豆饼和玉米(或大多数其它谷物)适当比例的搭配可以为各种家禽日粮提供良好的氨基酸模式。

4.2.10 全脂大豆

研究表明适当处理的整粒大豆可以部分或全部替代豆饼或其它饼类，有效地用于肉鸡日粮（Pârvu 等，2001）和蛋鸡日粮（Sakomura 等，1998）中，虽然整粒大豆消化率比普通豆饼的变动大（Opapeju 等，2006）。

膨化大豆是由整粒大豆进行干或湿（蒸汽）摩擦热处理且不分离任何成分而得。烘烤大豆是由整粒大豆直接受热或微粉化处理且不分离任何成分而得。由于大豆含有优质蛋白质，并含有丰富的油，因而大豆能提供日粮中的大部分蛋白质和能量。使用全脂大豆是提高日粮中能量水平一个很好的方法，特别是与低能原料配合使用时。此外，相对于添加液体脂肪到日粮中，全脂大豆是向日粮中加入脂肪比较简单的方法。

Sakomura 等（1998）的研究表明，大豆不同的加工方法导致蛋鸡生产性能不同，膨化大豆优于烘烤大豆。此外，他们发现，使用膨化大豆的日粮或豆饼加油脂的日粮比使用烘烤大豆的日粮油脂的利用率更高。膨化大豆氮校正表观代谢能约比大豆加油脂或烘烤大豆高 12%。

然而，使用整粒大豆可能对肉鸡胴体脂肪产生不利影响。标准的应对措施是，为了确保获得可接受的肉鸡胴体脂肪质量和良好的饲料制粒质量，大豆产品的使用量应限于为日粮提供 2%的豆油。这就要求肉鸡后期日粮中添加大豆的比例不高于 10%。

在家禽日粮中使用全脂大豆可以减少空气粉尘，对禽舍动物健康和饲养工人的健康有利。由于以全脂大豆为基础的日粮可能出现酸败问题，所以加工后应立即使用，不应贮存。如果加工后不能立即使用，应在该日粮中添加许可的抗氧化剂。

4.2.11　大豆分离蛋白

大豆浓缩蛋白（IFN 5-08-038）是从精选的、清洗的整粒去皮大豆中去除大部分油脂和水溶性非蛋白质成分后得到的产品。在北美交易的产品绝干基础下粗蛋白含量不低于 65%。大豆分离蛋白（IFN 5-24-811）是从精选的、清洗的整粒去皮大豆去除大部分非蛋白成分后得到的脱水产品。市场上交易的产品绝干基础下粗蛋白含量不低于 90%。虽然大豆浓缩蛋白和大豆分离蛋白没有列入有机饲料原料认定清单，但有在家禽日粮中用作蛋白和氨基酸来源的潜力。一些机构认为这类大豆产品是“合成”的或可能来自转基因大豆。是否如此应该由当地认证机构确认。

4.2.12　葵花籽及葵花饼

全球许多地区种植向日葵（*Helianthus annus*）（图 4.3），因此它是一种很有潜力用于有机禽生产的油籽作物。主要产地有欧洲（法国、俄罗斯、罗马尼亚和乌克兰）、南美洲、中国和印度。人们种植向日葵是为了获取油脂，榨油剩下的葵花饼可以饲喂动物。葵花籽油多不饱和脂肪酸丰富，高温下稳定性高，因而葵花籽油价值很高。超过加工需求的葵花籽或者不适合榨油的葵花籽也可用于畜禽饲料。一些国家在农场就可以加工葵花籽，如奥地利（Zettl 等，1993）。

1. 营养特性

Senkoylu 和 Dale（1999）评价了葵花籽和葵花饼对于禽类的营养价值。葵花籽含有约 38%的油脂、17%的粗蛋白和 15.9%的粗纤维，是日粮脂肪的良好来源。葵花饼是将葵花籽榨油后得到的产品。葵花饼营养成分差异很大，这取决于籽实的质量、提取方法和籽壳含量。全葵花饼（带壳）粗纤维含量约为 30%，完全脱壳（去除籽壳）的纤维含量约为 12%。与豆饼

图 4.3 向日葵作物

(照片由美国农业部农业研究局 Bruce Fritz 提供)

相比,葵花饼赖氨酸含量较低,含硫氨基酸含量较高。然而,葵花饼代谢能大大低于豆饼。它的钙、磷水平可与其它植物蛋白源相媲美。葵花饼微量矿物元素水平比豆饼低。在一般情况下,葵花饼 B 族维生素和 β-胡萝卜素含量高。由于葵花饼纤维含量高,在家禽日粮中应限量使用。

2. 抗营养因子

相对于其它主要油籽和油籽饼,葵花籽和葵花饼似乎没有抗营养因子。据报道,绿原酸——葵花饼中一种多酚类化合物(1.2%)——会抑制水解酶活性,可能对家禽生产产生不良影响(Ravindran 和 Blair,1992)。通过在日粮中添加甲基供体如胆碱可以克服这些副作用。

3. 家禽日粮

Senkoylu 和 Dale(1999)综述了葵花饼在家禽日粮中的使用,认为它可成功用于蛋鸡、肉鸡和水禽日粮中,可以替代豆饼用量的 50%~100%,具体替代比例取决于家禽日粮类型和日粮中其它原料的性质。然而,替代豆饼的比例众说纷纭,并不一致,这是由于葵花品种、籽饼外壳含量、加工方法及各项研究中所用的基础日粮组成不同造成的。Ravindran 和 Blair(1992)认为,脱壳葵花饼可以取代肉鸡和蛋鸡日粮中多达 50%的豆饼,前提是日粮中赖氨酸含量要充足。

葵花饼使用比例高的日粮需要补充足够的赖氨酸、蛋氨酸和能量,制粒可以克服由于葵花饼纤维含量高引起的日粮膨松、体积大的缺点。另一种解决葵花饼能量低的办法就是选用高油葵花品种(Senkoylu 和 Dale,2006),这可能需要在日粮中补充维生素 E,以防止冷藏时鸡肉中脂肪易于氧化(Rebolé 等,2006)。

然而,在有机禽日粮中葵花饼不可能使用到最大量,因为日粮中不能添加纯赖氨酸和蛋氨酸。

Jacob 等(1996a)发现,用肯尼亚葵花饼替代粉料中约 1/3 的豆饼,肉鸡生长性能和饲料转化率都很好。在最近的一项研究中,Rao 等(2006)开展了用葵花饼替代肉鸡商品日粮中豆饼的研究。在等能、等氮基础上,葵花饼分别替代育雏日粮中的豆饼(31.8%)和育肥日粮中的豆饼(27.5%)的 33%、67%和 100%,同时添加葵花籽油平衡日粮能量水平。然而,即使补充葵花籽油,日粮代谢能还是远低于肉鸡代谢能推荐水平。日粮干物质消化率随着葵花饼添加水平增加而降低。葵花饼完全替代豆饼的日粮不影响肉鸡 42 日龄的体增重。然而,考虑到肉鸡的饲料转化率、胴体重、血脂参数和需要提供日粮理想能量水平的脂肪添加量,可以得出的结论是,葵花饼可以最多替代 67%的豆饼,育雏日粮和育肥日粮对应的葵花饼使用量分别为34.5%和 29.6%。

Jacob 等(1996a)报道,用肯尼亚葵花饼替代日粮中 50%的豆饼(约 13.5%),母鸡产蛋量、采食量、饲料转化率和蛋重都变差。蛋白源对蛋黄斑的发生率或严重程度没有影响。可是,Šerman 等(1997)研究表明,如果日粮赖氨酸和能量水平保持不变,葵花饼可作为蛋鸡日粮的蛋白质来源。Karunajeewa 等(1989)发现,日粮中使用脱壳去油的葵花饼达到 19%,同时添加/不添加葵花油,或者日粮中使用 2.35%全脂葵花籽,同时添加/不添加葵花油,都不会影响蛋鸡的产蛋率、总产蛋量、饲料转化率、体增重、死亡率、蛋比重或粪便含水量。日粮中使用12.2%和 19.0%葵花饼,蛋重和采食量增加,但是鸡蛋哈夫单位降低。Casartelli 等(2006)发现,蛋鸡日粮中葵花饼使用量最高可达 12%(试验中的最大使用比例),不会影响蛋鸡生产性能或鸡蛋品质。基于可消化氨基酸配制的日粮可以在不降低蛋重的情况下提高蛋壳百分比和蛋比重。

由于葵花籽含油量高,使用未榨油的葵花籽提供了以葵花油的形式向家禽日粮提供补充能量的简便方法。Elzubeir 和 Ibrahim(1991)在肉鸡育雏日粮中,使用 0、7.5%、15%和22.5%未经压榨磨碎的带壳葵花籽部分替代花生饼和芝麻饼,肉鸡在体增重、采食量、饲料转化率、死亡率、皮肤颜色或肝胰脏重量方面均无显著差异。Rodriguez 等(1997)评价了带壳全脂葵花籽对肉鸡的营养价值。粗脂肪消化率和表观代谢能分别为 0.84 和 18.71 MJ/kg DM,添加葵花饼的日粮平均氨基酸消化率与玉米豆饼型对照日粮相似。葵花籽使用量分别为 0、5%、15%和 25%的日粮饲喂的肉鸡采食量、体增重和饲料转化率无显著差异。Tsuzuki 等(2003)在以玉米、豆饼、小麦粉和豆油为主要原料的日粮中分别使用 0、1.4%、2.8%、4.2%和5.6%葵花籽饲喂蛋鸡,葵花籽使用量对蛋鸡的日采食量、平均蛋重、饲料转化率、蛋壳百分比、蛋黄颜色或哈夫单位得分均没有影响。

4.2.13　油脂来源

油脂通常用来为日粮提供补充能量,它还具有其它好处,如增强日粮适口性和减少饲料配制时的粉尘。有机日粮禁止添加动物脂肪,但允许使用植物油。油脂是能量的集中来源,平均代谢能为 7 800～8 000 kcal/kg。因此,等重的脂肪提供的能量大约为淀粉的 2.25 倍。当需要提高日粮的能量浓度时,脂肪就成为有用的成分。油脂对于 3 周龄以上的家禽能值更高,这是由于这个阶段的家禽消化能力更强。

正如在第 3 章(本书)所总结的,在日粮中添加比例较高脂肪的日粮代谢能要高于各组分代谢能之和(NRC,1994)。添加比例较高脂肪的日粮在肠内的停留时间延长,这样非脂成分消化更彻底、吸收更充分。

通常日粮中只能添加少量油脂,否则日粮就会变得很软,不容易制粒,而且容易酸败。所有的油脂均不稳定且易酸败;因此,油脂在交付后应立即使用,不要贮存过久。添加符合有机标准的抗氧化剂可能会使购买的油脂稳定。

4.3 豆科植物籽实及其产品、副产品

正如 Gatel(1993)综述指出,对于非反刍动物,豆科植物种子氨基酸组成的特点是,赖氨酸含量高(豌豆粗蛋白的 7.3%)以及含硫氨酸和色氨酸相对不足。豆科植物籽实蛋白质消化率略低于豆饼,尤其是猪(豌豆 0.74 vs. 豆饼 0.80)和青年家畜,而且品种之间、品种之内豆科植物籽实蛋白质消化率也有变化。豆科植物籽实蛋白质消化率略低的部分原因可以解释为一些作物品种存在抗营养因子(例如蛋白酶抑制剂、凝集素、单宁),或许还有纤维物质,它们使豆科植物籽实蛋白质不易接触到消化酶。该研究者建议,必须进一步研究以区分开这些因素的具体影响及其在实践中的重要性。由于抗营养因子活性差异很大,也有必要制定可靠、快速的检测方法,以满足植物育种者或饲料生产商检查和筛选植物籽实之需。短期内我们的结论是技术处理可以提高籽实的利用率,特别是用于家禽饲料上,然而必须关注技术处理所需的费用。

4.3.1 蚕豆

蚕豆(*Vicia faba* L.),也称田豆、马豆或宽豆,是一种一年生豆科植物,在凉爽的气候下生长良好。它是公认的饲喂马和反刍动物的饲料原料,现在人们更关心蚕豆在家禽饲料上的使用,特别是在欧洲,因为那里蛋白质的生产供应不足。目前,欧盟每年使用超过 2 000 万 t 蛋白质饲料,然而它自身只能生产 600 万 t。最适合当地扩大产量的蛋白质饲料原料就是豆科作物(菜豆、豌豆、羽扇豆和大豆)。田豆在冬季气候温和、夏季雨量充沛的地区生长良好,并且容易贮存,以供农场直接使用。

1. 营养特性

从营养上,田豆(蚕豆)通常被看成高蛋白质谷物。它们含有约 24.0%~30.0%粗蛋白,该蛋白质富含赖氨酸,但含硫氨基酸较低(像大多数豆类籽实)。其代谢能介于大麦和小麦之间,风干基础上粗纤维含量约为 8.0%。它的含油量相对较低(10 g/kg DM),但亚油酸和亚麻酸含量较高。这使得蚕豆如果研磨后贮存超过 1 周左右很容易酸败。新鲜时它们非常可口。

与主要谷物一样,蚕豆钙含量相当低,其铁和锰含量也不高,但磷含量比菜籽高。与豆饼或双低菜籽饼比,蚕豆生物素、胆碱、烟酸、泛酸和核黄素含量较低,但维生素 B_1 含量较高。

2. 抗营养因子

蚕豆含有几种抗营养因子,如单宁、蛋白酶抑制剂(蚕豆嘧啶葡糖苷/蚕豆脲咪葡糖苷)和凝集素。含低蚕豆嘧啶葡糖苷/蚕豆脲咪葡糖苷的蚕豆品种可允许在家禽饲料中大量地使用(Dänner,2003)。与其它豆科植物籽实相比,蚕豆胰蛋白酶抑制剂和凝集素活性水平较低,当蚕豆饼按下文所示的水平添加时,对家禽日粮不会构成问题。对家禽最令人关注的是单宁,它已被证明会抑制蛋白质和氨基酸消化率(Ortiz 等,1993)。在全蚕豆饼中的单宁与外壳(种皮)结合在一起,单宁含量与外壳(和花)的颜色有关。单宁在白颜色籽实中的含量低于其它颜色籽实中的含量。

对蚕豆的各种加工方法的研究都在试图处理其中的抗营养因子。例如,Castanon 和 Marquardt(1989)做了如下的测试,向含有未加工的、蒸压处理过的或发酵(水浸泡)过的蚕豆的日粮中,添加不同酶制剂,试验其对青年来航鸡体重、料肉比和干物质存留的影响。他们发现,在未加工的蚕豆日粮中加入酶,不影响来航鸡第一周的生长,但在第二周提高了来航鸡的体增重,其中蛋白酶提高了10%以上,纤维素酶提高了6%～7%,纤维素酶加蛋白酶提高了8%,料肉比改善均超过5%。蒸压处理过的蚕豆日粮提高了来航鸡生产性能13%以上,发酵(水浸泡)过的蚕豆日粮降低了来航鸡的采食量。

3. 家禽日粮

适当浓度的蚕豆可以成功地运用到家禽日粮中。Blair 等(1970)在粉状的肉鸡日粮中使用等量混合的0、15%、30%或45%春季和冬季蚕豆,在4周龄时,肉鸡的体重分别为557、535、503和518 g,料肉比分别为1.94、1.98、2.15和2.06。Castro 等(1992)在以玉米和豆饼为基础的日粮中加入或不加入10%、20%或30%的蚕豆,饲喂4～46日龄肉鸡,发现试鸡平均日增重、采食量或饲料转化效率无明显差异。另一工作是 Farrell 等(1999)在澳大利亚进行的最佳添加剂量的研究,他们在肉鸡的开食日粮和育肥日粮中添加各种蛋白质补充物,一直加到36%。用含有蚕豆、豌豆、甜羽扇豆的日粮相比用含有鹰嘴豆的日粮饲喂肉鸡到21日龄,前者生长更快,饲料转化率更高。另一个试验,添加各种蛋白质补充物,不管添加的含量是多少,肉鸡的生产性能都很接近。蒸汽制粒可以提高肉鸡的生长速度和饲料转化率。基于这些结果,研究人员推荐蚕豆在日粮中最佳添加比例为20%。Moschini 等(2005)在意大利也进行了类似的试验,肉鸡的日粮中分别加入48%(1～10日龄)和50%(11～42日龄)的蚕豆。在整个生长过程中,饲喂含有蚕豆的日粮,肉鸡的生长速度与饲喂以玉米豆饼为基础的对照日粮相近,且不受蚕豆添加比例的影响,而且对屠宰率或胸肉和腿肉分割产品都没有影响。

Castro 等(1992)对以玉米和大豆为基础的蛋鸡日粮中添加或不加入10%、15%或20%的蚕豆进行试验,结果发现总产蛋量相似。各组的采食量没有差异,但有蚕豆日粮提高了饲料转化效率。最近,Fru-Nji 等(2007)又对蛋鸡进行了一个试验,研究用蚕豆梯度替代日粮中的豆饼和小麦的影响。日粮中蚕豆增加到40%,完全替代豆饼,蛋鸡日产蛋量从85%下降到75%,每只鸡每天平均产蛋量从50.8 g降至43.5 g,而饲料消耗每只鸡每天从110 g增加到113 g。当日粮中蚕豆增加到16%,大多数检测指标没有受到影响。在家禽日粮中使用的蚕豆通常是经过粉碎过3 mm筛的。

4.3.2　豌豆

豌豆种植主要供人食用,但现在也被广泛用于饲养家禽,特别是在加拿大、美国北部和澳大利亚。一些生产商把大麦和豌豆放在一起种植,因为这两种成分可成功配合地喂食家禽。在不适合大豆生长的地区,豌豆是一个很好的冷季替代作物。它们可能特别适合提前种植在缺乏蓄水能力的土地上,而且它们早熟。豌豆有绿色和黄色品种,但它们的营养成分相似。生长在北美和欧洲的绿色和黄色品种均来自开白色花的品种。棕色豌豆来自开彩色花的品种:与绿色和黄色的豌豆比,它们具有较高的单宁含量、较低的淀粉含量、较高的蛋白和纤维含量。这些品种的差异可以解释大部分已报道的养分含量的变化。开白色花的品种十分适合于家禽饲养。从豌豆淀粉生产中得到的浓缩蛋白也可作为饲料原料。

1. 营养特性

豌豆的能量含量比高能谷物如玉米和小麦稍低，约含有 2 600 kcal/kg 的代谢能，但粗蛋白浓度(约 23%)比谷物高。因此，它主要作为一种蛋白源。豌豆蛋白中赖氨酸特别丰富，但只含少量色氨酸和含硫氨基酸。豌豆代谢能含量比豆饼高，这是由于其易消化的淀粉含量高。其淀粉类型类似于谷物淀粉。与大多数作物一样，环境条件可能会影响其蛋白含量。炎热干燥的生长条件往往会增加粗蛋白含量。淀粉含量已被发现与粗蛋白含量呈负相关。粗蛋白为 23%时，淀粉含量大约为 46%，因此，如果豌豆粗蛋白水平与 23%有明显差异时，应调整其淀粉和能量含量。氨基酸含量与粗蛋白含量相关，而且已建立了预测方程。

豌豆的乙醚提取物(含油量)约为 1.4%。它的脂肪酸组成与谷物的差不多，主要是多不饱和脂肪酸。主要不饱和脂肪酸含量为亚油酸(50%)、油酸(20%)和亚麻酸(12%)(Carrouée 和 Gatel，1995)。

和谷物一样，饲料豌豆的含钙量低，但磷含量略高(约 0.4%)。它们约含 1.2%植酸，这与大豆的相似(Reddy 等，1982)。豌豆的微量矿物元素和维生素含量与谷物类似。

豌豆的粗纤维含量约为 6%，主要存在于细胞壁。它的纤维素和木质素水平相对较低。豌豆中含有可观的半乳聚糖。豌豆含有约 5%低聚糖，主要由蔗糖、水苏糖、棉籽糖和毛蕊花糖组成。与羽扇豆和大豆等豆类相比，豌豆中产气低聚糖水平相当低，不足以使动物后肠产生过多的气体而导致胀气。

2. 抗营养因子

目前豌豆中可能存在的抗营养因子包括豌豆淀粉酶、胰蛋白酶和胰凝乳蛋白酶的抑制剂以及单宁(原花青素)、植酸、皂苷、血凝素(凝集素)和低聚糖。然而，喂给家禽豌豆，这些抗营养因子一般不会造成大的问题，但最好在幼年家禽日粮中限制豌豆的添加量。一些研究表明，平滑豌豆的胰蛋白酶抑制剂活性(trypsin inhibitor activity, TIA)比皱豌豆的高(Valdebouze 等，1980)，但 TIA 也受到豌豆品种和环境条件的显著影响(Bacon 等，1991)。单宁是多酚类化合物，可以抑制多种消化酶的活性。单宁存在于籽实外壳，特别是棕色籽实品种，如果避免使用棕色籽实品种，就不太可能出现问题。在欧洲和加拿大生长的大多数豌豆单宁含量为零。豌豆中皂苷和其它抗营养因子对家禽的影响微不足道。

3. 家禽日粮

当豌豆的使用量能使日粮代谢能和氨基酸水平维持到禽类需求时，它可以成功用于家禽日粮(Harrold，2002)。当日粮中使用较高比例的豌豆时，需要添加一些诸如油脂的高能饲料。

基于当时已发表的数据，Castell 等(1996)建议，肉鸡日粮中豌豆最高可使用到 20%。随后的研究表明，用含有 70%去皮豌豆的日粮喂养肉鸡，得到的生产性能可以接受(Daveby 等，1998)，而且用粉碎后的小颗粒豌豆饲喂时，可观察到 α-半乳糖苷酶对肉鸡产生了作用。用粉碎的粗颗粒豌豆饲喂时，肉鸡对酶的添加没有反应。Farrell 等(1999)研究报道，含有豌豆的蒸汽制粒日粮会提高肉鸡的生长率和饲料转化效率，并建议豌豆添加上限为 30%。Richter 等(1999)研究表明，当肉鸡开食料和育肥料含有 29%的豌豆时，添加酶制剂可以使肉鸡体重提高 2.5%。与此相反，Igbasan 等(1997)研究报道，果胶酶或者果胶酶与 α-半乳糖苷酶混合物并没有显著提高肉鸡的生长率、采食量和饲料转化率。Nimruzi(1998)研究报道，当肉鸡日粮中含有豌豆时，无花果粉作为酶源，减少了肠道黏度，提高了消化率，这种方法可能适合用于有机生产。Moschini 等(2005)在肉鸡日粮中使用 35%的未经处理的豌豆，肉鸡的生长速度低于对照组。

蛋鸡日粮中经常含有10%的豌豆，因为如果使用更高含量的豌豆，经观察蛋鸡的产蛋率会略有下降（通常2.5%～3%）(Harrold,2002)。然而，蛋鸡日粮含有高达30%的豌豆时却取得了良好效果(Castell等,1996)。在另一项研究中，用0、20%、40%和60%黄色、绿色和棕色豌豆籽实来代替日粮中的小麦和豆饼(Igbassen和Guenter，1997a)。随着豌豆水平的提高，蛋黄颜色也在增强。而蛋壳质量随着黄色和棕色豌豆籽实添加水平的增加而降低，但绿色豌豆籽实的添加水平对蛋壳质量没有影响。这些作者认为，黄、绿或棕色豌豆籽实不能完全替代豆饼，但可以添加到40%，对产蛋量或饲料转化效率没有不良影响。在一项相关研究中，Igbassen和Guenter(1997b)研究报道，微粉化（一种红外加热处理），可以提高豌豆对蛋鸡的饲喂价值，但豌豆去皮或添加果胶酶不会改善蛋鸡的生产性能。Perez-Maldonado等(1999)研究报道，用含有25%豌豆的日粮喂养的母鸡肠内容物黏度比使用等含量的蚕豆日粮喂养的鸡高。

豌豆已被用于火鸡的日粮中。捷克研究人员(Mikulski等，1997)报道，用20%～24%豌豆部分代替生长火鸡日粮中的豆饼，对其生长性能、屠宰率或肉品质没有不良影响。这些豌豆的添加量相似于Castell等(1996)的推荐量，即火鸡日粮中可以添加25%的豌豆。随着火鸡生长成熟、达到上市体重时，可以在火鸡的日粮中加入更多的豌豆(Harrold,2002)。

Harrold(2002)建议，豌豆加工用于家禽日粮时，应注意其颗粒大小，因为家禽采食量受颗粒大小的影响较大。因此，要避免粉碎得过细，除非日粮要制粒。把豌豆磨成非常小的颗粒是不经济的，还可能导致鸡喙上堆积饲料，干扰采食。正如Harrold(2002)认为，喙坏死就是小颗粒饲料在喙上堆积的结果。一个相关的问题是，日粮中含有20%以上豌豆时，可能很难制粒，尽管还没有其它报告证实含有豌豆的日粮存在制粒困难。

使用高含量豌豆(20%～30%)可能会导致消化道食糜的黏度略微增加，但这种增加程度大大低于其它几种相关饲料组分(Harrold，2002)。在日粮中含有高浓度豌豆时，使用一些含有木聚糖酶和β-葡聚糖酶的商用酶制剂，据报道可以降低肠内容物黏度，提高蛋白消化率。在使用最高推荐含量的豌豆时，禽类粪便可能会比平常稍微潮湿，但对自由出入舍外的家禽应该不会出现任何问题。

4.3.3　扁豆

扁豆(*Lens culinaris*)是一种豆科植物籽实，主要作为人类的粮食作物而种植。它们没有出现在任何有机饲料核准的名单中，但如果是有机生长，应该可以接受。多余和淘汰的扁豆可作为物美价廉的家禽饲料。扁豆的主要生产国有印度、土耳其和加拿大。加拿大品种大多是黄绿色子叶类型，不像其它国家种植的红子叶类型。

1. 营养特性

Castell(1990)综述了扁豆养分含量的研究结果，认为它们的营养含量类似于豌豆。但是，粗蛋白含量可能会略高于豌豆。与其它豆科植物的籽实一样，扁豆含硫氨基酸含量较低。因此，扁豆需要与其它蛋白源在日粮中配合使用，才能提供满意的氨基酸组成。扁豆油脂含量低，约为2%，其中亚油酸(C18:2)和亚麻酸(C18:3)分别占总脂肪酸的44%和12%(Castell,1990)。籽实中存在一定水平的脂肪氧化酶，表明在扁豆籽实研磨后，存在着快速酸败的可能(Castell,1990)。

2. 抗营养因子

和许多其它豆科植物籽实一样，生扁豆也含有一些不受欢迎的成分，但是这些成分的含量在饲喂家禽时不太可能得到关注。Weder(1981)报道了扁豆含有几种蛋白酶抑制剂。Marquardt 和 Bell(1988)也证实，凝集素(血凝素)、植酸、皂苷和单宁可能存在潜在问题，但没有任何证据表明，饲喂扁豆后，这些成分对猪的生产性能产生不良影响。据了解，蒸煮提高了人类食用扁豆的营养价值，但饲用未加工扁豆对非反刍动物的影响还没有得到很好的证实(Castell,1990)。

3. 家禽日粮

关于扁豆在家禽饲料中使用的公开发表的数据比较缺乏，尽管一些国家将扁豆用于猪的日粮中。在伊朗，Parviz(2006)做了一个试验，在肉鸡日粮中分别添加浓度为10%、20%和30%未处理或处理过(煮沸后加热)的扁豆。扁豆添加水平为10%时肉鸡生长最好，扁豆添加水平为30%时肉鸡生长水平最低。而加工处理并没有获得任何好处。作者建议，扁豆籽实在肉鸡日粮中可用到20%，但不能作为蛋白的唯一来源。那些适用于家禽日粮中的豌豆推荐使用量对扁豆可能一样适用。

4.3.4 羽扇豆

作为替代豆饼的蛋白饲料原料，羽扇豆越来越重要，尤其在澳大利亚(也出口羽扇豆)。该作物对有机生产者的好处是，像豌豆一样，它是一种固氮豆科植物，可以在农场种植并利用，只需很少的加工过程。另一个优点是，羽扇豆籽实很好贮存。欧洲有机蛋白饲料的短缺，已经激发了人们将羽扇豆作为替代蛋白源的兴趣。

德国 20 世纪 20 年代低生物碱(甜)羽扇豆品种的发展使得其籽实可以作为动物饲料。在此之前，因为羽扇豆籽实有毒生物碱含量很高，不适合喂食动物。在澳大利亚，开展了将羽扇豆用作饲料的很多研究，家禽日粮中使用的主要羽扇豆品种有窄叶羽扇豆和黄羽扇豆。在澳大利亚，黄羽扇豆(黄色羽扇豆)被认为最有潜力成为饲料原料。这种羽扇豆原产于葡萄牙、西班牙西部以及摩洛哥和阿尔及利亚的多雨地区。

1. 营养特性

羽扇豆籽实比豆饼的蛋白和能量含量低。与能量水平相对较低有关的一个因素是纤维含量高，黄羽扇豆和窄叶羽扇豆纤维素含量为13%～15%，白羽扇豆纤维素含量略有下降(Gdala 等,1996)。另一个因素是羽扇豆中的碳水化合物类型，与其它的豆科植物不同，它的淀粉含量可以忽略，但富含可溶性和不溶性 NSPs 以及低聚糖(高达籽实的 50%；van Barnveld,1999)。这些化合物影响饲料在肠道的通过、养分的利用以及微生物区系和胃肠道形态。它们还影响饮水量，降低粪便质量。解决 NSPs 不利影响和提高羽扇豆籽实利用的一个主要途径是在日粮中添加外源酶。给羽扇豆籽实去皮生产出的饲料原料，更可以与豆饼相媲美。

据报道，窄叶羽扇豆籽实粗蛋白含量为 27.2%～37.2%不等，白羽扇豆籽实粗蛋白含量为 29.1%～40.3%(风干基础)(van Barnveld,1999)。最近选育的黄羽扇豆籽实粗蛋白含量(38%，风干基础)高于窄叶羽扇豆籽实(32%，风干基础)或白羽扇豆籽实(36%，风干基础；Petterson 等,1997)的粗蛋白含量，在不太肥沃的酸性土壤上的产量也比窄叶羽扇豆的高(Mullan 等, 1997)。Roth-Maier(1999)报道了来自德国不同地区的白色和黄色羽扇豆品种的营养成分。白羽扇豆籽实粗蛋白含量为 34.0%～38.0%，禽氮校正代谢能为 7.7 MJ/kg(干物质基础)。

Zduńczyk 等(1996)研究了低生物碱白羽扇豆品种的营养价值,发现其赖氨酸含量相对较低(4.70～5.25 g/16 g N),蛋氨酸为限制性氨基酸。Roth-Maier 和 Paulicks(2004)研究了蓝色甜羽扇豆籽实(窄叶羽扇豆)的消化率和能量含量,发现消化率系数为有机物质 0.43～0.5,蛋白质 0.36～0.43,脂肪 0.69～0.83,无氮浸出物 0.46～0.58,代谢能浓度为 7.54～8.222 MJ/kg。

羽扇豆粗脂肪含量品种内、品种间都有变化。据报道,澳大利亚种植的常见羽扇豆品种粗脂肪变化范围为 4.94%～13.0%(van Barnveld,1999),其中主要脂肪酸亚油酸占 48.3%,油酸占 31.2%,棕榈酸占 7.6%,亚麻酸占 5.4%。Petterson(1998)报道,窄叶羽扇豆油脂提取物在 51℃条件下可稳定存放 3 个月,提示该提取物具有高抗氧化活性,有助于解释羽扇豆良好的存储特性。Gdala 等(1996)报道,白羽扇豆含油量(10.4%)差不多是窄叶羽扇豆的 2 倍,比黄羽扇豆的 2 倍还多。

羽扇豆的大多数矿物质含量较低,但是锰例外。白羽扇豆被称为是锰的富集库,经推测,当给一些农场动物饲喂含有这种羽扇豆的日粮时,它的高含量锰可能是动物随意采食量减少的原因。然而,羽扇豆中过量的锰含量似乎并不是采食量减少的原因。

2. 抗营养因子

众所周知,非反刍动物对羽扇豆中的生物碱很敏感,但现在用的窄叶羽扇豆和白羽扇豆品种生物碱平均含量普遍较低(<0.04 g/kg;van Barnveld,1999)。Cuadrado 等(1995)报道,白羽扇豆皂苷含量低于 12 mg/kg,黄羽扇豆总皂苷含量为 55 mg/kg,根据这些数据作者认为,白羽扇豆中的皂苷不可能引起动物采食量的减少。窄叶羽扇豆单宁含量很低,不会对家禽日粮产生问题。白羽扇豆和黄羽扇豆中的单宁含量更为有限。低生物碱羽扇豆似乎不含有或只含非常低的胰蛋白酶抑制剂和血凝素(van Barnveld,1999)。

3. 家禽日粮

Farrell 等(1999)在澳大利亚进行了一项研究,以确定肉鸡开食料和育肥料中各种蛋白补充料的最佳添加比例,添加上限为 36%。喂养肉鸡到 21 日龄,发现饲喂含蚕豆、豌豆或甜羽扇豆的日粮比饲喂含鹰嘴豆的日粮可以获得更好的生长速度和饲料利用效率。在另一个试验中,所有蛋白补充料各浓度下饲喂肉鸡获得类似的生长性能。蒸汽制粒的日粮可以提高禽类生长速度和饲料转化效率。饲喂含有甜羽扇豆的日粮,禽类消化道黏度和排泄物黏性明显提高。

基于这些结果,作者建议日粮中甜羽扇豆籽实最佳添加比例不高于 10%。Rubio 等(2003)研究了整粒或去皮的羽扇豆(窄叶羽扇豆)饼添加到肉鸡日粮中的影响。在日粮中添加带壳羽扇豆饼(不经热处理)或去皮甜(低生物碱)羽扇豆饼(添加量分别为 40%和 32%)。最后,含带壳羽扇豆饼(40%)日粮饲喂的肉鸡体重和采食量比对照组低,但料肉比没有差异。用去皮羽扇豆饼(32%),代替日粮中的带壳羽扇豆饼,肉鸡体重、采食量和料肉比与对照组相似。添加 0.1%商业蛋白酶有提高禽类采食量和最后体重的趋势。含有各种羽扇豆饼的日粮氨基酸回肠表观消化率与对照组比没有差异,用羽扇豆饼日粮饲养的肉鸡肝脏相对重量比对照组高,但添加酶制剂、以羽扇豆为主的日粮除外。

Roth-Maier 和 Paulicks(2004)研究了不同日粮饲养的肉鸡生长速度,在等能(12.5 MJ AME/kg)和等氮(22%粗蛋白质、1.2%赖氨酸和 0.9%蛋氨酸)的情况下,在日粮中分别添加 20%、30%黄色甜羽扇豆和和蓝色甜羽扇豆。结果发现,采食含羽扇豆籽实日粮的肉鸡采食量

(64.5 g/d,无羽扇豆籽实的日粮)增加到 70 g/d,但各组的增长表现相似。根据研究结果,这些研究人员建议,在肉鸡日粮中可以用高达 30%的黄色羽扇豆籽实替代豆饼,而不损害肉鸡的生产性能,但前提是日粮中要添加氨基酸。然而,饲用含 30%蓝色羽扇豆籽实的日粮,肉鸡生长性能下降可能达到 4%。

Moschini 等(2005)进行了一项试验,在日粮中添加 5%和 10%甜白羽扇豆籽实代替部分豆饼。结果添加较低浓度的羽扇豆籽实提高了肉鸡的增长速度,但添加较高浓度的羽扇豆籽实降低了肉鸡的增长速度。

Perez-Maldonado 等(1999)研究了甜羽扇豆籽实对蛋鸡产蛋性能的影响。在日粮中加入 25%未经处理或蒸汽制粒再磨碎的羽扇豆籽实。结果表明,饲用羽扇豆籽实日粮与饲用鹰嘴豆和豌豆的日粮相比,蛋鸡产蛋量相当,但前者的采食量高。与未经处理的羽扇豆日粮相比,蒸汽制粒的羽扇豆日粮降低了肉鸡采食量,但提高了产蛋量。这些研究人员得出,甜羽扇豆籽实在家禽日粮中可成功地添加到 25%,虽然结果会导致肉鸡肠道黏度上升而受到关注。在德国进行的研究的基础上,Roth-Maier(1999)建议,在日粮中添加浓度高达 30%贮存的羽扇豆籽实对蛋鸡产生有利的影响,但对刚收获的羽扇豆籽实应该只添加到 20%。对血清、鸡蛋和肉中胆固醇、甘油三酯和磷脂浓度进行了检测,日粮中添加 30%白羽扇豆籽实对这些指标只产生很小的影响,因此家禽日粮中不需要对羽扇豆籽实添加量进行限制。

上文提及的结果表明,羽扇豆可以作为家禽日粮中豆饼的有效替代物。但是,和其它的替代蛋白源一样,羽扇豆的添加量也受到了补充料中氨基酸利用率的限制。

4.4 块根及其产品、副产品

主要有甜菜浆、干甜菜、马铃薯、甘薯块根、木薯块根、马铃薯浆(马铃薯淀粉提取的副产品)、马铃薯淀粉、马铃薯蛋白粉和木薯。

4.4.1 木薯

木薯(也叫作 tapioca,manioc;*Manihot esculentis crantz*)是一种多年生木本灌木,几乎完全种植在热带地区。它是世界上产量最高的作物之一,淀粉块茎的产量可能达到 20～30 t/hm^2(Oke, 1990)。木薯是一种有机禽日粮中已获批的成分,虽然在许多国家木薯为非本地生产的进口产品。

1. 营养特性

Oke(1990)评价了木薯的营养特性。新鲜木薯约含 65%的水分。干物质部分淀粉含量高,蛋白含量低(2%～3%,其中只有约 50%以真蛋白的形式存在)。木薯可以新鲜、煮熟、青贮或干片、(通常)干粉的形式用作饲料。木薯粉相当细,因此高含量添加容易产生粉尘多的日粮。木薯的其它特点是,钾含量高,通常含沙。木薯粉是良好的能量来源,因为含有高度易消化的碳水化合物(70%～80%),主要以淀粉的形式存在。但是,它的主要缺点是,蛋白和微量营养素包括类胡萝卜素含量很低,可以忽略不计。

2. 抗营养因子

鲜木薯含有氰苷(主要为亚麻苦苷),在采食吞咽过程中会水解为氢氰酸(一种有毒的化合物)。煮沸、焙烧、浸泡、青贮或晾晒可以用来减少这些化合物的含量(Oke,1990)。硫是机体所必需的氰化物解毒剂，因此，日粮中需要有足够的含硫化合物如蛋氨酸和胱氨酸。鲜木薯氰化物正常范围约为 15～500 mg/kg 鲜重。日粮氰化物含量在 100 mg/kg 以上时对肉鸡生产性能才表现出不良影响，但蛋鸡受到影响的氰化物浓度可能低至 25 mg 总氰化物/kg 日粮(Panigrahi，1996)。

3. 家禽日粮

根据最近的综述，低氰化物含量的木薯块根饼添加到家禽平衡日粮的水平可高达 25%(Garcia 和 Dale，1999)或 60%(Hamid 和 Jalaludin，1972)，而不降低增重或产蛋量。有机日粮中不可能配制到这样的高浓度，因为这样难以使日粮蛋白和氨基酸维持到适当的水平。此外，饲喂含高水平木薯的日粮，母鸡产出的蛋蛋黄颜色很白(Udo 等，1980)，许多市场都不能接受。在这种情况下，日粮需要补充类胡萝卜素源(如玉米)，或者母鸡需要采食到为蛋黄着色提供化合物的绿色作物。加入糖蜜或适当的油脂和制粒，可以减少以木薯为基础的日粮产生的粉尘。

4.4.2　马铃薯

马铃薯(*Solanum tuberosum*)有潜力用作家禽饲料，但它更广泛地用于猪和反刍动物的饲料，因为与其它饲料原料相比，马铃薯更难以加到禽类混合料中。在全球范围内以每公顷干物质和蛋白质产量计算，马铃薯优于其它任何的主要谷类作物。马铃薯特别容易出现病虫害，可能已经经过化学处理。因此，所有马铃薯应满足有机准则，包括非转基因品种的马铃薯。

这种块茎作物起源于安第斯山脉，但现在除了潮湿的热带地区，在世界各地都有种植。在一些国家马铃薯作为饲料作物种植。在其它一些国家，用来喂养动物的是挑剩下的马铃薯或人类消费市场过剩的马铃薯。除了生马铃薯，作为人类食物马铃薯的加工已越来越普遍。马铃薯还用于淀粉和酒精的工业生产。这些工业产品的副产品有可能成为有用的饲料原料。这些副产品的营养价值取决于来自的行业。马铃薯浓缩蛋白(potato protein concentrate，PPC)是高品质的蛋白源，而马铃薯渣，淀粉提取工业的总残留物，或从人类食品加工行业产生的蒸煮外皮，只能作为低品质家禽饲料，这是由于它们较高的粗纤维含量和较低的淀粉含量。

1. 营养特性

与大多数块根作物一样，马铃薯的主要缺点是干物质含量低，从而导致营养浓度相对较低。马铃薯组成成分各异，随品种、土壤类型、种植及贮存条件及加工处理方法而变。约 70%的干物质是淀粉，其粗蛋白含量和玉米相似，纤维和矿物质含量低(钾除外)。马铃薯镁含量非常低。未加工的马铃薯干物质浓度从 18%～25%不等。因此，当饲喂未加工的马铃薯时，低干物质含量使得单位重量饲料的营养素浓度非常低。在干物质基础上，全马铃薯约含 6%～12%的粗蛋白、0.2%～0.6%的脂肪、2%～5%的粗纤维和 4%～7%的灰分。在植物蛋白中，马铃薯植物蛋白含量最高，具有较高的生物价值，类似于大豆。每 100 g 粗蛋白中通常含 5.3 g 赖氨酸、2.7 g 蛋氨酸＋胱氨酸、3.2 g 苏氨酸和 1.1 g 色氨酸。在马铃薯浓缩蛋白中，这些值更高(分别为 6.8、3.6、5.5 和 1.2 g)。

家禽对生马铃薯的消化率低，有机质和氮元素的消化系数分别低至 0.22 和 0.36(Whittemore，1977)。Halnan(1944)报道，生马铃薯代谢能为 2.9 MJ/kg(干物质基础)，煮熟马铃薯代谢能为 13.6 MJ/kg。因此，马铃薯应煮熟后再喂给家禽，否则家禽对它的利用率较低，而且粪便变得非常潮湿。

2. 抗营养因子

由于生马铃薯含有很强的蛋白酶抑制剂，其蛋白消化性很差(Whittemore，1977)。蒸煮可破坏这种抑制剂。研究显示，这种蛋白酶抑制剂不仅可以引起马铃薯本身氮的消化率下降，而且还引起日粮中其它饲料原料氮消化率降低(Edwards 和 Livingstone，1990)。马铃薯可能含糖苷茄碱(glycoside solanin)，特别是绿色和发芽的马铃薯，可能导致中毒，尽管家禽比其它畜禽似乎对此不太敏感。因此，这样的马铃薯应避免饲喂。煮马铃薯的水应丢弃，因为可能含有茄碱。

3. 家禽日粮

关于马铃薯饲养家禽的近期资料很少，最近发表的综述就是 Whittemore(1977)的文章。但没有进一步已发表的涉及马铃薯饲养家禽的调查报告可以利用。一些研究在生长家禽日粮中添加高达 20%的煮熟马铃薯或马铃薯片，获得良好的效果，但在较高添加浓度时抑制家禽的生长(Whittemore，1977)。这些调查还显示，含有马铃薯的颗粒日粮，当马铃薯含量增加时，颗粒变硬，禽类采食量减少，垫料逐渐变湿。潮湿的垫料可能是日粮钾含量增加的结果，马铃薯从 0 增加至 40%，钾含量几乎增加 1 倍(Whittemore，1977)。蛋鸡也有着类似的调查结果(Vogt，1969；Whittemore，1977)。当日粮含 20%马铃薯粉时，蛋鸡产蛋量显著降低，粪便趋于变湿，即使日粮代谢能含量随着日粮中马铃薯含量的提高而上升，结果也是如此。日粮中添加 15%马铃薯可以获得令人满意的产蛋量。

4.4.3 马铃薯副产品

几种脱水加工的马铃薯产品可用来饲养家禽。这些产品包括马铃薯粉、马铃薯片和马铃薯浆。这些产品的营养价值随加工方法变化很大。特别是马铃薯浆，其蛋白质和纤维含量取决于向物料中回加马铃薯可溶物的比例。因此，在用来喂家禽或购买前，在认证分析的基础上，必须对这些产品进行化学分析。

脱水煮熟的马铃薯片或马铃薯粉都非常可口，可以用来替代谷物(Whittemore，1977)。但是，因为生产这些产品时会消耗很多的能量，马铃薯一般只限于在幼年哺乳动物日粮中使用。

1. 脱水马铃薯残渣

这个产品[正如美国饲料管理协会(Association of American Feed Control Officials，AAFCO)定义的脱水马铃薯渣粉]由整个马铃薯(淘汰)经脱水研磨后的副产品、马铃薯皮、马铃薯浆、马铃薯片以及颜色不好的炸薯条组成，这些都是从加工人类消费的马铃薯产品的生产中获得的。它可能含有高达 3%的碳酸钙，碳酸钙是作为一种加工助剂加入的。市场上一般销售的脱水马铃薯残渣需要确保达到最低的粗蛋白和粗脂肪含量以及最大的粗纤维、灰分和水分含量。如果在加工过程中加热充分，该产品可以成功地用于家禽日粮。

2. 马铃薯浆

这个副产品是去除淀粉后的残留物。其脱水产品的成分变化相当大(Edwards 和 Livingstone，1990)，这取决于马铃薯可溶物的含量。该产品具有生马铃薯的类似特点，不适合饲喂家禽。

3. 薯片碎屑

薯片和薯条碎屑或剩下的薯片和薯条都是为了供人消费用油炸过的，非常可口，由于在油炸时吸入了脂肪，故富含能量。它们约含50%的淀粉、35%的脂肪、5%的粗蛋白和3%的矿物质，矿物质以钾和钠盐为主。一般来说，它们具有较高的盐含量，如果在家禽日粮中使用，应供应充足的新鲜饮水。它们可以少量地加入家禽日粮。

4. 马铃薯浓缩蛋白

马铃薯浓缩蛋白是一种高品质的产品，因为它的高消化率和高生物学价值，广泛应用于人类的食品工业。它是一种高品质的蛋白源，适合用于所有家禽日粮。然而，它的成本高，用于家禽日粮不合算。

它的基础营养素含量为粗蛋白76%、体外可消化蛋白70.3%、粗灰分4.4%、乙醚提取物(ethyl extract，EE)3.3%、粗纤维2%和无氮浸出物6.8%。马铃薯浓缩蛋白必需氨基酸含量很高，特别是赖氨酸占5.89%，可利用赖氨酸占5.72%，苏氨酸占4.65%，亮氨酸占7.7%，苯丙氨酸占4.67%，酪氨酸占3.79%，组氨酸占1.72%。马铃薯浓缩蛋白的必需氨基酸指数范围为86～93(Gelder和van Vonk，1980)。以化学分析为基础估测马铃薯浓缩蛋白能值，并表示成氮校正表观代谢能为14.58 MJ/kg(Korol等，2001)。

以马铃薯浓缩蛋白代替牛奶和鱼蛋白，添加到牛犊和仔猪日粮中，添加浓度达到15%，对生长或饲料转化率没有负面影响(Seve，1977)。马铃薯蛋白替代0～100%大豆蛋白，可以产生良好的效果。以7%马铃薯浓缩蛋白加入混合饲料，替代67%大豆蛋白，可以产生最好的结果。在这种情况下，与不使用马铃薯浓缩蛋白的日粮相比，体重增加了5.4%，饲料转化效率提高了10.3%。没有观察到抗营养因子对动物生长和饲料转化率产生不良影响。

4.5　青粗饲料

4.5.1　卷心菜

卷心菜(结球甘蓝，*Brassica oleracea*，Capitata group)每公顷的营养素产量很高，作为一个青粗饲料源，它有潜力成为有机饲料。然而，关于它作为家禽饲料原料却鲜有研究报道。Livingstone等(1980)用粉碎卷心菜(圆头品种)作为大麦和豆饼部分替代物加入生长育肥猪的日粮中。卷心菜含干物质10%，每千克(干物质基础)含18 MJ总能、230 g粗蛋白、79 g真蛋白、7.6 g总赖氨酸、4.7 g蛋氨酸＋胱氨酸、142 g酸性洗涤纤维和132 g灰分。用150或300 g卷心菜(干物质基础)替代805 g大麦和180 g豆饼的混合物，发现禽类胴体增重分别减少12.2%和18.5%。这些结果表明，卷心菜对家禽的饲用价值低。

4.5.2　草粉

与户外接触的家禽可能会接触到牧草。一些有机生产商也希望在生长家禽和产蛋家禽的日粮中加入草粉，一方面作为粗饲料来源，另一方面作为类胡萝卜素和营养物质的天然来源。此外，某些家禽，特别是鹅，是放养禽类，采食的牧草是它们日粮中传统的成分。因此，目前对禽类利用牧草和草粉产生了兴趣。

1. 营养特性

有机草粉很可能是一个混合物种，包括三叶草、红豆草等以及真正的牧草，因此不太可能是一种稳定的产品。这一因素在评估草粉是否适合饲喂家禽时必须考虑到。另一个影响草粉营养品质的主要因素是收获时的成熟阶段。随着牧草的成熟，从黑麦草-红三叶牧场第一、第二和第三次刈割得来的草粉糖含量逐渐降低，纤维含量逐渐增加（Vestergaard 等，1995）。不过，基于 50 多年以前的研究，该产品在欧洲已成为一种饲料原料。Bolton 和 Blair（1974）建议，家禽日粮中使用的优质干草应该至少含 17%的粗蛋白。割自生长阶段的草粉是粗蛋白、胡萝卜素和叶黄素、核黄素和矿物质的良好来源。

2. 家禽日粮

Bolton 和 Blair（1974）建议，草粉在家禽日粮中可加到 10%。Metwally（2003）对 4～7 周龄肉鸡进行饲喂实验，一组喂对照日粮，一组喂试验日粮，用 10%家禽副产品粉、5%干苜蓿粉、5%干草粉和 5%高粱的混合物替代 25%黄玉米。草粉含 15.9%的粗蛋白。肉鸡的生长性能和胴体性状无显著差异。Rybina 和 Reshetova（1981）在含 17%粗蛋白的蛋鸡日粮中，分别加入 5.0%、7.5%、10%或 15%紫花苜蓿粉和草粉进行了试验研究。产蛋量没有受到日粮中草粉水平的影响，整个产蛋期产蛋率平均为 60%。蛋胆固醇含量随着苜蓿粉和草粉在日粮含量的增加而下降。随着日龄的增加，蛋白的利用率和消化率都在下降，尤其是粗纤维。Zhavoronkova 和 D′yakonova（1983）评估了蛋鸡日粮中草粉的添加水平。这项研究中的日粮分别含 3%、10%或 15%的草粉。三个日粮粗蛋白含量分别为 13.7%、13.4%和 13.3%。母鸡开始产蛋时的体重分别为 1 633、1 494 和 1 374 g；在 226 日龄，母鸡体重分别为 1 900、1 900 和 1 833 g。三个日粮喂养的蛋鸡产蛋量相似，平均蛋重分别为 51.5、53.0 和 52.5 g。10%和 15%草粉添加组鸡血红蛋白、红细胞数、碱储、血细胞比容和溶菌酶较高。研究发现，日粮中添加草粉对蛋鸡繁殖力（Davtyan 和 Manukyan，1987）产生有利的影响。用含 5.0%、8.0%、11%或 14%草粉的日粮饲喂 21～67 周龄的蛋鸡，受精后 1～7 d 产的蛋受精率分别为 94.3%、95.7%、97.7%和 96.0%，孵化率分别为 81.8%、86.7%、87.1%和 88.8%。当母鸡每隔 10 d 人工授精一次，其产的蛋孵化率分别 77.0%、82.6%、84.4%和 86.0%。随着日粮草粉含量的增加，鸡蛋蛋黄维生素 A 和胡萝卜素含量也直线上升。在日粮中添加纯胡萝卜素对蛋受精率没有影响。

预计牧草在鹅日粮中可使用得更多，因为鹅是一种放养家禽。Nagy 等（2002）发现喂含 25%切碎牧草的日粮与喂谷物颗粒料，青年鹅生长得一样好，证实了这一点。在一个类似的研究中，Arslan（2004）用含 10%（开食料）和 20%（生长料）草粉或干甜菜浆的日粮喂养土耳其本地雏鹅（0～6 周龄）和幼鹅（7～12 周龄），发现日粮种类不影响体重、体增重以及 0～6 周龄或 12 周龄饲料消耗量，但饲料转化效率不如对照日粮高。在鹅各生长阶段，测得的胃肠道各段长度和重量没有受到饲料种类的影响。

4.5.3 苜蓿

苜蓿（*Medicago sativa* L.）（*Medicago* sp.）是全球种植最广泛的草料作物之一，并且普遍用于畜禽饲料。它是许多营养物质的良好来源，在过去苜蓿粉作为“未知因子”的来源被认为在多种动物日粮中是必不可少的。目前，苜蓿粉用于家禽饲料，作为蛋黄、小腿和皮肤黄颜色的着色源（例如，Karadas 等，2006）。

人们认为苜蓿粉与草粉一样在家禽日粮中具有类似的使用潜力。苜蓿粉相比草粉的一个优点是，它由单一的物种组成，因此成分上变化很小。然而它的营养价值极大地受到苜蓿成熟度的影响，在开花前或萌芽初期刈割的苜蓿营养品质最高。由于阳光和雨水造成的田间损坏会使养分流失，因此，喂养动物的苜蓿大多数在收割后要进行脱水。建议晒干（风干）苜蓿存储的最大湿度为9%。

1. 营养特性

晒干苜蓿是指该植物的地上部分。据北美饲料法规，其交易产品必须适当地与其它作物、杂草和霉菌分离开来、晒干并经过细磨。大部分数据涉及的是苜蓿脱水产品，它的质量一般比晒干产品高。苜蓿粗蛋白含量从12%到22%，粗纤维含量从25%至30%。高纤维含量降低消化酶与苜蓿可溶性细胞蛋白质的亲和力。苜蓿赖氨酸含量比较高，并具有良好的氨基酸平衡性。风干苜蓿钙含量高，其生物利用率与碳酸钙相似。苜蓿的磷含量低，但却是其它矿物质和大多数维生素的良好来源。

2. 抗营养因子

苜蓿含有皂苷和单宁（Cheeke 和 Shull，1985）。皂苷是苦味化合物，会影响采食量。基本上去除了溶血皂苷的土耳其苜蓿品种的发现可能引起苜蓿在家禽日粮中的大量使用。苜蓿还含有单宁，抑制蛋白质消化率，减少采食量。此外，苜蓿可能含有胰蛋白酶抑制剂和光敏化剂。

3. 家禽日粮

关于晒干苜蓿粉在家禽日粮的利用，已发表的数据很缺乏。因此不得不参考脱水苜蓿粉产品的信息。Kuchta 等（1992 年）用含5%、8%、11%或14%高蛋白和低纤维的干苜蓿粉的日粮饲养蛋鸡，发现母鸡蛋白消化率、采食量和饲料转化率较高。含有11%或14%苜蓿粉的日粮喂养的蛋鸡蛋黄颜色更深。这些研究人员认为，因为苜蓿粉会降低日粮能值和饲料转化效率，因此蛋鸡日粮中加入的苜蓿粉不应超过11%。在一个类似的研究中，Halaj 等（1998）用含0、3.5%或7%苜蓿粉的日粮饲养母鸡。结果表明，苜蓿粉对蛋重（分别为61.71、62.2和64.82 g）和日产蛋量（分别为51.91、55.65和59.05 g）产生了积极影响。饲喂苜蓿粉的母鸡采食量高。日粮中加入3.5%和7%苜蓿粉，对鸡蛋蛋黄着色（分别为6.59、7.60和7.92）有显著的影响，这在饲喂7～10 d后明显增加。在调查结果的基础上，研究者建议在蛋鸡日粮中添加3.5%的苜蓿粉。

4.6　其它植物及其副产品

4.6.1　糖蜜

糖蜜在有机日粮中用作颗粒黏合剂。糖蜜是糖类生产的副产品，主要产自甘蔗（*Saccharum officinarum*）和甜菜。

1. 营养特性

糖蜜一般含67%～78%干物质，其成分随着土壤、种植及加工条件的不同有很大的变化。它的碳水化合物含量高，主要是由高可消化糖（主要是蔗糖、果糖和葡萄糖）组成。其粗蛋白含量低（3%～6%）。因此糖蜜被视为低能产品。它通常富含矿物质，甘蔗糖蜜的钙含量高（高达1%），这是因为在加工过程中加入了氢氧化钙，但它的磷含量低。甘蔗糖蜜钠、钾和镁含量也较高。甜菜糖蜜往往富含钾和钠，但钙含量较低。糖蜜也含有大量的铜、锌、铁和锰，还是一些B族维生素如泛酸、胆碱和烟酸的良好来源。

2. 家禽日粮

在有机禽日粮中，糖蜜作为颗粒黏合剂约可用到 2.5%～5.0%。这要归功于它能使饲料颗粒在制粒过程中粘在一起，使产出的颗粒在运输和通过饲养设备时不易变碎。添加糖蜜的其它好处是，可能会增加日粮的适口性，减少日粮混合的粉尘。众所周知的是，高糖蜜含量的日粮有通便的作用。

在甘蔗过剩的热带国家，甘蔗汁可以作为一种饲料原料。甘蔗汁喂养的鸭生长速度和饲料转化效率仅略逊于以谷类为主的日粮喂养的鸭(Bui 和 Vuong，1992)。

4.6.2　海藻

海藻(海带)含有大量的矿物质，但其它营养成分往往较低。在一些沿海地区，收获海藻是为了制成家畜的烘干饲料。中国是一个重要的海藻生产国，褐藻(海带，*Laminaria japonica*)种植量超过 250 万 t。海藻产量增加的潜力巨大，特别是在诸如北美太平洋沿岸地区。加拿大的海岸线比其它任何一个国家都长，这意味着应该更多地利用这种植物。此外，加拿大的海洋环境可能比其它任何地方受到的污染都少。最近在北美发展用海藻作为底物来生产沼气(甲烷)。

海藻成分因种类及其自然成分的变化而不同。Ventura 等(1994)发现，石莼藻(*Ulva rigida*)是一种不合适用于家禽日粮的成分，至少在添加到 10%或更高浓度时不适合。然而，与其它物种不同的是，这种海藻不含抗营养物质，它不会改变日粮中其它成分的氮校正真代谢能。这种海藻一般含(每千克干物质)206 g 粗蛋白、17 g 乙醚提取物、47 g 粗纤维、312 g 中性洗涤纤维、153 g 酸性洗涤纤维、13 g 戊聚糖和 228 g 灰分。小鸡和公鸡氮校正真代谢能值分别为(每千克干物质)5.7 MJ/kg 和 4.3 MJ/kg，小鸡氮校正表观代谢能值为 2.9 MJ/kg DM。当海藻在日粮中的含量从 0 提高到 30%时，鸡采食量和生长速率均下降。Vogt(1967)发现，在肉鸡日粮中加入 1%褐色海藻粉(*Macrocystis pyrifera*)有些许好处。在日粮中加入海藻不会影响雏鸡的生长性能，但日粮不含动物蛋白源时，它降低了雏鸡死亡率。

4.7　牛奶及奶制品

通常，用于家禽饲养的是牛奶副产品，无论是液体或干燥(脱水)的形式。在过去，奶粉作为核黄素来源用于家禽日粮，不过由于其成本高和合成核黄素的出现，这种用途很快就没有了。然而，在某些国家政府机构抛售过剩的奶粉时可能用于动物饲养。在这种情况下，作为家禽饲料，奶粉可能具有潜在的价值。此外，从当地牛奶加工厂可能获得液态奶副产品。

充分的热处理(杀菌)，应该用于所有奶制品，以确保杀灭所有病原微生物。一般认为，奶制品氨基酸利用率很高，但过热处理会使其质量受损。

4.7.1　液态奶副产品

1. 脱脂(分离)奶

该产品将牛奶中大部分脂肪脱掉，但含有牛奶中所有的蛋白质。该蛋白生物学价值高，非常易消化。脱脂牛奶是 B 族维生素的良好来源，但脂溶性维生素(维生素 A 和维生素 D)随脂肪一起脱掉了。脱脂牛奶要么是新鲜的，要么总是呈现相同程度的酸味。应注意饲喂设备的清洁程度。正常细菌酸化可作为稳定脱脂奶的一种有效和方便的方法。

2. 酪乳

酪乳是搅拌全脂牛奶并去除黄油后得到的液体产品。它通常比脱脂牛奶含有较多的脂肪。酪乳比脱脂牛奶更酸,通便作用更强。它也是补充蛋白质的极好来源。

3. 乳清

乳清是生产奶酪后剩余的液体副产品。乳清约含原奶中90%的乳糖、20%的蛋白、40%的钙和43%的磷。但是,它的干物质含量低,约为7%。大部分脂肪和蛋白在加工过程中去除了,使得乳清乳糖和矿物质含量较高。用于家禽,高乳糖会出现问题——产生潮湿的粪便。通常市售乳清有新鲜(甜)的和酸化的两种类型。但是,新鲜乳清变质很快,必须在生产后的很短时间内使用。酸乳清可以自然发酵变酸,这样由于酸化使它比新鲜乳清更稳定。有时会使用一些酸,如甲酸和盐酸,来稳定乳清。如果使用这些酸,应符合有机禽生产的要求。

乳清是一种非常稀的饲料,由93%的水和7%的干物质组成,在湿样基础上含有的粗蛋白低于1%(干物质基础上含13%的粗蛋白)。由于其氨基酸平衡,这种蛋白质品质特别好。

如果使用合适的喂料器,可以喂家禽液体饲料。尽量避免给幼禽使用乳清,但是对日龄大的禽类饲喂效果更好。Shariatmadari 和 Forbes(2005)发现,一开始饲养肉鸡要使用水和液体乳清,而要避免完全使用乳清。当从4周龄或6周龄给肉鸡提供乳清时,肉鸡能更好地接受。这些研究人员得出结论,如果提供自由饮水,能将乳清加到肉鸡饲料中使用。如果乳清和其自身重量1.8倍的水相混合,那么它可以作为液体饲料使用。无论将乳清添加到饲料还是作为液体饲养家禽,最好用同等体积的水进行稀释。在半天或全天时段内,用未稀释的乳清和水交替饲养家禽,也可以取得好的效果。

幼禽对乳清接受程度低的一个相关因素是,乳清的乳糖含量高,而家禽难以消化乳糖。但是,此特性正在作为一种减少有机禽沙门氏菌群定殖的一种可能方法进行研究。自由出入户外的禽类比普通的家禽更易受到沙门氏菌感染。在一项研究中(Corrier 等,1990),雏鸡被分为4组,有的单独提供乳糖,有的提供乳糖与产挥发性脂肪酸的厌氧培养物。然后让雏鸡感染沙门氏菌。从1～10日龄饲喂乳糖的雏鸡,在10日龄时其盲肠内容物沙门氏菌生长显著减少,然后从日粮中去除乳糖,雏鸡易受到沙门氏菌感染。给为期40 d的整个生长期饲喂乳糖的鸡盲肠沙门氏菌数量显著减少。日粮乳糖降低了盲肠内容物的pH,同时未解离的抑菌挥发性脂肪酸浓度显著增加。在另一项研究中,DeLoach 等(1990)发现,在0～10日龄雏鸡日粮中添加0.5%乳清,鸡体内沙门氏菌平均$\log_{10}$数量从对照组的5.68减少至3.38。饮水中的乳糖或还原奶(5%重量/体积)将沙门氏菌平均$\log_{10}$数量分别减少至2.60和2.11。日粮中的牛奶(5%添加量)对减少沙门氏菌定殖没有效果。在日粮中添加牛奶缺乏效果被认为是,5%添加量不能提供足够的乳糖。Kassaify 和 Mine(2004)测试了蛋鸡饲料中添加物的效果,这些添加物包括非免疫鸡蛋黄粉(不含有抗肠炎沙门氏菌抗体)、免疫蛋黄粉(含抗肠炎沙门氏菌抗体)、蛋黄蛋白、蛋清和脱脂奶粉。母鸡口服感染肠炎沙门氏菌后,分别饲喂含各种添加物5%、10%或15%(重量/重量)的日粮。每周粪便样本测试结果显示,饲喂非免疫蛋黄粉第一周后微生物就没有检出,其它样本微生物也逐渐减少。

一个在猪上的有趣发现是,饲喂乳清减少了猪粪便中的蛔虫数量(Alfredsen,1980),表明乳清可作为一种天然驱虫药使用。

4.7.2 干奶制品

干奶制品包括全脂奶粉、脱脂奶粉和乳清粉。从全脂牛奶和脱脂牛奶所生产的奶制品是非常可口的,氨基酸平衡性很好,是蛋白质高度可消化的补充料。它们是维生素和矿物质的良好来源,但脂溶性维生素、铁和铜除外。然而,用作家禽饲料原料,奶粉产品价格通常太昂贵。

4.8 鱼类、其它海洋动物及其产品、副产品

鱼粉

尽管不是严格意义上的有机产品,鱼粉仍被批准可以在家禽有机日粮中使用。提取油脂的鱼粉应该通过机械方法进行处理。鱼粉被定义为清洁、干燥、粉碎的全鱼或鱼切块或二者混合的未分解组织,提取或未提取过鱼油。有些是来自人类鱼产品加工市场剩下的废弃物,剩下的来自为了做鱼粉专门捕捞的整鱼。所用的鱼类型对鱼粉成分有着重大影响。白鱼含油量低,而鲱鱼家族成员(例如鲱鱼、秘鲁鳀和沙丁鱼)含有大量的油脂。鱼粉的主要生产国是秘鲁和智利。在北美用于饲料的鱼粉中水分不能超过10%或盐不能超过7%,如果盐超过3%,则必须说明。抗氧化剂常添加到鱼粉中,以防止氧化和变质;因此,应该检查这方面是否符合有机日粮的规定。

1. 营养特性

鱼粉是国际上公认的家禽优良饲料,但其目前的可用性和成本(因为来自水产养殖业和宠物食品业的需求竞争)往往限制了其在家禽日粮中的使用。鱼粉质量很大程度上取决于所用鱼原料质量以及过热、鱼粉氧化等加工因素(Seerley,1991;Wiseman 等, 1991)。通常鱼粉含有很高的蛋白(50%~75%)和必需氨基酸,特别是赖氨酸,许多谷物和其它饲料缺乏赖氨酸。与其它蛋白源比,鱼粉中大多数矿物元素,尤其是钙、磷,以及B族维生素含量较高,且磷可利用率高。

在大多数亚洲国家,鱼粉是可用于家禽饲养的重要的、有时甚至是唯一的动物蛋白源(Ravindran 和 Blair, 1993)。进口或本地生产都有。当地鱼粉含 40%~50%粗蛋白,但由于缺乏对原料鱼质量、加工和贮存条件的控制,一般质量较低。此外,鱼粉中往往掺进沙子等廉价稀释剂。样本中盐含量高达15%并不少见。在一些亚洲国家,这种情况强调了严格执行质量控制措施的需要。

2. 家禽日粮

鱼粉被认为是青年禽日粮中蛋白质的最佳来源之一,特别是火鸡。例如,Karimi(2006)研究了日粮中不同鱼粉水平(育雏阶段为0、2.5%和5.0%,生长阶段为0、1.25%和2.5%)对肉鸡生长性能的影响。结果显示,日粮中添加鱼粉的肉鸡32日龄和42日龄体重、0~42日龄日增重以及11~20日龄、21~32日龄和0~42日龄采食量均显著增加。结果表明,在肉鸡生长后期,高浓度鱼粉对肉鸡生长性能的有益影响最为明显,这主要是通过刺激采食而得到的。但是,总的来说,因为涉及成本,家禽日粮中只使用低水平鱼粉。

其它导致鱼粉在家禽日粮低水平使用的原因是鱼粉在肌胃糜烂病因方面的角色。当加工

温度超过120℃持续2～4 h时，鱼粉会产生肌胃糜烂素——一种与肌胃糜烂有关的有毒物质。它似乎是通过增加鸡胃液分泌而导致肌胃糜烂。另一个原因是，日粮中高浓度鱼粉可能导致禽蛋和禽肉产生鱼腥味。

在发展中地区，用本地捕获的鱼生产鱼粉是重要的，它提供了平衡家禽日粮的蛋白质(例如 Ravindran 和 Blair, 1993)。

4.9　矿物源饲料

在详细列出核准的饲料原料之前，澄清术语“有机”的使用可能很有用，这与某类饲料原料有关，如矿物源。有机矿物质是指那些含有碳、符合标准化学命名的矿物质。在本书中，术语“有机”并不意味着有机来源。根据标准的化学命名，不含碳的矿物质被称为无机矿物质。有机矿物质，如硒代蛋氨酸，被用于传统的饲料生产中，但在有机禽日粮中好像很少获准使用。但有些有机矿物质根据美国的规定可以使用。这些有机源比无机源以更利于生物利用的形式提供矿物质。希望使用这些有机源矿物质的生产者应与当地的认证机构确认它们的可接受性(表4.5和表4.6)。

4.10　维生素源饲料

家禽有机日粮允许使用合成维生素。营养学家和饲料生产厂家在选择添加到日粮中的维生素时，主要关注的是其稳定性。一般来说，脂溶性维生素不稳定，必须远离热、氧、金属离子和紫外线。为了保护这些维生素不被降解，在普通饲料中经常使用抗氧化剂。维生素A自然存在的所有形式(视黄醇、视黄醛和β-胡萝卜素)，除视黄酸外，都特别不稳定，而且对紫外线、热、氧、酸和金属离子敏感。自然存在的维生素E形式(生育酚为主)，在多不饱和脂肪酸和金属离子催化作用下，很容易被过氧化物和氧气氧化和破坏。由于天然存在的维生素不稳定性(各种形式的维生素)，在天然食品和饲料原料中脂溶性维生素浓度变化很大，因为它们受生产、加工和贮存条件的影响很大。因此，合成的酯化形式(醋酸酯和棕榈酸酯)，由于稳定得多，是日粮配方的首选。

维生素D的有效形式是维生素D_2(麦角钙化醇)和维生素D_3(胆钙化醇)。家禽只可利用维生素D_3，因此，所有禽类饲料(如果需要的话)通常要补充维生素D_3。根据加拿大的饲料法规，鱼油可以作为维生素A和维生素D的来源。

在动物饲料中可普遍使用的稳定的维生素E来源是合成*DL*-α-维生素E醋酸酯。另一种稳定的维生素E可替代形式是从植物油(如大豆油、葵花油和玉米油)提取的*D*-α-维生素E醋酸酯，相比*DL*-α-维生素E醋酸酯，其相对生物效价高136%。脂溶性维生素的效价以国际单位(IUs)表示。

在大多数条件下，水溶性维生素稳定性较强，但以下例外：核黄素(对光、热、金属离子敏感)、维生素B_6(吡哆醛对光、热敏感)、生物素(对氧、碱性条件敏感)、泛酸(对光、氧和碱性条件敏感)和维生素B_1(对热、氧、酸性和碱性条件、金属离子敏感)。此外，传统的饲料配制时还使用这些维生素更加稳定的合成形式。氯化胆碱非常容易受潮(暴露在空气中会吸收水分)，非吸水性酒石酸胆碱是这种维生素的首选来源。

表 4.5 普通日粮矿物源矿物元素含量

来源	IFN	分子式	元素	含量(%)
石粉	6-02-632	$CaCO_3$(主要的)	钙	38
碳酸钙	6-01-069	$CaCO_3$	钙	40
贝壳粉	6-03-481	$CaCO_3$	钙	38
磷酸二钙	6-01-080	$CaHPO_4 \cdot 2H_2O$	钙	23
			磷	18
脱氟磷酸盐	6-01-780		钙	32
			磷	18
磷酸盐	6-05-586		钙	36
			磷	14
食盐,普通	6-14-013	$NaCl$	钠	39.3
			氯	60.7
硫酸铜		$CuSO_4 \cdot 5H_2O$	铜	25.4
碱式碳酸铜		$CuCO_3 \cdot Cu(OH)_2$	铜	55
氧化铜		CuO	铜	76
碘酸钙		$Ca(IO_3)_2$	碘	62
碘化钾		KI	碘	70
硫酸亚铁		$FeSO_4 \cdot H_2O$	铁	31
硫酸亚铁		$FeSO_4 \cdot 7H_2O$	铁	21
碳酸亚铁		$FeCO_3$	铁	45
氧化锰		MnO	锰	77
硫酸锰		$MnSO_4 \cdot H_2O$	锰	32
亚硒酸钠		$NaSeO_3$	硒	45
硒酸钠		$NaSeO_4$	硒	41.8
氧化锌		ZnO	锌	80
硫酸锌		$ZnSO_4 \cdot H_2O$	锌	36
碳酸锌		$ZnCO_3$	锌	52

注:1. 以上述形式提到的矿物元素生物利用率较高或者很高。

2. 矿物元素的准确含量会有所变化,这取决于原料的纯度。

3. 除了已经列出的元素外,上述原料可能也提供少量的其它矿物质,如钠、氟化物和硒。

4. 钴-碘化盐经常用作钠、氯、碘和钴的来源。

其它的矿物元素来源也可能允许在有机日粮中使用,生产企业需要向当地的认证机构进行详细的咨询。例如,在美国法规中(FDA,2001),允许使用的矿物元素是 GRAS 状态(经验证明是安全的)的元素,添加时与良好饲养水平一致,包括下面列出的。

表 4.6　美国食品和药物管理局(FDA)批准在动物饲料中使用的微量矿物元素

微量矿物元素	被批准的形式
钴	醋酸钴、碳酸钴、氯化钴、氧化钴、硫酸钴
铜	碳酸铜、氯化铜、葡萄糖酸铜、氢氧化铜、正磷酸铜、焦磷酸铜、硫酸铜
碘	碘酸钙、碘山萮树酸盐(iodobehenate)、碘化亚铜、3,5-二碘水杨酸、1,2-乙二胺二氢碘酸盐、碘酸钾、碘化钾、碘酸钠、碘化钠
铁	柠檬酸铁铵、碳酸铁、氯化铁、葡萄糖酸铁、乳酸铁、氧化铁、磷酸铁、焦磷酸铁、硫酸铁、还原铁
锰	醋酸锰、碳酸锰、柠檬酸锰(可溶的)、氯化锰、葡萄糖酸锰、正磷酸锰、磷酸锰(二元)、硫酸锰、氧化锰
锌	醋酸锌、碳酸锌、氯化锌、氧化锌、硫酸锌

以下是符合加拿大饲料法规(第七类,维生素产品)可以添加到动物饲料中的维生素。所有的维生素必须标注所示效价的保证值。

7.1.1　对氨基苯甲酸(IFN 7-03-513)

7.1.2　抗坏血酸(IFN 7-00-433),维生素 C

7.1.3　甜菜碱盐酸盐(IFN 7-00-722),甜菜碱的盐酸盐

7.1.4　*D*-生物素(IFN 7-00-723)

7.1.5　*D*-泛酸钙(IFN 7-01-079)

7.1.6　*DL*-泛酸钙(IFN 7-17-904)

7.1.7　氯化胆碱溶液(IFN 7-17-881)

7.1.8　含载体的氯化胆碱(IFN 7-17-900)

7.1.9　鱼油(IFN 7-01-965),用作维生素 A 和维生素 D 来源的鱼油

7.1.10　叶酸(IFN 7-02-066)

7.1.11　肌醇(IFN 7-09-354)

7.1.12,7.1.13　各种形式甲萘醌和 2-甲基-1,4-萘醌(维生素 K 源)

7.1.15　烟酸(或尼克酸)(IFN 7-03-219)

7.1.16　烟酰胺(或尼克酰胺)(IFN 7-03-215),烟酸酰胺

7.1.17　吡哆醇盐酸盐(IFN 7-03-822)

7.1.18　核黄素(IFN 7-03-920)

7.1.19　核黄素-5′-磷酸钠(IFN 7-17-901),核黄素磷酸酯的钠盐

7.1.20　硫胺素盐酸盐(IFN 7-04-828)

7.1.21　硫胺素一硝酸盐(IFN 7-04-829)

7.1.22　维生素 B_{12}(IFN 7-05-146),氰钴维生素

7.1.23　抗坏血酸钠(IFN 7-00-433),抗坏血酸钠盐

7.2　*β*-胡萝卜素(IFN 7-01-134)

7.3　维生素 A(IFN 7-05-142),维生素 A 醋酸酯、维生素 A 棕榈酸酯、维生素 A 丙酸酯或者它们的混合物

7.4 维生素 D_3(IFN 7-05-699),胆钙化(固)醇

7.5 维生素 E(IFN 7-05-150),维生素 E 醋酸酯、维生素 E 琥珀酸酯或它们的混合物

4.11 酶

某些酶被允许添加到有机饲料以提高养分利用率,而不是用于非自然地刺激生长。业已研究证明使用酶制剂通常是有效的,但并非所有的研究都证明有效。它们的主要好处是在消化过程中帮助释放更多的饲料营养素,从而减少未消化的营养素和饲料成分排到环境中去。因此,酶的使用有助于减少环境污染和环境的可持续性。主要的问题是畜禽粪便中的氮和磷。过量的氮会增加氨产量,这可能会导致空气污染。此外,土壤中的细菌可以把氮转变成硝酸盐,使土壤和水受到污染。粪便中未消化的磷会造成磷污染。粪便中高含量的未消化纤维也不可取,因为它增加了施于土地的粪便量。

允许使用的酶通常是从可食用的无毒植物、非致病性真菌或无致病性细菌中提取而来,而且不能利用基因工程技术生产得到。它们必须是非毒素的。它们之所以被称为外源性酶是为了表明它们不来源于动物肠道。

欧洲经济共同体允许在动物饲料中添加的酶如表 4.7 所示。如表所示各种组合是允许使用的。本列表不包括 α-半乳糖苷酶等酶。α-半乳糖苷酶在全球市场都有销售,其它有机认证机构可能批准其使用。希望使用酶制剂的有机生产者应向当地的认证机构咨询酶制剂使用许可名单。

下面列举了国际上广泛应用于饲料中的酶制剂。通常使用混合酶,目的是针对日粮中特定底物起作用。此外,在日粮的加工和制粒时,酶必须保持稳定(Inborr 和 Bedford, 1993)。

- 植酸酶作用于植物的肌醇六磷酸,把其中的磷更多地释放出来。结果,只需添加少量的含磷物质,而且粪便中排出的磷也更少(可能为 30%)。
- β-葡聚糖酶添加到以大麦为主的日粮中,帮助分解大麦中的 β-葡聚糖,提高碳水化合物、脂肪和蛋白质的消化率。
- 木聚糖酶添加到以小麦为主的日粮中,有助于分解一种非淀粉多糖——阿拉伯木聚糖,提高碳水化合物的消化率,并促进脂肪、蛋白质和淀粉的消化。
- α-半乳糖苷酶用于植物蛋白含量高的饲料中,如豆饼。这些豆类产品含有低聚糖,不能被动物肠道内源性酶降解,并在大肠发酵,引起胀气。Baker(2000)综述了在动物上使用大豆产品的营养限制。
- 添加 α-淀粉酶可提高淀粉的消化,添加蛋白酶已被证实可以改善蛋白质的消化。

4.12 微生物饲料

欧盟饲料法规中允许使用的微生物包括肠球菌(各种形式)和啤酒酵母。人们将它们作为益生菌(抗生素替代物)使用,是基于它们能促进肠道乳酸杆菌的增长和减少肠道病原菌数量的原则。有时,这种原则也被称为竞争排斥。这方面将在本书第 7 章详细论述。

表 4.7　欧洲经济共同体允许使用的饲料酶简表(指令 70/524/EEC 和指令 82/471/EEC 附件)

编码	酶(单独的或者复合的)
15	β-葡聚糖酶
2	植酸酶
8	β-葡聚糖酶和 β-木聚糖酶
20	β-木聚糖酶
21	β-木聚糖酶
25	β-葡聚糖酶和内-β-木聚糖酶
25＝E 1601	β-葡聚糖酶和 β-木聚糖酶
26	β-葡聚糖酶
27	β-木聚糖酶和 β-葡聚糖酶
28	植酸酶
30	β-葡聚糖酶和 β-木聚糖酶
31	β-木聚糖酶
34	β-葡聚糖酶、β-木聚糖酶和 α-淀粉酶
43	β-木聚糖酶、β-葡聚糖酶和 α-淀粉酶
46	β-葡聚糖酶、β-木聚糖酶和多聚半乳糖醛酸酶
48	α-淀粉酶和 β-葡聚糖酶
52	β-葡聚糖酶、β-葡聚糖酶(来源不同)和 α-淀粉酶
53	β-葡聚糖酶、β-葡聚糖酶(来源不同)、α-淀粉酶和中性蛋白酶(bacillolysin)
54	β-葡聚糖酶、β-葡聚糖酶(来源不同)、α-淀粉酶和 β-木聚糖酶
55	β-葡聚糖酶、β-葡聚糖酶(来源不同)、α-淀粉酶和中性蛋白酶
56	β-葡聚糖酶、β-葡聚糖酶(来源不同)、α-淀粉酶和中性蛋白酶
57	β-葡聚糖酶、β-葡聚糖酶(来源不同)、α-淀粉酶和中性蛋白酶
58	β-葡聚糖酶、β-葡聚糖酶(来源不同)、α-淀粉酶和中性蛋白酶
61	β-葡聚糖酶和 β-葡聚糖酶(来源不同)
E 1601	β-葡聚糖酶和 β-木聚糖酶
E 1602	β-葡聚糖酶、β-葡聚糖酶(来源不同)和 β-木聚糖酶
E 1603	β-葡聚糖酶
E 1604	β-葡聚糖酶和 β-木聚糖酶
E 1605	β-木聚糖酶
E 1607	β-木聚糖酶
E 1608	β-木聚糖酶和 β-葡聚糖酶
E 1613	β-木聚糖酶

注:有些酶制剂被批准以干粉和/或液态形式使用。

啤酒酵母

作为饲料原料,啤酒酵母(*S. cerevisiae*)被允许用于有机日粮。过去,此产品作为氨基酸和微量营养素来源用于传统的家禽日粮（Bolton 和 Blair，1974），但由于经济上的原因，这种做法大多中断了。动物饲料中应使用灭活酵母，因为活酵母可能会在肠道生长并争夺养分。由于适口性不好，这种成分在家禽日粮中只能使用少量（例如，Onifade 和 Babatunde，1996）。这些研究者发现，在日粮中添加干酵母，可以提高肉鸡的生长性能；当日粮中含有 0.3%干酵母时，肉鸡日增重最高；干酵母添加量从 0 到 0.45%，肉鸡采食量相似，但日粮中添加 0.6%干酵母时采食量最低。

在家禽日粮中已使用其它酵母，将这些酵母作为饲料原料用于有机生产，人们也许能接受。有些富产甘蔗和糖蜜的国家常用甘蔗和糖蜜作为酵母发酵的基质。

酵母也被用做日粮中霉菌毒素的解毒剂。研究表明，改良酵母的细胞壁中的甘露寡糖（MOS），可以有效地结合黄曲霉毒素，结合赭曲霉毒素和镰孢毒素的程度要小些。该产品具有其它结合剂没有的优势，就在于它不会结合维生素或矿物质（Devegowda 等，1998）。

（顾宪红、邓胜齐、杨春合译校）

参考文献

AAFCO (2005) *Official Publication*. Association of American Feed Control Officials, Oxford, Indiana.

Adamu, M.S., Nafarnda, W.D., Iliya, D.S. and Kubkomawa, I.H. (2006) Replacement value of yellow sorghum (sorghum bicola) variety for maize in broiler diets. *Global Journal of Agricultural Sciences* 5, 151–154.

Aherne, F.X. and Kennelly, J.J. (1985) Oilseed meals for livestock feeding. In: Haresign, W. (ed.) *Recent Advances in Animal Nutrition*. Butterworths, London, pp. 39–89.

Aimonen, E.M.J. and Näsi, M. (1991) Replacement of barley by oats and enzyme supplementation in diets for laying hens. 1. Performance and balance trial results. *Acta Agriculturae Scandinavica* 41, 179–192.

Ajuyah, A.O., Hardin, R.T. and Sim, J.S. (1993) Effect of dietary full-fat flax seed with and without antioxidant on the fatty acid composition of major lipid classes of chicken meats. *Poultry Science* 72, 125–136.

Alfredsen, S.A. (1980) The effect of feeding whey on ascarid infection in pigs. *Veterinary Record* 107, 179–180.

Allen, P.C., Danforth, H. and Levander, O.A. (1997) Interaction of dietary flaxseed with coccidia infections in chickens. *Poultry Science* 76, 822–827.

Amaefule, K.U. and Osuagwu, F.M. (2005) Performance of pullet chicks fed graded levels of raw Bambarra groundnut (Vigna subterranean (L.) Verde) offal diets as replacement for soybean meal and maize. *Livestock Research for Rural Development* 17, 55.

Amin, Z., Akram, M., Barque, A. and Rafique, M. (1986) Study on broiler's ration: comparative nutritive value of expeller and solvent-extracted decorticated cottonseed cake and rapeseed cake in broiler's ration. *Pakistan Veterinary Journal* 6, 109–111.

Arslan, C. (2004) Effects of diets supplemented with grass meal and sugar beet pulp meal on abdominal fat fatty acid profile and ceacal volatile fatty acid composition in geese. *Revue de Médecine Vétérinaire* 155, 619–623.

Ashes, J.R. and Peck, N.J. (1978) A simple device for dehulling seeds and grain. *Animal Feed Science and Technology* 3, 109–116.

Aymond, W.M. and Van Elswyk, M.E. (1995) Yolk thiobarbituric acid reactive substances and n-3 fatty acids in response to whole and ground flaxseed. *Poultry Science* 74, 1388–1394.

Bacon, J.R., Lambert, N., Mathews, P., Arthur, A.E. and Duchene, C. (1991) Variation of trypsin inhibitor levels in peas. *Aspects of Applied Biology* 27, 199–203.

Bai, Y., Sunde, M.L. and Cook, M.E. (1992) Wheat middlings as an alternate feedstuff for laying hens. *Poultry Science* 71, 1007–1014.

Baker, D.H. (2000) Nutritional constraints to use of soy products by animals. In: Drackley, J.K. (ed.) *Soy in Animal Nutrition*. Federation of Animal Science Societies, Savoy, Illinois, pp. 1–12.

Basmacioğlu, H., Cabuk, M., Ünal, K., Özkan, K., Akkan, S. and Yalcin, H. (2003) Effects of dietary fish oil and flax seed on cholesterol and fatty acid composition of egg yolk and blood parameters of laying hens. *South African Journal of Animal Science* 33, 266–273.

Batal, A., Dale, N.M. and Café, M. (2005) Nutrient composition of peanut meal. *Journal of Applied Poultry Research* 14, 254–257.

Batal, A.B. and Dale, N.M. (2006) True metabolizable energy and amino acid digestibility of distillers dried grains with solubles. *Journal of Applied Poultry Research* 15, 89–93.

Batterham, E.S., Andersen, L.M., Baigent, D.R. and Green, A.G. (1991) Evaluation of meals from Linola(R) low-linolenic acid linseed and conventional linseed as protein sources for growing pigs. *Animal Feed Science and Technology* 35, 181–190.

Begum, A.N., Nicolle, C., Mila, I., Lapierre, C., Nagano, K., Fukushima, K., Heinonen, S.-M., Adlercreutz, H., Rémésy, C. and Scalbert, A. (2004) Dietary lignins are precursors of mammalian lignans in rats. *Journal of Nutrition* 134, 120–127.

Bekta, M., Fabijańka, M. and Smulikowska, S. (2006) The effect of β-glucanase on the nutritive value of hulless barley cv. Rastik for broiler chickens. *Journal of Animal and Feed Sciences* 15, 107–110.

Bell, J.M., Tyler, R.T. and Rakow, G. (1998) Nutritional composition and digestibility by 80-kg to 100-kg pigs of prepress solvent-extracted meals from low glucosinolate Brassica juncea, B. napus and B. rapa seed and of solvent-extracted soybean meal. *Canadian Journal of Animal Science* 78, 199–203.

Blair, R. (1984) Nutritional evaluation of ammoniated mustard meal for chicks. *Poultry Science* 63, 754–759.

Blair, R. and Misir, R. (1989) Biotin bioavailability from protein supplements and cereal grains for growing broiler chickens. *International Journal for Vitamin and Nutrition Research* 59, 55–58.

Blair, R. and Reichert, R.D. (1984) Carbohydrate and phenolic constituents in a comprehensive range of rapeseed and canola fractions: nutritional significance for animals. *Journal of the Science of Food and Agriculture* 35, 29–35.

Blair, R., Wilson, B.J. and Bolton, W. (1970) Growth of broilers given diets containing field beans (Vicia faba L.) during the 0 to 4 week period. *British Poultry Science* 11, 387–398.

Blair, R., Dewar, W.A. and Downie, J.N. (1973) Egg production responses of hens given a complete mash or unground grain together with concentrate pellets. *British Poultry Science* 14, 373–377.

Bolton, W. and Blair, R. (1974) *Poultry Nutrition*, 4th edn. Bulletin 174, Ministry of Agriculture, Fisheries and Food, HMSO, London, pp. v + 134.

Briggs, K.G. (2002) Western Canadian triticale – reinvented for the forage and feed needs of the 21st century. *Proceedings of the 23rd Western Nutrition Conference*, University of Saskatchewan, Saskatoon, Canada, pp. 65–78.

Bui, X.M. and Vuong, V.S. (1992) Sugar cane juice and 'A' molasses as complete replacement for cereal byproducts in diets for ducks. *Livestock Research for Rural Development On-line Edition* 4, 3.

Burrows, V.D. (2004) Hulless oats. In: Abdel-Aal, E. and Wood, P. (eds) *Specialty Grains for Food and Feed*. American Soc Cereal Chemists, St Paul, Minnesota, pp. 223–251.

Butler, E.J., Pearson, A.W. and Fenwick, G.R. (1982) Problems which limit the use of rapeseed meal as a protein source in poultry diets. *Journal of the Science of Food and Agriculture* 33, 866–875.

Campbell, G.L. and Campbell, L.D. (1989) Rye as a replacement for wheat in laying hen diets. *Canadian Journal of Animal Science* 69, 1041–1047.

Carrouée, B. and Gatel, F. (1995) *Peas: Utilization in Animal Feeding*. UNIP-ITCP, Paris, France.

Casartelli, E.M., Filardi, R.S., Junqueira, O.M., Laurentiz, A.C., Assuena, V. and Duarte, K.F. (2006) Sunflower meal in commercial layer diets formulated on total and digestible amino acids basis. *Brazilian Journal of Poultry Science* 8, 167–171.

Castanon, J.I.R. and Marquardt, R.R. (1989) Effect of enzyme addition, autoclave treatment and fermenting on the nutritive value of field beans (Vicia faba L.). *Animal Feed Science and Technology* 26, 71–79.

Caston, L. and Leeson, S. (1990) Dietary flax and egg composition. *Poultry Science* 69, 1617–1620.

Castell, A.G. (1990) Lentils. In: Thacker, P.A. and Kirkwood, R.N. (eds) *Nontraditional Feed Sources for Use in Swine Production*. Butterworths, Stoneham, Massachusetts, pp. 265–273.

Castell, A.G., Guenter, W., Igbasan, F.A. and Blair, R. (1996) Nutritive value of peas for nonruminant diets. *Animal Feed Science and Technology* 69, 209–227.

Castro, L.F.R.V., de Taveira, A.M.C.F. and da Costa, J.S.P. (1992) Faba beans (Vicia faba L.) for feeding laying hens and meat chickens. *Avances en Alimentación y Mejora Animal* 32, 3–8.

CFIA (2005) Approved feed ingredients. Canadian Food Inspection Agency, Ottawa. Available at: http://www.inspection.gc.ca/english/anima/feebet/sched4/tab_ae.shtml

CFIA (2007) Approved feed ingredients. Canadian Food Inspection Agency, Ottawa. Availableat: http://laws.justice.gc.ca/en/showdoc/cr/SOR-83-593/sc:4//

Cheeke, P.R. and Shull, L.R. (1985) *Natural Toxicants in Feeds and Poisonous Plants*. AVI PublishingCompany,Westport,Connecticut, 492 pp.

Cherian, G. and Sim, J.S. (1991) Effect of feeding full fat flax and canola seeds to laying hens on the fatty acid composition of eggs, embryos and newly hatched chicks. *Poultry Science* 70, 917–922.

Cheva-Isarakul, B., Tangtaweewipat, S. and Sangsrijun, P. (2001) The effect of mustard meal in laying hen diets. *Asian-Australasian Journal of Animal Sciences* 14, 1605–1609.

Cheva-Isarakul, B., Tangtaweewipat, S., Sangsrijun, P. and Yamauchi, K. (2003) Chemical composition and metabolizable energy of mustard meal. *Journal of Poultry Science* 40, 221–225.

Chiang, C.C., Yu, B. and Chiou, W.S.P. (2005) Effects of xylanase supplementation to wheat-based diet on the performance and nutrient availability of broiler chickens. *Asian-Australasian Journal of Animal Sciences* 18, 1141–1146.

Chiba, L.I. (2001) Protein supplements. In: Lewis, A.J. and Southern, L.L. (eds) *Swine Nutrition*. CRC Press Boca Raton, Florida, pp. 803–837.

Choct, M., Hughes, R., Trimble, R.P., Angkanaporn, K. and Annison, G. (1995) Non-starch polysaccharide-degrading enzymes increase the performance of broiler chickens fed wheat of low apparent metabolizable energy. *Journal of Nutrition* 125, 485–492.

Classen, H.L., Campbell, G.L. and Groot Wassink, J.W.D. (1988a) Improved feeding value of Saskatchewan-grown barley for broiler chickens with dietary enzyme supplementation. *Canadian Journal of Animal Science* 68, 1253–1259.

Classen, H.L., Campbell, G.L., Rossnagel, B.G. and Bhatty, R.S. (1988b) Evaluation of hulless barley as replacement for wheat or conventional barley in laying hen diets. *Canadian Journal of Animal Science* 68, 1261–1266.

Conners, W.E. (2000) Importance of n-3 fatty acids in health and disease. *American Journal of Clinical Nutrition* 71, 171S–175S.

Corrier, D.E., Hinton, A. Jr., Ziprin, R.L. and DeLoach, J.R. (1990) Effect of dietary lactose on salmonella colonization of market-age broiler chickens. *Avian Diseases* 34, 668–676.

Cromwell, G.L., Herkelmad, K.L. and Stahly, T.S. (1993) Physical, chemical, and nutritional characteristics of distillers dried grains with solubles for chicks and pigs. *Journal of Animal Science* 71, 679–686.

Cromwell, G.L., Cline, T.R., Crenshaw, J.D., Crenshaw, T.D., Easter, R.A., Ewan, R.C., Hamilton, C.R., Lewis, A.J., Mahan, D.C., Nelssen, J.L., Pettigrew, J.E., Veum, T.L. and Yen, J.T. (2000) Variability among sources and laboratories in analyses of wheat middlings. *Journal of Animal Science* 78, 2652–2658.

Cuadrado, C., Ayet, G., Burbano, C., Muzquiz, M., Camacho, L., Cavieres, E., Lovon, M., Osagie, A. and Price, K.R. (1995) Occurrence of saponins and sapogenols in Andean crops. *Journal of the Science of Food and Agriculture* 67, 169–172.

Cumming, R.B. (1992) The biological control of coccidiosis by choice feeding. *Proceedings of 19th World's Poultry Congress*, Vol 2. Amsterdam, The Netherlands, 20–24 September 1992, 425–428.

Dänner, E.E. (2003) Use of low-vicin/convicin faba beans (Vicia faba) in laying hens. *Archiv für Geflügelkunde* 67, 249–252.

Darroch, C.S. (1990) Safflower meal. In: Thacker, P.A. and Kirkwood, R.N. (eds) *Nontraditional Feed Sources for Use in Swine Production*. Butterworths, Stoneham, Massachusetts, pp. 373–382.

Daveby, Y.D., Razdan, A. and Aman, P. (1998) Effect of particle size and enzyme supplementation of diets based on dehulled peas on the nutritive value for broiler chickens. *Animal Feed Science and Technology* 74, 229–239.

Davtyan, A. and Manukyan, V. (1987) Effect of grass meal on fertility of hens. *Ptitsevodstvo* 6, 28–29.

Daun, J.K. and Pryzbylski, R. (2000) Environmental effects on the composition of four Canadian flax cultivars. *Proceedings of 58th Flax Institute*, Fargo, North Dakota, 23–25 March, 2000, pp. 80–91.

DeClercq, D.R. (2006) *Quality of Canadian Flax*. Canadian Grain Commission, Winnipeg, Manitoba, Canada.

DeLoach, J.R., Oyofo, B.A., Corrier, D.E., Kubena, L.F., Ziprin, R.L. and Norman, J.O. (1990) Reduction of Salmonella typhimurium concentration in broiler chickens by milk or whey. *Avian Diseases* 34, 389–392.

Devegowda, G., Raju, M.V.L.N., Afzali, N. and Swamy, H.V.L.N. (1998) Mycotoxin picture worldwide: novel solutions for their counteraction. In: Lyons, T.P. and Jacques, K.A. (eds) *Biotechnology in the Feed Industry, Proceedings of the 14th Annual Alltech Symposium*, Nottingham University Press, Nottingham, UK, pp. 241–255.

Draganov, I.F. (1986) Brewer's grains in the feeding of farm animals – a review. *Zhivotnovodstvo* 11, 61–63.

Edwards, S.A. and Livingstone, R.M. (1990) Potato and potato products. In: Thacker, P.A. and Kirkwood, R.N. (eds) *Nontraditional Feed Sources for Use in Swine Production*. Butterworth, Stoneham, Massachusetts, pp. 305–314.

El-Boushy, A.R. and Raterink, R. (1989) Replacement of soybean meal by cottonseed meal and peanut meal or both in low energy diets for broilers. *Poultry Science* 68, 799–804.

Eldred, A.R., Damron, B.L. and Harms, R.H. (1975) Evaluation of dried brewers grains and yeast in laying hen diets containing various sulfur amino acid levels. *Poultry Science* 54, 856–860.

Elfverson, C., Andersson, A.A.M., Åman, P. and Regnér, S. (1999) Chemical composition of barley cultivars fractionated by weighing, pneumatic classification, sieving, and sorting on a specific gravity table. *Cereal Chemistry* 76, 434–438.

Elzubeir, E.A. and Ibrahim, M.A. (1991) Effect of dietary full-fat raw sunflower seed on performance and carcass skin colour of broilers. *Journal of the Science of Food and Agriculture* 55, 479–481.

Emmert, J.L. and Baker, D.H. (1997) A chick bioassay approach for determining the bioavailable choline concentration in normal and overheated soybean meal, canola meal and peanut meal. *Journal of Nutrition* 127, 745–752.

Ernst, R.A., Vohra, P., Kratzer, F.H. and Ibanga, O. (1994) A comparison of feeding corn, oats, and barley on the growth of White Leghorn chickens, gastrointestinal weights of males, and sexual maturity of females. *Journal of Applied Poultry Research* 3, 253–260.

European Commission (2007) *Council Regulation EC No 834/2007 on organic production and labelling of organic and repealing regulation (EEC) No 2092/91. Official Journal of the European Communities* L 189205, 1–23.

Evans, R.J. and Bandemer, S.L. (1967) Nutritive values of some oilseed proteins. *Cereal Chemistry* 44, 417–426.

Farrell, D.J. (1978) A nutritional evaluation of buckwheat (*Fagopyrum esculentum*). *Animal Feed Science and Technology* 3, 95–108.

Farrell, D.J. (1994) Utilization of rice bran in diets for domestic fowl and ducklings. *World's Poultry Science Journal* 50, 115–131.

Farrell, D.J. (1995) Effects of consuming seven omega-3 fatty acid enriched eggs per week on blood profiles of human volunteers. *Poultry Science* 74(supplement), 148.

Farrell, D.J. and Hutton, K. (1990) Rice and rice milling by-products. In: Thacker, P.A. and Kirkwood, R.N. (eds) *Nontraditional Feed Sources for Use in Swine Production*. Butterworths, Massachusetts, pp. 339–354.

Farrell, D.J., Takhar, B.S., Barr, A.R. and Pell, A.S. (1991) Naked oats: their potential as a complete feed for poultry. In: Farrell, D.J. (ed.) *Recent Advances in Animal Nutrition in Australia 1991*. University of New England, Armidale, New South Wales, Australia, pp. 312–325.

Farrell, D.J., Perez-Malondano, R.A. and Mannion, P.F. (1999) Optimum inclusion of field peas, faba beans, chick peas and sweet lupins in poultry diets. II. Broiler experiments. *British Poultry Science* 40, 674–680.

FDA (2001) *Food And Drug Administration Code of Federal Regulations*, Title 21, Vol 6, Revised as of 1 April, 2001, p. 515. From the US Government Printing Office via GPO Access [CITE: 21CFR582.80].

Fru-Nji, F., Niess, E. and Pfeffer, E. (2007) Effect of graded replacement of soyabean meal by faba beans (Vicia faba L.) or field peas (Pisum sativum L.) in rations for laying hens on egg production and quality. *Journal of Poultry Science* 44, 34–41.

Garcia, M. and Dale, N. (1999) Cassava root meal for poultry. *Journal of Applied Poultry Research* 8, 132–137.

Gatel, F. (1993) Protein quality of legume seeds for non-ruminant animals: a literature review. *Animal Feed Science and Technology* 45, 317–348.

Gdala, J., Jansman, A.J.M., van Leeuwen, P., Huisman, J. and Verstegen, M.W.A. (1996) Lupins (L. luteus, L. albus, L. angustifolius) as a protein source for young pigs. *Animal Feed Science and Technology* 62, 239–249.

Gelder, W.M.J. and van Vonk, C.R. (1980) Amino acid composition of coagulable protein from tubers of 34 potato varieties and its relationship with protein content. *Potato Research* 23, 427–434.

Gupta, J.J., Yadav, B.P.S. and Hore, D.K. (2002) Production potential of buckwheat grain and its feeding value for poultry in Northeast India. *Fagopyrum* 19, 101–104.

Halaj, M., Halaj, P., Najdúch, L. and Arpášová, H. (1998) Effect of alfalfa meal contained in hen feeding diet on egg yolk pigmentation. *Acta Fytotechnica et Zootechnica* 1, 80–83.

Halnan, E.T. (1944) Digestibility trials with poultry. II. The digestibility and metabolizable energy of raw and cooked potatoes, potato flakes, dried potato slices and dried potato shreds. *Journal of Agricultural Science* 34, 139–154.

Hamid, K. and Jalaludin, S. (1972) The utilization of tapioca in rations for laying poultry. *Malaysian Journal of Agricultural Research* 1, 48–53.

Harris, L.E. (1980) *International Feed Descriptions, International Feed Names, and Country Feed Names*. International Network of Feed Information Centers, Logan, Utah.

Harris, R.K. and Haggerty, W.J. (1993) Assays for potentially anti-carcinogenic phytochemicals in flaxseed. *Cereal Foods World* 38, 147–151.

Harrold, R.L. (2002) *Field Pea in Poultry Diets*. Extension bulletin EB-76. North Dakota State University, Extension Service, Fargo, North Dakota.

Heartland Lysine (1998) *Digestibility of Essential Amino Acids for Poultry and Swine*. Version 3.51. Heartland Lysine, Chicago, Illinois.

Hede, A.R. (2001) A new approach to triticale improvement. *Research Highlights of the CIMMYT Wheat Program, 1999–2000*. International Maize and Wheat Improvement Center, Oaxaca, Mexico, pp. 21–26.

Helm, C.V. and de Francisco, A. (2004) Chemical characterization of Brazilian hulless barley varieties, flour fractionation, and protein concentration. *Scientia Agricola* 61, 593–597.

Henry, M.H., Pesti, G.M. and Brown, T.P. (2001) Pathology and histopathology of gossypol toxicity in broiler chicks. *Avian Diseases* 45, 598–604.

Hermes, J.C. and Johnson, R.C. (2004) Effects of feeding various levels of triticale var. Bogo in the diet of broiler and layer chickens. *Journal of Applied Poultry Research* 13, 667–672.

Hsun, C.L. and Maurice, D.V. (1992) Nutritional value of naked oats (*Avena nuda*) in laying hen diets. *British Poultry Science* 33, 355–361.

Huthail, N. and Al-Khateeb, S.A. (2004) The effect of incorporating different levels of locally produced canola seeds (*Brassica napus, L.*) in the diet of laying hens. *International Journal of Poultry Science* 3, 490–496.

Igbasan, F.A., Guenter, W. and Slominski, B.A. (1997) The effect of pectinase and alpha-galactosidase supplementation on the nutritive value of peas for broiler chickens. *Canadian Journal of Animal Science* 77, 537–539.

Igbassen, F.A. and Guenter, W. (1997a) The influence of feeding yellow-, green-, and brown-seeded peas on production performance of laying hens. *Journal of the Science of Food and Agriculture* 73, 120–128.

Igbassen, F.A. and Guenter, W. (1997b) The influence of micronization, dehulling, and enzyme supplementation on the nutritive value of peas for laying hens. *Poultry Science* 76, 331–337.

Im, H.L., Ravindran, V., Ravindran, G., Pittolo, P.H. and Bryden, W.L. (1999) The apparent metabolisable energy and amino acid digestibility of wheat, triticale and wheat middlings for broiler chickens as affected by exogenous xylanase supplementation. *Journal of the Science of Food and Agriculture* 79, 1727–1732.

Inborr, J. and Bedford, M.R. (1993) Stability of feed enzymes to steam pelleting during feed processing. *Animal Feed Science and Technology* 46, 179–196.

Jacob, J.P., Mitaru, B.N., Mbugua, P.N. and Blair, R. (1996a) The feeding value of Kenyan sorghum, sunflower seed cake and sesame seed cake for broilers and layers. *Animal Feed Science and Technology* 61, 41–56.

Jacob, J.P., Mitaru, B.N., Mbugua, P.N. and Blair, R. (1996b) The effect of substituting Kenyan Serena sorghum for maize in broiler starter diets with different dietary crude protein and methionine levels. *Animal Feed Science and Technology* 61, 27–39.

Jaikaran, S. (2002) Triticale performs in pig feeds. Available at: http: //www1.agric.gov.ab.ca/ $department/deptdocs.nsf/all/pig9723/ $file/triticale.pdf?OpenElement

Jamroz, D., Wiliczkiewicz, A. and Skorupinska, J. (1992) The effect of diets containing different levels of structural substances on morphological changes in the intestinal walls and the digestibility of the crude fibre fractions in geese (Part 3). *Journal of Animal Feed Science* 1, 37–50.

Jaroni, D., Scheideler, S.E., Beck, M. and Wyatt, C. (1999) The effect of dietary wheat middlings and enzyme supplementation. 1. Late egg production efficiency, egg yields, and egg composition in two strains of Leghorn hens. *Poultry Science* 78, 841–847.

Jensen, A. (1972) The nutritive value of seaweed meal for domestic animals. In: *Proceedings of the 7th International Seaweed Symposium*. University of Tokyo Press, Tokyo, pp. 7–14.

Jeroch, H. and Dänicke, S. (1995) Barley in poultry feeding: a review. *World's Poultry Science Journal* 51, 271–291.

Jiang, Z., Ahn, D.U., Ladner, L. and Sim, J.S. (1992) Influence of feeding full-fat flax and sunflower seeds on internal and sensory qualities of eggs. *Poultry Science* 71, 378–382.

Józefiak, D., Rutkowski, A., Jensen, B.B. and Engberg, R.M. (2007) Effects of dietary inclusion of triticale, rye and wheat and xylanase supplementation on growth performance of broiler chickens and fermentation in the gastrointestinal tract. *Animal Feed Science and Technology* 132, 79–93.

Karadas, F., Grammenidis, E., Surai, P.F., Acamovic, T. and Sparks, N.H.C. (2006) Effects of carotenoids from lucerne, marigold and tomato on egg yolk pigmentation and carotenoid composition. *British Poultry Science* 47, 561–566.

Karimi, A. (2006) The effects of varying fish meal inclusion levels (%) on performance of broiler chicks. *International Journal of Poultry Science* 5, 255–258.

Karunajeewa, H., Tham, S.H. and Abu-Serewa, S. (1989) Sunflower seed meal, sunflower oil and full-fat sunflower seeds, hulls and kernels for laying hens. *Animal Feed Science and Technology* 26, 45–54.

Kassaify, Z.G. and Mine, Y. (2004) Effect of food protein supplements on Salmonella enteritidis infection and prevention in laying hens. *Poultry Science* 83, 753–760.

Kiiskinen, T. (1989) Effect of long-term use of rapeseed meal on egg production. *Annales Agriculturae Fenniae* 28, 385–396.

Kim, E.M., Choi, J.H. and Chee, K.M. (1997) Effects of dietary safflower and perilla oils on fatty acid composition in egg yolk. *Korean Journal of Animal Science* 39, 135–144.

Korol, W., Adamczyk, M. and Niedzwiadek, T. (2001) Evaluation of chemical composition and utility of potato protein concentrate in broiler chickens feeding. *Biuletyn Naukowy Przemyslu Paszowego* 40, 25–35.

Korver, D.R., Zuidhof, M.J. and Lawes, K.R. (2004) Performance characteristics and economic comparison of broiler chickens fed wheat and triticale-based diets. *Poultry Science* 83, 716–725.

Kratzer, F.H. and Vohra, P. (1996) *The Use of Flaxseed as a Poultry Feedstuff*. Poultry Fact Sheet No. 21, Cooperative Extension, University of California, Davis, California.

Kuchta, M., Koreleski, J. and Zegarek, Z. (1992) High level of fractional dried lucerne in the diet for laying hens. *Roczniki Naukowe Zootechniki* 19, 119–129.

Lázaro, R., García, M., Araníbar, M.J. and Mateos, G.G. (2003) Effect of enzyme addition to wheat-, barley- and rye-based diets on nutrient digestibility and performance of laying hens. *British Poultry Science* 44, 256–265.

Leeson, S., Hussar, N. and Summers, J.D. (1988) Feeding and nutritive value of hominy and corn grits for poultry. *Animal Feed Science and Technology* 19, 313–325.

Li, J.H., Vasanthan, T., Rossnagel, B. and Hoover, R. (2001) Starch from hull-less barley: I. Granule morphology, composition and amylopectin structure. *Food Chemistry* 74, 395–405.

Liener, I.E. (1994) Implications of antinutritional components in soybean foods. *CRC Critical Reviews in Food Science and Nutrition* 34, 31–67.

Livingstone, R.M., Baird, B.A. and Atkinson, T. (1980) Cabbage (Brassica oleracea) in the diet of growing-finishing pigs. *Animal Feed Science and Technology* 5, 69–75.

Lumpkins, B.S., Batal, A.B. and Dale, N.M. (2004) Evaluation of distillers dried grains with solubles as a feed ingredient for broilers. *Poultry Science* 83, 1891–1896.

Maddock, T.D., Anderson, V.L. and Lardy, G.P. (2005) *Using Flax in Livestock Diets*. Extension Report AS-1283, Department of Animal and Range Sciences, North Dakota State University, Fargo and Carrington Research Extension Center, Carrington ND, USA.

Madhusudhan, K.T., Ramesh, H.P., Ogawa, T., Sasaoka, K. and Singh, N. (1986) Detoxification of commercial linseed meal for use in broiler rations. *Poultry Science* 65, 164–171.

Marquardt, R.R., Boros, D., Guenter, W. and Crow, G. (1994) The nutritive value of barley, rye, wheat and corn for young chicks as affected by use of a trichoderma reesei enzyme preparation. *Animal Feed Science and Technology* 45, 363–378.

Marshall, A.C., Kubena, K.S., Hinton, K.R., Hargis, P.S. and Van Elswyk, M.E. (1994) n-3 Fatty acid enriched table eggs: a survey of consumer acceptability. *Poultry Science* 73, 1334–1340.

Marquardt, R.R. and Bell, J.M. (1988) Future potential of pulses for use in animal feeds. In: Summerfield, R.J. (ed.) *World Crops: Cool Season Food Legumes*. Kluwer, Dordrecht, pp. 421–444.

Maurice, D.V., Jones, J.E., Hall, M.A., Castaldo, D.J., Whisenhunt, J.E. and McConnell, J.C. (1985) Chemical composition and nutritive value of naked oats (*Avena nuda L.*) in broiler diets. *Poultry Science* 64, 529–535.

Meng, X., Slominski, B.A., Campbell, L.D., Guenter, W. and Jones, O. (2006) The use of enzyme technology for improved energy utilization from full-fat oilseeds. Part I: canola seed. *Poultry Science* 85, 1025–1030.

Metwally, M.A. (2003) Evaluation of slaughterhouse poultry byproduct meal, dried alfalfa meal, sorghum grains and grass meal as non-conventional feedstuffs for poultry diets. *Egyptian Poultry Science Journal* 23, 875–892.

Mikulski, D., Faruga, A., Kriz, L. and Klecker, D. (1997) The effect of thermal processing of faba beans, peas, and shelled grains on the results of raising turkeys. *Zivocisna-Vyroba* 42, 72–81.

Mitaru, B.N., Blair, R., Bell, J.M. and Reichert, R.D. (1982) Tannin and fibre contents of rapeseed and canola hulls. *Canadian Journal of Animal Science* 62, 661–663.

Mitaru, B.N., Reichert, R.D. and Blair, R. (1983) Improvement of the nutritive value of high tannin sorghums for broiler chickens by high moisture storage (reconstitution). *Poultry Science* 62, 2065–2072.

Mitaru, B.N., Reichert, R.D. and Blair, R. (1985) Protein and amino acid digestibilities for chickens of reconstituted and boiled sorghum grains varying in tannin contents. *Poultry Science* 64, 101–106.

Moschini, M., Masoero, F., Prandini, A., Fusconi, G., Morlacchini, M. and Piva, G. (2005) Raw pea (Pisum sativum), raw faba bean (Vicia faba var. minor) and raw lupin (*Lupinus albus* var. multitalia) as alternative protein sources in broiler diets. *Italian Journal of Animal Science* 4, 59–69.

Mullan, B.P., van Barneveld, R.J. and Cowling, W.A. (1997) Yellow lupins (*Lupinus luteus*): a new feed grain for the Australian pig industry. In: Cranwell, P. (ed.) *Manipulating Pig Production VI*. Australasian Pig Science Association Conference, Canberra, p. 237.

Mullan, B.P., Pluske, J.R., Allen, J. and Harris, D.J. (2000) Evaluation of Western Australian canola meal for growing pigs. *Australian Journal of Agricultural Research* 51, 547–553.

Mulyantini, N.G.A., Choct, M., Li, X. and Lole, U.R. (2005) The effect of xylanase, phytase and lipase supplementation on the performance of broiler chickens fed a diet with a high level of rice bran. In: Scott, T.A. (ed.) *Proceedings of the 17th Australian Poultry Science Symposium*, Sydney. New South Wales, Australia, 7–9 February 2005, pp. 305–307.

Nagy, G., Gyüre, P. and Mihók, S. (2002) Goose production responses to grass based diets. Multi-function grasslands: quality forages, animal products and landscapes. In: Durand, J.L., Emile, J.C., Huyghe, C. and Lemaire, G. (eds) *Proceedings of the 19th General Meeting of the European Grassland Federation*. La Rochelle, France, 27–30 May 2002, pp. 1060–1061.

Naseem, M.Z., Khan, S.H. and Yousaf, M. (2006) Effect of feeding various levels of canola meal on the performance of broiler chicks. *Journal of Animal and Plant Sciences* 16, 75–78.

Newkirk, R.W., Classen, H.L. and Tyler, R.T. (1997) Nutritional evaluation of low glucosinolate mustard meals (*Brassica juncea*) in broiler diets. *Poultry Science* 76, 1272–1277.

Nilipour, A.H., Savage, T.F. and Nakaue, H.S. (1987) The influence of feeding triticale (Var: Flora) and varied crude protein diets on the seminal production of medium white turkey breeder toms. *Nutrition Reports International* 36, 151–160.

Nimruzi, R. (1998) The value of field peas and fig powder. *World Poultry* 14, 20.

NRC (1994) *Nutrient Requirements of Poultry*, 9th rev. edn. National Research Council, National Academy of Sciences, Washington, DC.

Nwokolo, E. and Sim, J. (1989a) Barley and full-fat canola seed in broiler diets. *Poultry Science* 68, 1374–1380.

Nwokolo, E. and Sim, J. (1989b) Barley and full-fat canola seed in layer diets. *Poultry Science* 68, 1485–1489.

Nzekwe, N.M. and Olomu, J.M. (1984) Cottonseed meal as a substitute for groundnut meal in the rations of laying chickens and growing turkeys. *Journal of Animal Production Research* 4, 57–71.

NZFSA (2006) *NZFSA Technical Rules for Organic Production, Version 6*. New Zealand Food Safety Authority, Wellington.

Ochetim, S. and Solomona, S.L. (1994) The feeding value of dried brewers spent grains for laying chickens. In: Djajanegara, A. and Sukmawati, A. (eds) *Sustainable animal production and the environment, Proceedings of the 7th AAAP Animal Science Congress*, Bali, Indonesia, 11–16 July, 1994. Vol 2, pp. 283–284.

Offiong, S.A., Flegal, C.J. and Sheppard, C.C. (1974) The use of raw peanuts and peanut meal in practical chick diets. *East African Agricultural and Forestry Journal* 39, 344–348.

Ojewola, G.S., Ukachukwu, S.N. and Okulonye, E.I. (2006) Cottonseed meal as substitute for soyabean meal in broiler ration. *International Journal of Poultry Science* 5, 360–364.

Oke, O.L. (1990) Cassava. In: Thacker, P.A. and Kirkwood, R.N. (eds) *Nontraditional Feed Sources for Use in Swine Production*. Butterworth, Stoneham Massachusetts, pp. 103–112.

Onifade, A.A. and Babatunde, G.M. (1996) Supplemental value of dried yeast in a high-fibre diet for broiler chicks. *Animal Feed Science and Technology* 62, 91–96.

Onifade, A.A. and Babatunde, G.M. (1998) Comparison of the utilisation of palm kernel meal, brewers' dried grains and maize offal by broiler chicks. *British Poultry Science* 39, 245–250.

Opapeju, F.O., Golian, A., Nyachoti, C.M. and Campbell, L.D. (2006) Amino acid digestibility in dry extruded-expelled soyabean meal fed to pigs and poultry. *Journal of Animal Science* 84, 1130–1137.

Ortiz, L.T., Centeno, C. and Treviño, J. (1993) Tannins in faba bean seeds: effects on the digestion of protein and amino acids in growing chicks. *Animal Feed Science and Technology* 41, 271–278.

Panigrahi, S. (1996) A review of the potential for using cassava root meal in poultry diets. In: Kurup, G.T., Palaniswami, M.S., Potty, V.P., Padmaja, G., Kabeerathumma, S. and Pillai, S.V. (eds) *Tropical Tuber Crops: Problems, Prospects and Future Strategies*. Science Publishers, Lebanon, Indiana, pp. 416–428.

Panigrahi, S., Plumb, V.E. and Machin, D.H. (1989) Effects of dietary cottonseed meal, with and without iron treatment, on laying hens. *British Poultry Science* 30(3), 641–651, 19 ref.

Patterson, P.H., Sunde, M.L., Schieber, E.M. and White, W.B. (1988) Wheat middlings as an alternate feedstuff for laying hens. *Poultry Science* 67, 1329–1337.

Parviz, F. (2006) Performance and carcass traits of lentil seed fed broilers. *Indian Veterinary Journal* 83, 187–190.

Pârvu, M., Iofciu, A., Grossu, D. and Iliescu, M. (2001) Efficiency of toasted full fat soyabean utilization in broiler feeding. *Archiva Zootechnica* 6, 121–124.

Perez-Maldonado, R.A., Mannion, P.F. and Farrell, D.J. (1999) Optimum inclusion of field peas, faba beans, chick peas and sweet lupine in poultry diets. I. Chemical composition and layer experiments. *British Poultry Science* 40, 667–673.

Perez-Maldonado, R.A. and Barram, K.M. (2004) Evaluation of Australian canola meal for production and egg quality in two layer strains. *Proceedings of the 16th Australian Poultry Science Symposium*. New South Wales, Sydney, pp. 171–174.

Pesti, G.M., Bakalli, R.I., Driver, J.P., Sterling, K.G., Hall, L.E. and Bell, E.M. (2003) Comparison of peanut meal and soybean meal as protein supplements for laying hens. *Poultry Science* 82, 1274–1280.

Petterson, D.S. (1998) Composition and food uses of legumes. In: Gladstones, J.S., Atkins, C.A. and Hamblin, J. (eds) *Lupins as Crop Plants. Biology, Production and Utilization*. CAB International, Wallingford, UK.

Petterson, D.S., Sipsas, S. and Mackintosh, J.B. (1997) *The Chemical Composition and Nutritive Value of Australian Pulses*, 2nd edn. Grains Research and Development Corporation, Canberra, 65 pp.

Purushothaman, M.R., Vasan, P., Mohan, B. and Ravi, R. (2005) Utilization of tallow and rice bran oil in feeding broilers. *Indian Journal of Poultry Science* 40, 175–178.

Ranhotra, G.S., Gelroth, J.A., Glaser, B.K. and Lorenz, K.J. (1996a) Nutrient composition of spelt wheat. *Journal of Food Composition and Analysis* 9, 81–84.

Ranhotra, G.S., Gelroth, J.A., Glaser, B.K. and Stallknecht, G.F. (1996b) Nutritional profile of three spelt wheat cultivars grown at five different locations. *Cereal Chemistry* 73, 533–535.

Rao, S.V.R., Raju, M.V.L.N., Panda, A.K. and Shashibindu, M.S. (2005) Utilization of low glucosinalate and conventional mustard oilseed cakes in commercial broiler chicken diets. *Asian-Australasian Journal of Animal Sciences* 18, 1157–1163.

Rao, S.V.R., Raju, M.V.L.N., Panda, A.K. and Reddy, M.R. (2006) Sunflower seed meal as a substitute for soybean meal in commercial broiler chicken diets. *British Poultry Science* 47, 592–598.

Ravindran, V. and Blair, R. (1991) Feed resources for poultry production in Asia and the Pacific region. I. Energy sources. *World's Poultry Science Journal* 47, 213–262.

Ravindran, V. and Blair, R. (1992) Feed resources for poultry production in Asia and the Pacific. II. Plant protein sources. *World's Poultry Science Journal* 48, 205–231.

Ravindran, V. and Blair, R. (1993) Feed resources for poultry production in Asia and the Pacific. III. Animal protein sources. *World's Poultry Science Journal* 49, 219–235.

Ravindran, V., Bryden, W.L. and Kornegay, E.T. (1995) Phytates: occurrence, bioavailability and implications in poultry nutrition. *Avian Biology and Poultry Science Reviews* 6, 125–143.

Ravindran, V., Tilman, Z.V., Morel, P.C.H., Ravindran, G. and Coles, G.D. (2007) Influence of β-glucanase supplementation on the metabolisable energy and ileal nutrient digestibility of normal starch and waxy barleys for broiler chickens. *Animal Feed Science and Technology* 134, 45–55.

Rebolé, A., Rodríguez, M.L., Ortiz, L.T., Alzueta, C., Centeno, C., Viveros, A., Brenes, A. and Arija, I. (2006) Effect of dietary high-oleic acid sunflower seed, palm oil and vitamin E supplementation on broiler performance, fatty acid composition and oxidation susceptibility of meat. *British Poultry Science* 47, 581–591.

Reddy, N.R., Sathe, S.K. and Salunkhe, D.K. (1982) Phytates in legumes and cereals. *Advances in Food Research* 28, 1–92.

Richter, G., Schurz, M., Ochrimenko, W.I., Kohler, H., Schubert, R., Flachowsky, G., Bitsch, R. and Jahreis, G. (1999) The effect of NSP-hydrolysing enzymes in diets of laying hens and broilers. *Vitamine und Zusatzstoffe in der Ernahrung von Mensch und Tier: 7. Symposium*. Jena-Thuringen, Germany, pp. 519–522.

Roberson, K.D. (2003) Use of dried distillers grains with solubles in growing-finishing diets of turkey hens. *International Journal of Poultry Science* 2, 389–393.

Rodríguez, M.L., Ortiz, L.T., Treviño, J., Rebolé, A., Alzueta, C. and Centeno, C. (1997) Studies on the nutritive value of full-fat sunflower seed in broiler chick diets. *Animal Feed Science and Technology* 71, 341–349.

Roth-Maier, D.A. (1999) Investigations on feeding full-fat canola seed and canola meal to poultry. In: Santen, E., van Wink, M. and Weissmann, S. (eds) *Proceedings of the 10th International Rapeseed Congress*. Canberra, Australia.

Roth-Maier, D.A. and Römer, P. (2000) Utilization of lupin in animal nutrition. In: *Lupin, an Ancient Crop for the New Millennium: Proceedings of the 9th International Lupin Conference*. Klink/Muritz, Germany, 20–24 June, 1999, pp. 394–399.

Roth-Maier, D.A. and Paulicks, B.R. (2004) Blue and yellow lupin seed in the feeding of broiler chicks. In: Santen, E. and van Hill, G.D. (eds) *Wild and Cultivated Lupins from the Tropics to the Poles. Proceedings of the 10th International Lupin Conference*. Laugarvatn, Iceland, 19–24 June 2002, pp. 333–335.

Rubio, L.A., Brenes, A. and Centeno, C. (2003) Effects of feeding growing broiler chickens with practical diets containing sweet lupin (*Lupinus angustifolius*) seed meal. *British Poultry Science* 44, 391–397.

Rybina, E.A. and Reshetova, T.A. (1981) Digestibility of nutrients and biochemical values of eggs in relation to the amount of lucerne and grass meal and the quality of supplementary fat in the diet of laying hens. *Zhivotnovodstva* 35, 148–152.

Sakomura, N.K.,da Silva, R., Basaglia, R., Malheiros, E.B. and Junqueira, O.M. (1998) Whole steam-toasted and extruded soyabean in diets of laying hens. *Revista Brasileira de Zootecnia* 27, 754–765.

Salih, M.E., Classen, H.L. and Campbell, G.L. (1991) Response of chickens fed on hull-less barley to dietary β-glucanase at different ages. *Animal Feed Science and Technology* 33, 139–149.

Salmon, R.E., Stevens, V.I. and Ladbrooke, B.D. (1988) Full-fat canola seed as a feedstuff for turkeys. *Poultry Science* 67, 1731–1742.

Savage, T.F., Holmes, Z.A., Nilipour, A.H. and Nakaue, H.S. (1987) Evaluation of cooked breast meat from male breeder turkeys fed diets containing varying amounts of triticale, variety Flora. *Poultry Science* 66, 450–452.

Scheideler, S.E., Cuppett, S. and Froning, G. (1994) Dietary flaxseed for poultry: production effects, dietary vitamin levels, fatty acid incorporation into eggs and sensory analysis. In: *Proceedings of the 55th Flax Institute*. 26–28 January, 1994, Fargo, North Dakota, pp. 86–95.

Seerley, R.W. (1991) Major feedstuffs used in swine diets. In: Miller, E.R., Ullrey, D.E. and Lewis, A.J. (eds) *Swine Nutrition*. Butterworth-Heinemann, Boston, Massachusetts, pp. 451–481.

Senkoylu, N. and Dale, N. (1999) Sunflower meal in poultry diets: a review. *World's Poultry Science Journal* 55, 153–174.

Senkoylu, N. and Dale, N. (2006) Nutritional evaluation of a high-oil sunflower meal in broiler starter diets. *Journal of Applied Poultry Research* 15, 40–47.

Šerman, V., Mas, N., Melenjuk, V., Dumanovski, F. and Mikulec, Ž. (1997) Use of sunflower meal in feed mixtures for laying hens. *Acta Veterinaria Brno* 66, 219–227.

Seve, B. (1977) Utilisation d'un concentre de proteine de pommes de terre dans l'aliment de sevrage du porcelet a 10 jours et a 21 jours. *Journees de la Recherche Porcine en France* 205–210.

Shariatmadari, F. and Forbes, J.M. (2005) Performance of broiler chickens given whey in the food and/or drinking water. *British Poultry Science* 46, 498–505.

Shim, K.F., Chen, T.W., Teo, L.H. and Khin, M.W. (1989) Utilization of wet spent brewer's grains by ducks. *Nutrition Reports International* 40, 261–270.

Smithard, R. (1993) Full-fat rapeseed for pig and poultry diets. *Feed Compounder* 13, 35–38.

Sokól, J.L., Niemiec, J. and Fabijańska, M. (2004) Effect of naked oats and enzyme supplementation on egg yolk fatty acid composition and performance of hens. *Journal of Animal and Feed Sciences* 13(supplement 2), 109–112.

Stacey, P., O'Kiely, P., Rice, B., Hackett, R. and O'Mara, F.P. (2003) Changes in yield and composition of barley, wheat and triticale grains with advancing maturity. In: Gechie, L.M. and Thomas, C. (eds) *Proceedings of the XIIIth International Silage Conference*. Ayr, UK, 11–13 September, 2002, p. 222.

Steenfeldt, S. (2001) The dietary effect of different wheat cultivars for broiler chickens. *British Poultry Science* 42, 595–609.

Svihus, B. and Gullord, M. (2002) Effect of chemical content and physical characteristics on nutritional value of wheat, barley and oats for poultry. *Animal Feed Science and Technology* 102, 71–92.

Świątkiewicz, S. and Koreleski, J. (2006) Effect of maize distillers dried grains with solubles and dietary enzyme supplementation on the performance of laying hens. *Journal of Animal and Feed Sciences* 15, 253–260.

Swick, R.A. (1995) Importance of nutrition on health status of poultry. MITA (P) no. 093/12/94 (Vol 015-1995). Available at: www/asasea.com/po15_95.html

Talebali, H. and Farzinpour, A. (2005) Effect of different levels of full-fat canola seed as a replacement for soyabean meal on the performance of broiler chickens. *International Journal of Poultry Science* 12, 982–985.

Tanksley, T.D. Jr. (1990) Cottonseed meal. In: Thacker, P.A. and Kirkwood, R.N. (eds) *Nontraditional Feed Sources for Use in Swine Production*. Butterworth Publishers, Stoneham, Massachusetts, pp. 139–152.

Thacker, P.A., Willing, B.P. and Racz, V.J. (2005) Performance of broiler chicks fed wheat-based diets supplemented with combinations of non-extruded or extruded canola, flax and peas. *Journal of Animal and Veterinary Advances* 4, 902–907.

Thomas, V.M., Katz, R.J., Auld, D.A., Petersen, C.F., Sauter, E.A. and Steele, E.E. (1983) Nutritional value of expeller extracted rape and safflower oilseed meals for poultry. *Poultry Science* 62, 882–886.

Tsuzuki, E.T., de Garcia, E.R.M., Murakami, A.E., Sakamoto, M.I. and Galli, J.R. (2003) Utilization of sunflower seed in laying hen rations. *Revista Brasileira de Ciência Avícola* 5, 179–182.

Udo, H., Foulds, J. and Tauo, A. (1980) Comparison of cassava and maize in commercially formulated poultry diets for Western Samoa. *Alafua Agricultural Bulletin* 5, 18–26.

Valdebouze, P., Bergeron, E., Gaborit, T. and Delort-Laval, J. (1980) Content and distribution of trypsin inhibitors and hemagglutinins in some legume seeds. *Canadian Journal of Plant Science* 60, 695–701.

van Barnveld, R.J. (1999) Understanding the nutritional chemistry of lupin (Lupinus spp.) seed to improve livestock production efficiency. *Nutrition Research Reviews* 12, 203–230.

Ventura, M.R., Castañon, J.I.R. and McNab, J. M. (1994) Nutritional value of seaweed (Ulva rigida) for poultry. *Animal Feed Science and Technology* 49, 87–92.

Vestergaard, E.M., Danielsen, V. and Larsen, A.E. (1995) Utilisation of dried grass meal by young growing pigs and sows. *Proceedings of the 45th Annual Meeting of the European Association for Animal Production*, Prague, paper N2b.

Vieira, S.L., Penz, A.M. Jr., Kessler, A.M. and Catellan, E.V. Jr. (1995) A nutritional evaluation of triticale in broiler diets. *Journal of Applied Poultry Research* 4, 352–355.

Vogt, H. (1967) Brown seaweed meal (Macrocystis pyrifera) in feed for fattening poultry. *Archiv für Geflugelkunde* 31, 145–149.

Vogt, H. (1969) Potato meal for laying hens. *Archiv für Geflugelkunde* 33, 439–443.

Waibel, P.E., Noll, S.L., Hoffbeck, S., Vickers, Z.M. and Salmon, R.E. (1992) Canola meal in diets for market turkeys. *Poultry Science* 71, 1059–1066.

Westendorf, M.L. and Wohlt, J.E. (2002) Brewing by-products: their use as animal feeds. *Journal of Animal Science* 42, 871–875.

Weder, J.K.P. (1981) Protease inhibitors in the leguminosae. In: Pothill, R.M. and Raven, P.H. (eds) *Advances in Legume Systematics*. British Museum of Natural History, London, pp. 533–560.

Whittemore, C.T. (1977) The potato (Solanum tuberosum) as a source of nutrients for pigs, calves and fowl – a review. *Animal Feed Science and Technology* 2, 171–190.

Wilson, A.S. (1876) On wheat and rye hybrids. *Transactions and Proceedings of the Botanical Society of Edinburgh* 12, 286–288.

Wilson, S. (2003) Feeding animals organically – the practicalities of supplying organic animal feed. In: Garnsworthy, P.C. and Wiseman, J. (eds) *Recent Advances in Animal Nutrition*. University of Nottingham Press, Nottingham, UK, pp. 161–172.

Wiseman, J., Jagger, S., Cole, D.J.A. and Haresign, W. (1991) The digestion and utilization of amino acids of heat-treated fish meal by growing/finishing pigs. *Animal Production* 53, 215–225.

Woodworth, J.C., Tokach, M.D., Goodband, R.D., Nelsen, J.L., O'Quinn, P.R., Knabe, D.A. and Said, N.W. (2001) Apparent ileal digestibility of amino acids and the digestible and metabolizable energy content of dry extruded-expelled soybean meal and its effect on growth performance of pigs. *Journal of Animal Science* 79, 1280–1287.

Wylie, P.W., Talley, S.M. and Freeeman, J.N. (1972) Substitution of linseed and safflower meal for soybean meal in diets of growing pullets. *Poultry Science* 51, 1695–1701.

Yamasaki, S., Manh, L.H., Takada, R., Men, L.T., Dung, N.N.X., Khoa, D.V.A. and Taniguchi, T. (2003) Admixing synthetic antioxidants and sesame to rice bran for increasing pig performance in Mekong Delta, Vietnam. *Japan International Research Center for Agricultural Science, Research Highlights* 38–39.

Zhavoronkova, L.D. and D'yakonova, E.V. (1983) Productivity and resistance [to infection] of hens in relation to different levels of grass meal in their diet. *Sbornik Nauchnykh Trudov Moskovskoi Veterinarnoi Akademii* 26–28.

Zduńczyk, Z., Juíkiewicz, J., Flis, M. and Frejnagel, S. (1996) The chemical composition and nutritive value of low-alkaloid varieties of white lupin. 2. Oligosaccharides, phytates, fatty acids and biological value of protein. *Journal of Animal and Feed Science* 5, 73–82.

Zettl, A., Lettner, F. and Wetscherek, W. (1993) Home-produced sunflower oilmeal for pig feeding. *Förderungsdienst* 41, 362–365.

Zijlstra, R.T., Ekpe, M.N., Casano, E.D. and Patience, J.F. (2001) Variation in nutritional value of western Canadian feed ingredients for pigs. In: *Proceedings of 22nd Western Nutrition Conference*. University of Saskatchewan, Saskatoon, Canada, pp. 12–24.

参考书目

Aitken, F.C. and Hankin, R.G. (1970) Vitamins in feeds for livestock. *Commonwealth Bureau of Animal Nutrition Technical Communication* 25.

Degussa A.G. (2007) Amino acid content of feedstuffs. Available at: www.aminoacidsandmore.com

Kopinski, J. and Willis, S. (2007) Nutritive composition of pig feeds. Available at: http://www2.dpi.qld.gov.au/pigs/4414.html

NRC (1971) *Atlas of Nutritional Data on United States and Canadian Feeds*. National Research Council, National Academy of Sciences, Washington, DC.

NRC (1982) *United States – Canadian Tables of Feed Composition*. National Research Council, National Academy of Sciences, Washington, DC.

NRC (1988) *Nutrient Requirements of Dairy Cattle*. National Research Council, National Academy of Sciences, Washington, DC.

NRC (1998) *Nutrient Requirements of Swine*, 10th rev. edn. National Research Council, National Academy of Sciences, Washington, DC.

Sauvent, D., Perez, J.-M. and Tran, G. (2004) *Tables of Composition and Nutritional Value of Feed Materials*. Translated by Andrew Potter. Wageningen Academic Publishers, The Netherlands and INRA, Paris, France, 304 pp.

UBC (1997) *Tables of Analysed Composition of Feedstuffs*. Department of Animal Science, University of British Columbia, Vancouver, Canada (unpublished).

USDA (2007) *National Nutrient Database for Standard Reference*. US Department of Agriculture, Agricultural Research Service Nutrient Data Laboratory Home Page. Available at: http://www.ars.usda.gov/Services/docs.htm?docid = 8964

Wiseman, J. (1987) *Feeding of Non-Ruminant Livestock*: collective edited work by the research staff of the Departement de l'elevage des monogastriques, INRA, under the responsibility of Jean-Claude Blum; translated and edited by Julian Wiseman. Butterworths, London.

附录 4.1 饲料原料营养成分表

下面的表列出的数据是有机禽养殖中可能用到的一些饲料原料能量和养分的平均值(饲喂基础)。每一种饲料原料按照其国际饲料编号(International Feed Number,IFN)进行排列(Harris,1980),依据美国饲料管理协会(AAFCO,2005)或者加拿大食品检验局(CFIA,2007)进行定义。

饲料原料在组成上变异很大,尤其是在施用农家肥的土地上种植的有机饲料原料。因此在配制日粮时这些数据只应作为参考,而且引用的有些数据较陈旧,尤其是一些维生素数据,因为最近的维生素数据不能获得。虽然数据有些旧,但是维生素的数据仍然很有价值,因为有机生产者希望最大化地使用天然饲料成分。维生素 A 的值是这样规定的:1 mg β-胡萝卜素相当于 1 667IU 维生素 A(NRC, 1994)。表中的缩写 NA 表示没有数据。

表中引用的大多数表观代谢能值是用生长鸡得出的,对成年禽和其它物种可能不完全适用。

表 4.1.1A　大麦(IFN 4-00-549)——大麦的整粒籽实。(来源:CFIA,2007)

营养成分	含量	营养成分	含量
干物质(g/kg)	890	微量矿物元素(mg/kg)	
AME(kcal/kg)	2 640	铜	7.0
AME(MJ/kg)	11.5	碘	0.35
粗纤维(g/kg)	50.0	铁	78.0
中性洗涤纤维(g/kg)	180.0	锰	18.0
酸性洗涤纤维(g/kg)	62.0	硒	0.19
粗脂肪(g/kg)	19.0	锌	25.0
亚油酸(g/kg)	8.8	维生素(IU/kg)	
粗蛋白(g/kg)	113.0	β-胡萝卜素(mg/kg)	4.1
氨基酸(g/kg)		维生素 A	6 835
精氨酸	5.4	维生素 E	7.4
甘氨酸+丝氨酸	9.2	维生素(mg/kg)	
组氨酸	2.5	生物素	0.14
异亮氨酸	3.9	胆碱	1 034
亮氨酸	7.7	叶酸	0.31
赖氨酸	4.1	烟酸	55.0
蛋氨酸(Met)	2.0	泛酸	8.0
蛋氨酸+胱氨酸	4.8	吡哆醇	5.0
苯丙氨酸(Phe)	5.5	核黄素	1.8
苯丙氨酸+酪氨酸	8.4	硫胺素	4.5
苏氨酸	3.5	维生素(μg/kg)	
色氨酸	1.1	钴胺素(维生素 B_{12})	0
缬氨酸	5.2		
常量矿物元素(g/kg)			
钙	0.6		
总磷	3.5		
非植酸磷	1.7		
氯化物	1.4		
镁	1.2		
钾	4.5		
钠	0.4		

表 4.1.2A 荞麦(IFN 4-00-994)——荞麦的整粒籽实[美国饲料管理协会(AAFCO)或加拿大食品检验局(CFIA)没有定义]。

营养成分	含量	营养成分	含量
干物质(g/kg)	880	微量矿物元素(mg/kg)	
AME(kcal/kg)	2 670	铜	10.0
AME(MJ/kg)	11.5	碘	NA
粗纤维(g/kg)	105	铁	44.0
中性洗涤纤维(g/kg)	NA	锰	34.0
酸性洗涤纤维(g/kg)	NA	硒	0.08
粗脂肪(g/kg)	25.0	锌	24.0
亚油酸(g/kg)	NA	维生素(IU/kg)	
粗蛋白(g/kg)	108	β-胡萝卜素(mg/kg)	NA
氨基酸(g/kg)		维生素 A	NA
精氨酸	10.2	维生素 E	NA
甘氨酸+丝氨酸	11.2	维生素(mg/kg)	
组氨酸	2.6	生物素	NA
异亮氨酸	3.7	胆碱	440
亮氨酸	5.6	叶酸	0.03
赖氨酸	6.1	烟酸	70.0
蛋氨酸(Met)	2.0	泛酸	12.3
蛋氨酸+胱氨酸	4.0	吡哆醇	NA
苯丙氨酸(Phe)	4.4	核黄素	10.6
苯丙氨酸+酪氨酸	6.5	硫胺素	4
苏氨酸	4.6	维生素(μg/kg)	
色氨酸	1.9	钴胺素(维生素 B_{12})	0
缬氨酸	5.4		
常量矿物元素(g/kg)			
钙	0.9		
总磷	3.2		
非植酸磷	1.2		
氯化物	0.4		
镁	0.9		
钾	4.0		
钠	0.5		

表 4.1.3A　卷心菜(IFN 2-01-046)——卷心菜(结球甘蓝)的地上部分(AAFCO 或 CFIA 没有明确定义)。

营养成分	含量	营养成分	含量
干物质(g/kg)	81.0	微量矿物元素(mg/kg)	
AME(kcal/kg)	NA	铜	0.23
AME(MJ/kg)	NA	碘	0.06
粗纤维(g/kg)	11.6	铁	5.9
中性洗涤纤维(g/kg)	14.1	锰	1.59
酸性洗涤纤维(g/kg)	11.5	硒	0.01
粗脂肪(g/kg)	1.2	锌	1.8
亚油酸(g/kg)	0.26	维生素(IU/kg)	
粗蛋白(g/kg)	18.6	β-胡萝卜素(mg/kg)	0.9
氨基酸(g/kg)		维生素 A	1 500
精氨酸	0.75	维生素 E	1.5
甘氨酸＋丝氨酸	NA	维生素(mg/kg)	
组氨酸	0.34	生物素	NA
异亮氨酸	0.43	胆碱	NA
亮氨酸	0.60	叶酸	0.43
赖氨酸	0.67	烟酸	3
蛋氨酸(Met)	0.14	泛酸	1.4
蛋氨酸＋胱氨酸	0.28	吡哆醇	0.96
苯丙氨酸(Phe)	0.45	核黄素	0.4
苯丙氨酸＋酪氨酸	0.69	硫胺素	0.61
苏氨酸	0.44	维生素(μg/kg)	
色氨酸	0.15	钴胺素(维生素 B_{12})	0
缬氨酸	0.65		
常量矿物元素(g/kg)			
钙	0.67		
总磷	0.15		
非植酸磷	0.05		
氯化物	0.43		
镁	0.12		
钾	2.88		
钠	0.12		

表 4.1.4A 熟双低油菜籽(IFN 5-04-597)——油菜或白菜型油菜的整粒籽实，其油中芥酸含量少于2%；1 g 风干脱油的固体成分中 3-丁烯硫代葡糖苷、4-戊烯硫代葡糖苷、2-羟-3-丁烯硫代葡糖苷和2-羟-4-戊烯硫代葡糖苷的某一种或几种混合物含量低于 30 μmol(加拿大谷物委员会，气-液色谱法)。(来源：CFIA，2007)

营养成分	含量	营养成分	含量
干物质(g/kg)	940	微量矿物元素(mg/kg)	
AME(kcal/kg)	4 640	铜	6.0
AME(MJ/kg)	19.4	碘	NA
粗纤维(g/kg)	74.0	铁	88.0
中性洗涤纤维(g/kg)	109.6	锰	33.0
酸性洗涤纤维(g/kg)	73.7	硒	0.7
粗脂肪(g/kg)	397.4	锌	42.0
亚油酸(g/kg)	109.9	维生素(IU/kg)	
粗蛋白(g/kg)	242.0	β-胡萝卜素(mg/kg)	NA
氨基酸(g/kg)		维生素 A	NA
精氨酸	13.6	维生素 E	115
甘氨酸+丝氨酸	NA	维生素(mg/kg)	0.67
组氨酸	6.9	生物素	4 185
异亮氨酸	9.6	胆碱	1.4
亮氨酸	16.0	叶酸	100
赖氨酸	14.4	烟酸	5.9
蛋氨酸(Met)	4.3	泛酸	4.5
蛋氨酸+胱氨酸	8.6	吡哆醇	3.6
苯丙氨酸(Phe)	10.2	核黄素	3.2
苯丙氨酸+酪氨酸	16.4	硫胺素	
苏氨酸	9.9	维生素(μg/kg)	
色氨酸	2.7	钴胺素(维生素 B_{12})	0
缬氨酸	11.4		
常量矿物元素(g/kg)			
钙	3.9		
总磷	6.4		
非植酸磷	2.0		
氯化物	0.52		
镁	3.0		
钾	5.0		
钠	0.12		

表 4.1.5A　双低菜籽饼(IFN 5-06-870)——用机械压榨法从双低油菜籽实中提取大部分油后获得的残留物(AAFCO 或 CFIA 没有明确定义)。

营养成分	含量	营养成分	含量
干物质(g/kg)	940	微量矿物元素(mg/kg)	
AME(kcal/kg)	1 960	铜	6.8
AME(MJ/kg)	8.2	碘	0.6
粗纤维(g/kg)	120	铁	180.0
中性洗涤纤维(g/kg)	244	锰	55.3
酸性洗涤纤维(g/kg)	180	硒	1.0
粗脂肪(g/kg)	89.0	锌	43.2
亚油酸(g/kg)	12.8	维生素(IU/kg)	
粗蛋白(g/kg)	352	β-胡萝卜素(mg/kg)	NA
氨基酸(g/kg)		维生素 A	NA
精氨酸	28.0	维生素 E	18.8
甘氨酸+丝氨酸	33.5	维生素(mg/kg)	
组氨酸	14.0	生物素	0.9
异亮氨酸	18.0	胆碱	6 532
亮氨酸	34.0	叶酸	2.2
赖氨酸	27.0	烟酸	155.0
蛋氨酸(Met)	10.0	泛酸	8.0
蛋氨酸+胱氨酸	19.0	吡哆醇	NA
苯丙氨酸(Phe)	19.0	核黄素	3.0
苯丙氨酸+酪氨酸	30.0	硫胺素	1.8
苏氨酸	21.0	维生素(μg/kg)	
色氨酸	6.0	钴胺素(维生素 B_{12})	0
缬氨酸	19.0		
常量矿物元素(g/kg)			
钙	7.6		
总磷	11.5		
非植酸磷	3.4		
氯化物	0.5		
镁	5.0		
钾	8.3		
钠	0.7		

表 4.1.6A 木薯(树薯)(IFN 4-01-152)——木薯的整个块根机械切成小片并且晒干,不能含有沙子或其它杂质,除非是在良好规范的采收过程中不可避免地带入。在全价料中氢氰酸(HCN)等价物(HCN、亚麻苦苷和氰醇的化合物)的含量不得超过 50 mg/kg,在加拿大家禽料中木薯最大用量为 20%。(来源:CFIA,2005)

营养成分	含量	营养成分	含量
干物质(g/kg)	880	微量矿物元素(mg/kg)	
AME(kcal/kg)	3 450	铜	NA
AME(MJ/kg)	14.4	碘	NA
粗纤维(g/kg)	44.0	铁	NA
中性洗涤纤维(g/kg)	85.0	锰	NA
酸性洗涤纤维(g/kg)	61.0	硒	NA
粗脂肪(g/kg)	5.0	锌	NA
亚油酸(g/kg)	0.9	维生素(IU/kg)	
粗蛋白(g/kg)	33.0	β-胡萝卜素(mg/kg)	NA
氨基酸(g/kg)		维生素 A	NA
精氨酸	1.2	维生素 E	NA
甘氨酸+丝氨酸	NA	维生素(mg/kg)	
组氨酸	1.2	生物素	NA
异亮氨酸	0.8	胆碱	NA
亮氨酸	0.7	叶酸	NA
赖氨酸	0.2	烟酸	3.0
蛋氨酸(Met)	0.4	泛酸	1.0
蛋氨酸+胱氨酸	0.9	吡哆醇	1.0
苯丙氨酸(Phe)	1.0	核黄素	0.8
苯丙氨酸+酪氨酸	1.7	硫胺素	1.7
苏氨酸	0.8	维生素(μg/kg)	
色氨酸	0.2	钴胺素(维生素 B_{12})	0
缬氨酸	1.6		
常量矿物元素(g/kg)			
钙	2.2		
总磷	1.5		
非植酸磷	0.7		
氯化物	0.2		
镁	1.1		
钾	7.8		
钠	0.3		

表 4.1.7A 棉籽饼(IFN 5-01-609)——用机械压榨法从棉籽中提取大部分油后获得的残留物。(来源:CFIA,2007)

营养成分	含量	营养成分	含量
干物质(g/kg)	920	微量矿物元素(mg/kg)	
AME(kcal/kg)	2 600	铜	19.0
AME(MJ/kg)	10.9	碘	0.1
粗纤维(g/kg)	119	铁	160
中性洗涤纤维(g/kg)	257	锰	23.0
酸性洗涤纤维(g/kg)	180	硒	0.9
粗脂肪(g/kg)	61.0	锌	64.0
亚油酸(g/kg)	31.5	维生素(IU/kg)	
粗蛋白(g/kg)	424	β-胡萝卜素(mg/kg)	NA
氨基酸(g/kg)		维生素 A	NA
精氨酸	42.6	维生素 E	35.0
甘氨酸+丝氨酸	40.3	维生素(mg/kg)	
组氨酸	11.1	生物素	0.30
异亮氨酸	12.9	胆碱	2 753
亮氨酸	24.5	叶酸	1.65
赖氨酸	16.5	烟酸	38.0
蛋氨酸(Met)	6.7	泛酸	10.0
蛋氨酸+胱氨酸	13.6	吡哆醇	5.3
苯丙氨酸(Phe)	19.7	核黄素	5.1
苯丙氨酸+酪氨酸	32.0	硫胺素	6.4
苏氨酸	13.4	维生素(μg/kg)	
色氨酸	5.4	钴胺素(维生素 B_{12})	57
缬氨酸	17.6		
常量矿物元素(g/kg)			
钙	2.3		
总磷	10.3		
非植酸磷	3.4		
氯化物	0.4		
镁	5.2		
钾	13.4		
钠	0.4		

表 4.1.8A 干酒糟及可溶物(IFN 5-02-843)——将一种谷物或几种谷物混合物的酵母发酵产物通过蒸馏分离出乙醇后，再经过冷却、干燥获得的产品，使用谷物蒸馏车间的设备，则在未过滤酒糟中至少可以得到75%的固体。使用的主要谷物的名称要放在本产品名的最前面(AAFCO,2005)，以决定IFN的准确编号(下表为玉米酒糟)。

营养成分	含量	营养成分	含量
干物质(g/kg)	930	微量矿物元素(mg/kg)	
AME(kcal/kg)	2 480	铜	57
AME(MJ/kg)	10.3	碘	NA
粗纤维(g/kg)	78.0	铁	257
中性洗涤纤维(g/kg)	346	锰	24
酸性洗涤纤维(g/kg)	163	硒	0.39
粗脂肪(g/kg)	84	锌	80
亚油酸(g/kg)	21.5	维生素(IU/kg)	
粗蛋白(g/kg)	277	β-胡萝卜素(mg/kg)	3.5
氨基酸(g/kg)		维生素A	5 835
精氨酸	11.3	维生素E	38
甘氨酸+丝氨酸	31.8	维生素(mg/kg)	
组氨酸	6.9	生物素	0.78
异亮氨酸	10.3	胆碱	2 637
亮氨酸	25.7	叶酸	0.9
赖氨酸	6.2	烟酸	75
蛋氨酸(Met)	5.0	泛酸	14.0
蛋氨酸+胱氨酸	10.2	吡哆醇	8.0
苯丙氨酸(Phe)	13.4	核黄素	8.6
苯丙氨酸+酪氨酸	21.7	硫胺素	2.9
苏氨酸	9.4	维生素(μg/kg)	
色氨酸	2.5	钴胺素(维生素 B_{12})	57
缬氨酸	1.3		
常量矿物元素(g/kg)			
钙	2.0		
总磷	8.4		
非植酸磷	6.2		
氯化物	2.0		
镁	1.9		
钾	8.4		
钠	2.5		

表 4.1.9A 蚕豆(IFN 5-09-262)——蚕豆的整粒籽实。(来源:CFIA,2007)

营养成分	含量	营养成分	含量
干物质(g/kg)	870	微量矿物元素(mg/kg)	
AME(kcal/kg)	2 430	铜	11.0
AME(MJ/kg)	10.3	碘	NA
粗纤维(g/kg)	73.0	铁	75.0
中性洗涤纤维(g/kg)	137.0	锰	15.0
酸性洗涤纤维(g/kg)	97.0	硒	0.02
粗脂肪(g/kg)	14.0	锌	42.0
亚油酸(g/kg)	5.8	维生素(IU/kg)	
粗蛋白(g/kg)	254	β-胡萝卜素(mg/kg)	NA
氨基酸(g/kg)		维生素 A	NA
精氨酸	22.8	维生素 E	5.0
甘氨酸+丝氨酸	21.7	维生素(mg/kg)	
组氨酸	6.7	生物素	0.09
异亮氨酸	10.3	胆碱	1 670
亮氨酸	18.9	叶酸	4.23
赖氨酸	16.2	烟酸	26.0
蛋氨酸(Met)	2.0	泛酸	3.0
蛋氨酸+胱氨酸	5.2	吡哆醇	3.66
苯丙氨酸(Phe)	10.3	核黄素	2.9
苯丙氨酸+酪氨酸	19.0	硫胺素	5.5
苏氨酸	8.9	维生素(μg/kg)	
色氨酸	2.2	钴胺素(维生素 B_{12})	0
缬氨酸	11.4		
常量矿物元素(g/kg)			
钙	1.1		
总磷	4.8		
非植酸磷	1.9		
氯化物	0.7		
镁	1.5		
钾	12.0		
钠	0.3		

表 4.1.10A 亚麻籽饼(IFN 5-02-045)——经机械压榨法从亚麻籽实中提取大部分油后剩余的饼状或块状残留物，经磨碎后获得的产品，其纤维含量不能高于10%。(来源：AAFCO，2005)

营养成分	含量	营养成分	含量
干物质(g/kg)	910	微量矿物元素(mg/kg)	
AME(kcal/kg)	2 350	铜	26.0
AME(MJ/kg)	9.7	碘	0.07
粗纤维(g/kg)	88.0	铁	176
中性洗涤纤维(g/kg)	239	锰	38.0
酸性洗涤纤维(g/kg)	150	硒	0.81
粗脂肪(g/kg)	54.0	锌	33.0
亚油酸(g/kg)	11.0	维生素(IU/kg)	
粗蛋白(g/kg)	343	β-胡萝卜素(mg/kg)	0
氨基酸(g/kg)		维生素 A	0
精氨酸	28.1	维生素 E	8.0
甘氨酸+丝氨酸	19.9	维生素(mg/kg)	
组氨酸	6.5	生物素	0.33
异亮氨酸	16.9	胆碱	1 780
亮氨酸	19.2	叶酸	2.80
赖氨酸	11.8	烟酸	37.0
蛋氨酸(Met)	5.8	泛酸	14.3
蛋氨酸+胱氨酸	11.9	吡哆醇	5.5
苯丙氨酸(Phe)	13.5	核黄素	3.2
苯丙氨酸+酪氨酸	23.4	硫胺素	4.2
苏氨酸	11.4	维生素(μg/kg)	
色氨酸	5.0	钴胺素(维生素 B_{12})	0
缬氨酸	16.1		
常量矿物元素(g/kg)			
钙	4.1		
总磷	8.7		
非植酸磷	2.7		
氯化物	0.4		
镁	5.8		
钾	12.2		
钠	1.1		

表 4.1.11A 干草粉(IFN 1-02-211)——在结籽前收割牧草并且干燥、粉碎得到的产品。如果要描述草的种类,则必须加上相应的牧草名称。(来源:AAFCO,2005)

营养成分	含量	营养成分	含量
干物质(g/kg)	917	微量矿物元素(mg/kg)	
AME(kcal/kg)	1 390	铜	6.7
AME(MJ/kg)	5.8	碘	0.14
粗纤维(g/kg)	209	铁	525
中性洗涤纤维(g/kg)	525	锰	53.0
酸性洗涤纤维(g/kg)	254	硒	0.05
粗脂肪(g/kg)	34.2	锌	19.0
亚油酸(g/kg)	2.9	维生素(IU/kg)	
粗蛋白(g/kg)	182.2	β-胡萝卜素(mg/kg)	35.8
氨基酸(g/kg)		维生素 A	59 678
精氨酸	7.5	维生素 E	150
甘氨酸+丝氨酸	13.7	维生素(mg/kg)	
组氨酸	2.7	生物素	0.22
异亮氨酸	5.6	胆碱	1 470
亮氨酸	12.1	叶酸	NA
赖氨酸	7.1	烟酸	74.0
蛋氨酸(Met)	3.1	泛酸	15.4
蛋氨酸+胱氨酸	5.0	吡哆醇	11.7
苯丙氨酸(Phe)	7.1	核黄素	15.5
苯丙氨酸+酪氨酸	11.6	硫胺素	12.6
苏氨酸	6.2	维生素(μg/kg)	
色氨酸	3.1	钴胺素(维生素 B_{12})	0
缬氨酸	7.0		
常量矿物元素(g/kg)			
钙	6.3		
总磷	3.48		
非植酸磷	3.2		
氯化物	8.0		
镁	1.74		
钾	25.1		
钠	2.84		

表 4.1.12A 鲱鱼粉(IFN 5-02-000)——清洁、干燥、粉碎的全鱼或鱼切块或二者混合的未分解组织,提取或未提取过鱼油。如果要描述鱼粉的种类,则必须加上鱼的相应名称。(来源:AAFCO,2005)

营养成分	含量	营养成分	含量
干物质(g/kg)	925	微量矿物元素(mg/kg)	
AME(kcal/kg)	3 190	铜	6.0
AME(MJ/kg)	13.4	碘	2.0
粗纤维(g/kg)	0	铁	181.0
中性洗涤纤维(g/kg)	0	锰	8.0
酸性洗涤纤维(g/kg)	0	硒	1.93
粗脂肪(g/kg)	92.0	锌	132.0
亚油酸(g/kg)	1.5	维生素(IU/kg)	
粗蛋白(g/kg)	681	β-胡萝卜素(mg/kg)	0
氨基酸(g/kg)		维生素 A	0
精氨酸	40.1	维生素 E	15.0
甘氨酸+丝氨酸	70.5	维生素(mg/kg)	
组氨酸	15.2	生物素	0.13
异亮氨酸	29.1	胆碱	5 306
亮氨酸	52.0	叶酸	0.37
赖氨酸	54.6	烟酸	93.0
蛋氨酸(Met)	20.4	泛酸	17.0
蛋氨酸+胱氨酸	28.2	吡哆醇	4.8
苯丙氨酸(Phe)	27.5	核黄素	9.9
苯丙氨酸+酪氨酸	49.3	硫胺素	0.4
苏氨酸	30.2	维生素(μg/kg)	
色氨酸	7.4	钴胺素(维生素 B_{12})	403.0
缬氨酸	34.6		
常量矿物元素(g/kg)			
钙	24.0		
总磷	17.6		
非植酸磷	17.0		
氯化物	11.2		
镁	1.8		
钾	10.1		
钠	6.1		

表 4.1.13A　饲用玉米粉(IFN 4-03-011)——该混合物包括玉米麸、玉米胚芽、黄玉米籽实或白玉米籽实或二者混合物的淀粉成分,这些都是玉米粒、玉米糁或食用玉米粉的加工副产品。饲用玉米粉的粗脂肪含量不得少于4%。如果要强调产品来自黄玉米或白玉米,则必须加上相应的“黄”或“白”。(来源:AAFCO,2005)

营养成分	含量	营养成分	含量
干物质(g/kg)	900	微量矿物元素(mg/kg)	
AME(kcal/kg)	2 950	铜	13
AME(MJ/kg)	12.1	碘	NA
粗纤维(g/kg)	49.0	铁	67
中性洗涤纤维(g/kg)	285	锰	15
酸性洗涤纤维(g/kg)	81.0	硒	0.1
粗脂肪(g/kg)	67.0	锌	45
亚油酸(g/kg)	29.7	维生素(IU/kg)	
粗蛋白(g/kg)	103	β-胡萝卜素(mg/kg)	9.0
氨基酸(g/kg)		维生素 A	15 003
精氨酸	5.6	维生素 E	6.5
甘氨酸+丝氨酸	9.0	维生素(mg/kg)	
组氨酸	2.8	生物素	0.13
异亮氨酸	3.6	胆碱	1 155
亮氨酸	9.8	叶酸	0.21
赖氨酸	3.8	烟酸	47
蛋氨酸(Met)	1.8	泛酸	8.2
蛋氨酸+胱氨酸	3.6	吡哆醇	11.0
苯丙氨酸(Phe)	4.3	核黄素	2.1
苯丙氨酸+酪氨酸	8.3	硫胺素	8.1
苏氨酸	4.0	维生素(μg/kg)	
色氨酸	1.0	钴胺素(维生素 B_{12})	0
缬氨酸	5.2		
常量矿物元素(g/kg)			
钙	0.5		
总磷	4.3		
非植酸磷	0.6		
氯化物	0.7		
镁	2.4		
钾	6.1		
钠	0.8		

表 4.1.14A　脱水或干燥的海藻粉(IFN-1-08-073)——无毒的、肉眼可见的海藻(海生植物)经干燥、粉碎而形成的产品。这些藻类包括石花菜科、杉藻科、江蓠科、红翎藻科、掌藻科、红毛菜科、海带科、巨藻科、翅藻科、鹿角菜科、马尾藻科、礁膜科(Monostromataceae)、石莼科。(来源:CFIA,2007)

营养成分	含量	营养成分	含量
干物质(g/kg)	930	微量矿物元素(mg/kg)	
AME(kcal/kg)	700	铜	45.0
AME(MJ/kg)	2.9	碘	3 500
粗纤维(g/kg)	239	铁	444
中性洗涤纤维(g/kg)	NA	锰	2.0
酸性洗涤纤维(g/kg)	100	硒	0.4
粗脂肪(g/kg)	30.0	锌	12.3
亚油酸(g/kg)	1.01	维生素(IU/kg)	
粗蛋白(g/kg)	16.8	β-胡萝卜素(mg/kg)	0.7
氨基酸(g/kg)		维生素 A	1 167
精氨酸	0.65	维生素 E	8.7
甘氨酸+丝氨酸	NA	维生素(mg/kg)	
组氨酸	0.24	生物素	0.09
异亮氨酸	0.76	胆碱	1 670
亮氨酸	0.83	叶酸	1.65
赖氨酸	0.82	烟酸	26.0
蛋氨酸(Met)	0.25	泛酸	3.0
蛋氨酸+胱氨酸	1.23	吡哆醇	0.02
苯丙氨酸(Phe)	0.43	核黄素	2.9
苯丙氨酸+酪氨酸	0.69	硫胺素	5.5
苏氨酸	0.55	维生素(μg/kg)	
色氨酸	0.48	钴胺素(维生素 B_{12})	50.0
缬氨酸	0.72		
常量矿物元素(g/kg)			
钙	1.68		
总磷	0.42		
非植酸磷	NA		
氯化物	1.2		
镁	1.21		
钾	0.9		
钠	0.8		

表 4.1.15A　脱水紫花苜蓿粉(IFN 1-00-023)——紫花苜蓿地上部分，用热处理方法干燥并精磨而得。(来源：AAFCO，2005)

营养成分	含量	营养成分	含量
干物质(g/kg)	920	微量矿物元素(mg/kg)	
AME(kcal/kg)	1 200	铜	10.0
AME(MJ/kg)	5.0	碘	NA
粗纤维(g/kg)	240	铁	333
中性洗涤纤维(g/kg)	412	锰	32.0
酸性洗涤纤维(g/kg)	302	硒	0.34
粗脂肪(g/kg)	26.0	锌	24.0
亚油酸(g/kg)	3.5	维生素(IU/kg)	
粗蛋白(g/kg)	170	β-胡萝卜素(mg/kg)	170
氨基酸(g/kg)		维生素 A	283 390
精氨酸	7.1	维生素 E	49.8
甘氨酸＋丝氨酸	15.4	维生素(mg/kg)	
组氨酸	3.7	生物素	0.54
异亮氨酸	6.8	胆碱	1 401
亮氨酸	12.1	叶酸	4.36
赖氨酸	7.4	烟酸	38.0
蛋氨酸(Met)	2.5	泛酸	29.0
蛋氨酸＋胱氨酸	4.3	吡哆醇	6.5
苯丙氨酸(Phe)	8.4	核黄素	13.6
苯丙氨酸＋酪氨酸	13.9	硫胺素	3.4
苏氨酸	7.0	维生素(μg/kg)	
色氨酸	2.4	钴胺素(维生素 B_{12})	0
缬氨酸	8.6		
常量矿物元素(g/kg)			
钙	15.3		
总磷	2.6		
非植酸磷	2.5		
氯化物	4.7		
镁	2.3		
钾	23.0		
钠	0.9		

表 4.1.16A　晒干的紫花苜蓿粉(IFN 1-00-059)——紫花苜蓿地上部分,经日光晒干并且精磨或粗磨后得到。(来源:AAFCO,2005)

营养成分	含量	营养成分	含量
干物质(g/kg)	907	微量矿物元素(mg/kg)	
AME(kcal/kg)	660	铜	10.0
AME(MJ/kg)	2.1	碘	NA
粗纤维(g/kg)	207	铁	173
中性洗涤纤维(g/kg)	368	锰	27.0
酸性洗涤纤维(g/kg)	290	硒	0.49
粗脂肪(g/kg)	32.0	锌	22.0
亚油酸(g/kg)	4.3	维生素(IU/kg)	
粗蛋白(g/kg)	162	β-胡萝卜素(mg/kg)	145.8
氨基酸(g/kg)		维生素 A	243 049
精氨酸	7.3	维生素 E	200
甘氨酸+丝氨酸	NA	维生素(mg/kg)	
组氨酸	3.4	生物素	0.005
异亮氨酸	6.0	胆碱	919
亮氨酸	10.7	叶酸	0.24
赖氨酸	8.1	烟酸	8.2
蛋氨酸(Met)	1.9	泛酸	28.0
蛋氨酸+胱氨酸	5.0	吡哆醇	4.4
苯丙氨酸(Phe)	7.1	核黄素	15.0
苯丙氨酸+酪氨酸	11.9	硫胺素	4.2
苏氨酸	6.0	维生素(μg/kg)	
色氨酸	1.8	钴胺素(维生素 B_{12})	0
缬氨酸	7.9		
常量矿物元素(g/kg)			
钙	12.7		
总磷	2.0		
非植酸磷	1.8		
氯化物	3.4		
镁	2.9		
钾	22.7		
钠	1.3		

表 4.1.17A 甜白羽扇豆粉(IFN 5-27-717)——白花羽扇豆、蓝花羽扇豆或黄花羽扇豆的整粒籽实粉碎后的产品，总生物碱含量必须少于0.03%。羽扇豆品种名称必须列在“甜羽扇豆粉”的后面。(来源:CFIA,2007)

营养成分	含量	营养成分	含量
干物质(g/kg)	890	微量矿物元素(mg/kg)	
AME(kcal/kg)	2 950	铜	10.3
AME(MJ/kg)	12.2	碘	NA
粗纤维(g/kg)	110	铁	54.0
中性洗涤纤维(g/kg)	203	锰	23.8
酸性洗涤纤维(g/kg)	167	硒	0.08
粗脂肪(g/kg)	97.5	锌	47.5
亚油酸(g/kg)	35.6	维生素(IU/kg)	
粗蛋白(g/kg)	349	β-胡萝卜素(mg/kg)	NA
氨基酸(g/kg)		维生素A	NA
精氨酸	33.8	维生素E	8.0
甘氨酸+丝氨酸	NA	维生素(mg/kg)	
组氨酸	7.7	生物素	0.05
异亮氨酸	14.0	胆碱	NA
亮氨酸	24.3	叶酸	3.6
赖氨酸	15.4	烟酸	21.9
蛋氨酸(Met)	2.7	泛酸	7.5
蛋氨酸+胱氨酸	7.8	吡哆醇	3.6
苯丙氨酸(Phe)	12.2	核黄素	2.2
苯丙氨酸+酪氨酸	25.7	硫胺素	6.4
苏氨酸	12.0	维生素(μg/kg)	
色氨酸	2.6	钴胺素(维生素 B_{12})	0
缬氨酸	10.5		
常量矿物元素(g/kg)			
钙	3.4		
总磷	3.8		
非植酸磷	1.6		
氯化物	0.3		
镁	1.9		
钾	11.0		
钠	0.2		

表 4.1.18A 黄玉米(IFN 4-02-935)——黄玉米的整粒籽实。(来源:CFIA,2007)

营养成分	含量	营养成分	含量
干物质(g/kg)	890	微量矿物元素(mg/kg)	
AME(kcal/kg)	3 350	铜	3.0
AME(MJ/kg)	14.2	碘	0.05
粗纤维(g/kg)	26.0	铁	29.0
中性洗涤纤维(g/kg)	96.0	锰	7.0
酸性洗涤纤维(g/kg)	28.0	硒	0.07
粗脂肪(g/kg)	39.0	锌	18.0
亚油酸(g/kg)	19.2	维生素(IU/kg)	
粗蛋白(g/kg)	83.0	β-胡萝卜素(mg/kg)	17.0
氨基酸(g/kg)		维生素 A	28 339
精氨酸	3.7	维生素 E	17
甘氨酸+丝氨酸	7.0	维生素(mg/kg)	
组氨酸	2.3	生物素	0.06
异亮氨酸	2.8	胆碱	620
亮氨酸	9.9	叶酸	0.15
赖氨酸	2.6	烟酸	24.0
蛋氨酸(Met)	1.7	泛酸	6.0
蛋氨酸+胱氨酸	3.8	吡哆醇	5.0
苯丙氨酸(Phe)	3.9	核黄素	1.2
苯丙氨酸+酪氨酸	6.4	硫胺素	3.5
苏氨酸	2.9	维生素(μg/kg)	
色氨酸	0.6	钴胺素(维生素 B_{12})	0
缬氨酸	3.9		
常量矿物元素(g/kg)			
钙	0.3		
总磷	2.8		
非植酸磷	0.4		
氯化物	0.5		
镁	1.2		
钾	3.3		
钠	0.2		

表 4.1.19A　曼哈顿鱼粉(IFN 5-02-009)——清洁、干燥、粉碎的全鱼或鱼切块或二者混合的未分解组织，提取或未提取过鱼油。如果要描述鱼粉的种类，则必须加上鱼的相应名称。(来源：AAFCO，2005)

营养成分	含量	营养成分	含量
干物质(g/kg)	920	微量矿物元素(mg/kg)	
AME(kcal/kg)	2 820	铜	11.0
AME(MJ/kg)	11.8	碘	2.0
粗纤维(g/kg)	0	铁	440
中性洗涤纤维(g/kg)	0	锰	37.0
酸性洗涤纤维(g/kg)	0	硒	2.1
粗脂肪(g/kg)	94.0	锌	147
亚油酸(g/kg)	1.2	维生素(IU/kg)	
粗蛋白(g/kg)	623	β-胡萝卜素(mg/kg)	0
氨基酸(g/kg)		维生素 A	0
精氨酸	36.6	维生素 E	5.0
甘氨酸＋丝氨酸	68.3	维生素(mg/kg)	
组氨酸	17.8	生物素	0.13
异亮氨酸	25.7	胆碱	3 056
亮氨酸	45.4	叶酸	0.37
赖氨酸	48.1	烟酸	55.0
蛋氨酸(Met)	17.7	泛酸	9.0
蛋氨酸＋胱氨酸	23.4	吡哆醇	4.0
苯丙氨酸(Phe)	25.1	核黄素	4.9
苯丙氨酸＋酪氨酸	45.5	硫胺素	0.5
苏氨酸	26.4	维生素(μg/kg)	
色氨酸	6.6	钴胺素(维生素 B_{12})	143
缬氨酸	30.3		
常量矿物元素(g/kg)			
钙	52.1		
总磷	30.4		
非植酸磷	30.4		
氯化物	5.5		
镁	1.6		
钾	7.0		
钠	4.0		

表 4.1.20A **液态脱脂乳(IFN 5-01-170)**——脱脂牛奶(AAFCO或者 CFIA 没有定义)。

营养成分	含量	营养成分	含量
干物质(g/kg)	91.0	微量矿物元素(mg/kg)	
AME(kcal/kg)	286	铜	0.04
AME(MJ/kg)	1.2	碘	0.03
粗纤维(g/kg)	0	铁	1.0
中性洗涤纤维(g/kg)	0	锰	0.1
酸性洗涤纤维(g/kg)	0	硒	0.05
粗脂肪(g/kg)	0.9	锌	4.0
亚油酸(g/kg)	0.3	维生素(IU/kg)	
粗蛋白(g/kg)	3.5	β-胡萝卜素(mg/kg)	0
氨基酸(g/kg)		维生素 A	29
精氨酸	1.2	维生素 E	0.4
甘氨酸+丝氨酸	NA	维生素(mg/kg)	
组氨酸	0.9	生物素	NA
异亮氨酸	1.9	胆碱	135.0
亮氨酸	3.4	叶酸	0.05
赖氨酸	2.7	烟酸	0.88
蛋氨酸(Met)	0.7	泛酸	3.29
蛋氨酸+胱氨酸	1.0	吡哆醇	0.4
苯丙氨酸(Phe)	1.8	核黄素	1.4
苯丙氨酸+酪氨酸	3.3	硫胺素	0.36
苏氨酸	1.5	维生素(μg/kg)	
色氨酸	0.5	钴胺素(维生素 B_{12})	3.8
缬氨酸	2.3		
常量矿物元素(g/kg)			
钙	1.2		
总磷	1.0		
非植酸磷	1.0		
氯化物	1.0		
镁	0.1		
钾	1.5		
钠	0.6		

表 4.1.21A　脱水脱脂奶(IFN 5-01-175)——脱水脱脂牛奶(或干燥脱脂牛奶)是指通过热处理方法干燥脱脂奶后得到的残留物。(来源:CFIA,2007)

营养成分	含量	营养成分	含量
干物质(g/kg)	960	微量矿物元素(mg/kg)	
AME(kcal/kg)	2 950	铜	0.1
AME(MJ/kg)	12.2	碘	NA
粗纤维(g/kg)	0	铁	0.9
中性洗涤纤维(g/kg)	0	锰	0.2
酸性洗涤纤维(g/kg)	0	硒	0.14
粗脂肪(g/kg)	9.0	锌	4.0
亚油酸(g/kg)	0.1	维生素(IU/kg)	
粗蛋白(g/kg)	346	β-胡萝卜素(mg/kg)	0
氨基酸(g/kg)		维生素 A	290
精氨酸	12.0	维生素 E	4.1
甘氨酸＋丝氨酸	NA	维生素(mg/kg)	
组氨酸	8.4	生物素	0.33
异亮氨酸	13.5	胆碱	1 408
亮氨酸	34.0	叶酸	0.62
赖氨酸	28.0	烟酸	11.0
蛋氨酸(Met)	8.4	泛酸	33.0
蛋氨酸＋胱氨酸	11.7	吡哆醇	4.0
苯丙氨酸(Phe)	16.0	核黄素	19.8
苯丙氨酸＋酪氨酸	29.0	硫胺素	3.52
苏氨酸	15.1	维生素(μg/kg)	
色氨酸	4.4	钴胺素(维生素 B_{12})	40.3
缬氨酸	23.0		
常量矿物元素(g/kg)			
钙	13.1		
总磷	10.0		
非植酸磷	10.0		
氯化物	10.0		
镁	1.2		
钾	16.0		
钠	4.4		

表 4.1.22A 糖蜜(甘蔗)(IFN 4-04-696)——从甘蔗生产蔗糖的一种副产品，其总转化糖含量不得少于 43%。(来源：AAFCO，2005)

营养成分	含量	营养成分	含量
干物质(g/kg)	710	微量矿物元素(mg/kg)	
AME(kcal/kg)	2 150	铜	59.6
AME(MJ/kg)	9.6	碘	NA
粗纤维(g/kg)	0	铁	175
中性洗涤纤维(g/kg)	0	锰	42.2
酸性洗涤纤维(g/kg)	0	硒	NA
粗脂肪(g/kg)	1.1	锌	13.0
亚油酸(g/kg)	0	维生素(IU/kg)	
粗蛋白(g/kg)	40.0	β-胡萝卜素(mg/kg)	0
氨基酸(g/kg)		维生素 A	0
精氨酸	0.2	维生素 E	4.4
甘氨酸+丝氨酸	NA	维生素(mg/kg)	
组氨酸	0.1	生物素	0.7
异亮氨酸	0.3	胆碱	660
亮氨酸	0.5	叶酸	0.1
赖氨酸	0.1	烟酸	45
蛋氨酸(Met)	0.2	泛酸	39
蛋氨酸+胱氨酸	0.5	吡哆醇	7.0
苯丙氨酸(Phe)	0.2	核黄素	2.3
苯丙氨酸+酪氨酸	0.8	硫胺素	0.9
苏氨酸	0.6	维生素(μg/kg)	
色氨酸	0.1	钴胺素(维生素 B_{12})	0
缬氨酸	1.2		
常量矿物元素(g/kg)			
钙	8.2		
总磷	0.8		
非植酸磷	0.72		
氯化物	15.9		
镁	3.5		
钾	23.8		
钠	9.0		

表 4.1.23A　糖蜜(甜菜)(IFN 4-00-669)——从甜菜中提取蔗糖时产生的副产品。(来源:CFIA,2007)

营养成分	含量	营养成分	含量
干物质(g/kg)	770	微量矿物元素(mg/kg)	
AME(kcal/kg)	2 100	铜	13.0
AME(MJ/kg)	9.5	碘	NA
粗纤维(g/kg)	0	铁	117
中性洗涤纤维(g/kg)	0	锰	10.0
酸性洗涤纤维(g/kg)	0	硒	NA
粗脂肪(g/kg)	0	锌	40.0
亚油酸(g/kg)	0	维生素(IU/kg)	
粗蛋白(g/kg)	60.0	β-胡萝卜素(mg/kg)	0
氨基酸(g/kg)		维生素 A	0
精氨酸	NA	维生素 E	4.0
甘氨酸+丝氨酸	NA	维生素(mg/kg)	
组氨酸	0.4	生物素	0.46
异亮氨酸	NA	胆碱	716.0
亮氨酸	NA	叶酸	NA
赖氨酸	0.1	烟酸	41.0
蛋氨酸(Met)	NA	泛酸	7.0
蛋氨酸+胱氨酸	0.1	吡哆醇	NA
苯丙氨酸(Phe)	NA	核黄素	2.3
苯丙氨酸+酪氨酸	NA	硫胺素	NA
苏氨酸	0.4	维生素(μg/kg)	
色氨酸	NA	钴胺素(维生素 B_{12})	0
缬氨酸	NA		
常量矿物元素(g/kg)			
钙	2.0		
总磷	0.3		
非植酸磷	0.2		
氯化物	9.0		
镁	2.3		
钾	47.0		
钠	10.0		

表 4.1.24A 燕麦(IFN 4-03-309)——燕麦的整粒籽实。(来源:CFIA,2007)

营养成分	含量	营养成分	含量
干物质(g/kg)	890	微量矿物元素(mg/kg)	
AME(kcal/kg)	2 610	铜	6.0
AME(MJ/kg)	10.9	碘	0.1
粗纤维(g/kg)	108	铁	85.0
中性洗涤纤维(g/kg)	270	锰	43.0
酸性洗涤纤维(g/kg)	135	硒	0.3
粗脂肪(g/kg)	47.0	锌	38.0
亚油酸(g/kg)	26.8	维生素(IU/kg)	
粗蛋白(g/kg)	115	β-胡萝卜素(mg/kg)	3.7
氨基酸(g/kg)		维生素 A	6 168
精氨酸	8.7	维生素 E	12.0
甘氨酸+丝氨酸	7.0	维生素(mg/kg)	
组氨酸	3.1	生物素	0.24
异亮氨酸	4.8	胆碱	946
亮氨酸	9.2	叶酸	0.30
赖氨酸	4.0	烟酸	19.0
蛋氨酸(Met)	2.2	泛酸	13.0
蛋氨酸+胱氨酸	5.8	吡哆醇	2.0
苯丙氨酸(Phe)	6.5	核黄素	1.7
苯丙氨酸+酪氨酸	10.6	硫胺素	6.0
苏氨酸	4.4	维生素(μg/kg)	
色氨酸	1.4	钴胺素(维生素 B_{12})	0
缬氨酸	6.60		
常量矿物元素(g/kg)			
钙	0.7		
总磷	3.1		
非植酸磷	0.68		
氯化物	1.0		
镁	1.6		
钾	4.2		
钠	0.8		

表 4.1.25A　花生饼(IFN 5-03-649)——花生仁经过机械压榨、提取出大部分油后的残留物，经粉碎形成的产品。(来源:CFIA,2007)

营养成分	含量	营养成分	含量
干物质(g/kg)	930	微量矿物元素(mg/kg)	
AME(kcal/kg)	2 300	铜	15.0
AME(MJ/kg)	9.6	碘	0.4
粗纤维(g/kg)	69.0	铁	285
中性洗涤纤维(g/kg)	146	锰	39.0
酸性洗涤纤维(g/kg)	91.0	硒	0.28
粗脂肪(g/kg)	65.0	锌	47.0
亚油酸(g/kg)	17.3	维生素(IU/kg)	
粗蛋白(g/kg)	432	β-胡萝卜素(mg/kg)	0
氨基酸(g/kg)		维生素 A	0
精氨酸	47.9	维生素 E	3.0
甘氨酸+丝氨酸	48.0	维生素(mg/kg)	
组氨酸	10.1	生物素	0.35
异亮氨酸	14.1	胆碱	1 848
亮氨酸	27.7	叶酸	0.7
赖氨酸	14.8	烟酸	166
蛋氨酸(Met)	5.0	泛酸	47.0
蛋氨酸+胱氨酸	11.0	吡哆醇	7.4
苯丙氨酸(Phe)	20.2	核黄素	5.2
苯丙氨酸+酪氨酸	37.6	硫胺素	7.1
苏氨酸	11.6	维生素(μg/kg)	
色氨酸	4.1	钴胺素(维生素 B_{12})	0
缬氨酸	17.0		
常量矿物元素(g/kg)			
钙	1.7		
总磷	5.9		
非植酸磷	2.7		
氯化物	0.3		
镁	3.3		
钾	12.0		
钠	0.6		

表 4.1.26A 豌豆(IFN 5-03-600)——紫花豌豆的整粒籽实。(来源:CFIA,2007)

营养成分	含量	营养成分	含量
干物质(g/kg)	890	微量矿物元素(mg/kg)	
AME(kcal/kg)	2 570	铜	9.0
AME(MJ/kg)	10.7	碘	0.26
粗纤维(g/kg)	61.0	铁	65.0
中性洗涤纤维(g/kg)	127	锰	23.0
酸性洗涤纤维(g/kg)	72.0	硒	0.38
粗脂肪(g/kg)	12.0	锌	23.0
亚油酸(g/kg)	4.7	维生素(IU/kg)	
粗蛋白(g/kg)	228	β-胡萝卜素(mg/kg)	1.0
氨基酸(g/kg)		维生素 A	1 667
精氨酸	18.7	维生素 E	4.0
甘氨酸+丝氨酸	20.8	维生素(mg/kg)	
组氨酸	5.4	生物素	0.15
异亮氨酸	8.6	胆碱	547
亮氨酸	15.1	叶酸	0.2
赖氨酸	15.0	烟酸	31.0
蛋氨酸(Met)	2.1	泛酸	18.7
蛋氨酸+胱氨酸	5.2	吡哆醇	1.0
苯丙氨酸(Phe)	9.8	核黄素	1.8
苯丙氨酸+酪氨酸	16.9	硫胺素	4.6
苏氨酸	7.8	维生素(μg/kg)	
色氨酸	1.9	钴胺素(维生素 B_{12})	0
缬氨酸	9.8		
常量矿物元素(g/kg)			
钙	1.1		
总磷	3.9		
非植酸磷	1.7		
氯化物	0.5		
镁	1.2		
钾	10.2		
钠	0.4		

表 4.1.27A　熟马铃薯(IFN 4-03-787)——加热后的马铃薯块茎部分(AAFCO 或 CFIA 没有定义)。

营养成分	含量	营养成分	含量
干物质(g/kg)	222	微量矿物元素(mg/kg)	
AME(kcal/kg)	798	铜	1.75
AME(MJ/kg)	3.36	碘	0.05
粗纤维(g/kg)	7.5	铁	13.75
中性洗涤纤维(g/kg)	NA	锰	1.75
酸性洗涤纤维(g/kg)	26.7	硒	0.02
粗脂肪(g/kg)	1.0	锌	3.75
亚油酸(g/kg)	0.01	维生素(IU/kg)	
粗蛋白(g/kg)	24.5	β-胡萝卜素(mg/kg)	0.01
氨基酸(g/kg)		维生素 A	16.7
精氨酸	1.1	维生素 E	0.13
甘氨酸+丝氨酸	NA	维生素(mg/kg)	
组氨酸	0.5	生物素	0.01
异亮氨酸	4.1	胆碱	206
亮氨酸	1.4	叶酸	0.18
赖氨酸	1.43	烟酸	11.9
蛋氨酸(Met)	0.4	泛酸	3.33
蛋氨酸+胱氨酸	0.7	吡哆醇	3.33
苯丙氨酸(Phe)	1.0	核黄素	0.35
苯丙氨酸+酪氨酸	1.9	硫胺素	0.9
苏氨酸	0.9	维生素(μg/kg)	
色氨酸	0.4	钴胺素(维生素 B_{12})	0
缬氨酸	1.3		
常量矿物元素(g/kg)			
钙	0.14		
总磷	0.7		
非植酸磷	0.6		
氯化物	NA		
镁	0.25		
钾	5.5		
钠	0.07		

表 4.1.28A 马铃薯浓缩蛋白(IFN 5-25-392)——去淀粉的马铃薯液经热凝结、脱水后沉淀出来的蛋白质部分。(来源:AAFCO,2005)

营养成分	含量	营养成分	含量
干物质(g/kg)	910	微量矿物元素(mg/kg)	
AME(kcal/kg)	2 840	铜	29.0
AME(MJ/kg)	11.7	碘	0.3
粗纤维(g/kg)	5.5	铁	450
中性洗涤纤维(g/kg)	20.0	锰	5.0
酸性洗涤纤维(g/kg)	NA	硒	1.0
粗脂肪(g/kg)	20.0	锌	21.0
亚油酸(g/kg)	2.2	维生素(IU/kg)	
粗蛋白(g/kg)	755	β-胡萝卜素(mg/kg)	NA
氨基酸(g/kg)		维生素 A	NA
精氨酸	42.7	维生素 E	35.0
甘氨酸+丝氨酸	NA	维生素(mg/kg)	
组氨酸	18.2	生物素	NA
异亮氨酸	45.2	胆碱	NA
亮氨酸	86.4	叶酸	NA
赖氨酸	64.0	烟酸	NA
蛋氨酸(Met)	19.2	泛酸	NA
蛋氨酸+胱氨酸	32.0	吡哆醇	NA
苯丙氨酸(Phe)	55.2	核黄素	NA
苯丙氨酸+酪氨酸	106.6	硫胺素	NA
苏氨酸	48.0	维生素(μg/kg)	
色氨酸	10.6	钴胺素(维生素 B_{12})	0
缬氨酸	56.8		
常量矿物元素(g/kg)			
钙	2.5		
总磷	3.8		
非植酸磷	2.8		
氯化物	3.0		
镁	0.25		
钾	0.05		
钠	0.05		

表 4.1.29A 米糠(IFN 4-03-928)——主要指稻米的种皮或麸皮层及胚芽,在食用稻米的常规碾磨过程中,不可避免地混有一些碎壳、碎米或啤酒米以及碳酸钙。其粗纤维含量不得高于 13.9%。(来源:AAFCO,2005)

营养成分	含量	营养成分	含量
干物质(g/kg)	874	微量矿物元素(mg/kg)	
AME(kcal/kg)	2 980	铜	9.0
AME(MJ/kg)	12.5	碘	0.1
粗纤维(g/kg)	130	铁	190
中性洗涤纤维(g/kg)	237	锰	228
酸性洗涤纤维(g/kg)	139	硒	0.4
粗脂肪(g/kg)	130	锌	30
亚油酸(g/kg)	41.2	维生素(IU/kg)	
粗蛋白(g/kg)	133	β-胡萝卜素(mg/kg)	0
氨基酸(g/kg)		维生素 A	0
精氨酸	10.0	维生素 E	35.0
甘氨酸+丝氨酸	12.9	维生素(mg/kg)	
组氨酸	3.4	生物素	0.35
异亮氨酸	4.4	胆碱	1 135
亮氨酸	9.2	叶酸	220
赖氨酸	5.7	烟酸	293
蛋氨酸(Met)	2.6	泛酸	23
蛋氨酸+胱氨酸	5.3	吡哆醇	26
苯丙氨酸(Phe)	5.6	核黄素	2.5
苯丙氨酸+酪氨酸	9.6	硫胺素	22.5
苏氨酸	4.8	维生素(μg/kg)	
色氨酸	1.4	钴胺素(维生素 B_{12})	0
缬氨酸	6.8		
常量矿物元素(g/kg)			
钙	0.7		
总磷	13.4		
非植酸磷	3.1		
氯化物	0.7		
镁	9.0		
钾	15.6		
钠	0.3		

表 4.1.30A 黑麦(IFN 4-04-047)——黑麦的整粒籽实。(来源:CFIA,2007)

营养成分	含量	营养成分	含量
干物质(g/kg)	880	微量矿物元素(mg/kg)	
AME(kcal/kg)	2 630	铜	7.0
AME(MJ/kg)	11.0	碘	0.07
粗纤维(g/kg)	22.0	铁	60.0
中性洗涤纤维(g/kg)	123.0	锰	58.0
酸性洗涤纤维(g/kg)	46.0	硒	0.38
粗脂肪(g/kg)	16.0	锌	31.0
亚油酸(g/kg)	7.6	维生素(IU/kg)	
粗蛋白(g/kg)	118	β-胡萝卜素(mg/kg)	0
氨基酸(g/kg)		维生素 A	0
精氨酸	5.0	维生素 E	15.0
甘氨酸+丝氨酸	10.1	维生素(mg/kg)	
组氨酸	2.4	生物素	0.08
异亮氨酸	3.7	胆碱	419
亮氨酸	6.4	叶酸	1.0
赖氨酸	3.8	烟酸	19.0
蛋氨酸(Met)	1.7	泛酸	8.0
蛋氨酸+胱氨酸	3.6	吡哆醇	2.6
苯丙氨酸(Phe)	5.0	核黄素	1.6
苯丙氨酸+酪氨酸	7.6	硫胺素	3.6
苏氨酸	3.2	维生素(μg/kg)	
色氨酸	1.2	钴胺素(维生素 B_{12})	0
缬氨酸	5.1		
常量矿物元素(g/kg)			
钙	0.6		
总磷	3.3		
非植酸磷	1.1		
氯化物	0.3		
镁	1.2		
钾	4.8		
钠	0.2		

表 4.1.31A　红花籽饼(IFN 5-04-109)——通过机械压榨工艺从整粒红花籽实中提取大部分油后获得的残留物经粉碎得到的产品。(来源:AAFCO,2005)

营养成分	含量	营养成分	含量
干物质(g/kg)	920	微量矿物元素(mg/kg)	
AME(kcal/kg)	2 770	铜	9.0
AME(MJ/kg)	11.59	碘	NA
粗纤维(g/kg)	135	铁	484
中性洗涤纤维(g/kg)	259	锰	40
酸性洗涤纤维(g/kg)	180	硒	NA
粗脂肪(g/kg)	76.0	锌	42.0
亚油酸(g/kg)	11.0	维生素(IU/kg)	
粗蛋白(g/kg)	390	β-胡萝卜素(mg/kg)	NA
氨基酸(g/kg)		维生素 A	NA
精氨酸	27.5	维生素 E	16.0
甘氨酸+丝氨酸	46.4	维生素(mg/kg)	
组氨酸	9.1	生物素	1.4
异亮氨酸	16.0	胆碱	2 570
亮氨酸	24.4	叶酸	0.4
赖氨酸	10.4	烟酸	22
蛋氨酸(Met)	7.9	泛酸	39.1
蛋氨酸+胱氨酸	14.9	吡哆醇	11.3
苯丙氨酸(Phe)	17.5	核黄素	4.0
苯丙氨酸+酪氨酸	27.0	硫胺素	4.5
苏氨酸	13.6	维生素(μg/kg)	
色氨酸	6.8	钴胺素(维生素 B_{12})	0
缬氨酸	21.5		
常量矿物元素(g/kg)			
钙	2.6		
总磷	18.0		
非植酸磷	5.0		
氯化物	1.6		
镁	10.2		
钾	7.0		
钠	0.5		

表 4.1.32A　芝麻饼(IFN 5-04-220)——芝麻经机械压榨、提取出大部分油后的残渣，粉碎后形成的产品(AAFCO 或 CFIA 没有定义)。

营养成分	含量	营养成分	含量
干物质(g/kg)	930	微量矿物元素(mg/kg)	
AME(kcal/kg)	2 210	铜	34.0
AME(MJ/kg)	9.25	碘	0.17
粗纤维(g/kg)	57.0	铁	93.0
中性洗涤纤维(g/kg)	180	锰	53.0
酸性洗涤纤维(g/kg)	132	硒	0.21
粗脂肪(g/kg)	75.0	锌	100
亚油酸(g/kg)	30.7	维生素(IU/kg)	
粗蛋白(g/kg)	426	β-胡萝卜素(mg/kg)	0.2
氨基酸(g/kg)		维生素 A	333
精氨酸	48.6	维生素 E	3.0
甘氨酸＋丝氨酸	30.6	维生素(mg/kg)	
组氨酸	9.8	生物素	0.24
异亮氨酸	14.7	胆碱	1 536
亮氨酸	27.4	叶酸	0.3
赖氨酸	10.1	烟酸	30.0
蛋氨酸(Met)	11.5	泛酸	6.0
蛋氨酸＋胱氨酸	19.7	吡哆醇	12.5
苯丙氨酸(Phe)	17.7	核黄素	3.6
苯丙氨酸＋酪氨酸	32.9	硫胺素	2.8
苏氨酸	14.4	维生素(μg/kg)	
色氨酸	5.4	钴胺素(维生素 B_{12})	0
缬氨酸	18.5		
常量矿物元素(g/kg)			
钙	19.0		
总磷	12.2		
非植酸磷	2.7		
氯化物	0.7		
镁	5.4		
钾	11.0		
钠	0.4		

表 4.1.33A 高粱(买罗)(IFN 4-04-444)——高粱的整粒籽实,高粱品种为买罗。(来源:CFIA,2007)

营养成分	含量	营养成分	含量
干物质(g/kg)	880	微量矿物元素(mg/kg)	
AME(kcal/kg)	3 290	铜	5.0
AME(MJ/kg)	13.7	碘	0.4
粗纤维(g/kg)	27.0	铁	45.0
中性洗涤纤维(g/kg)	180.0	锰	15.0
酸性洗涤纤维(g/kg)	83.0	硒	0.2
粗脂肪(g/kg)	29.0	锌	15.0
亚油酸(g/kg)	13.5	维生素(IU/kg)	
粗蛋白(g/kg)	92.0	β-胡萝卜素(mg/kg)	NA
氨基酸(g/kg)		维生素 A	110
精氨酸	3.8	维生素 E	12.1
甘氨酸+丝氨酸	7.1	维生素(mg/kg)	
组氨酸	2.3	生物素	0.26
异亮氨酸	3.7	胆碱	668
亮氨酸	12.1	叶酸	0.17
赖氨酸	2.2	烟酸	41.0
蛋氨酸(Met)	1.7	泛酸	12.4
蛋氨酸+胱氨酸	3.4	吡哆醇	5.2
苯丙氨酸(Phe)	4.9	核黄素	1.3
苯丙氨酸+酪氨酸	8.4	硫胺素	3.0
苏氨酸	3.1	维生素(μg/kg)	
色氨酸	1.0	钴胺素(维生素 B_{12})	0
缬氨酸	4.6		
常量矿物元素(g/kg)			
钙	0.3		
总磷	2.9		
非植酸磷	0.6		
氯化物	0.9		
镁	1.5		
钾	3.5		
钠	0.1		

表 4.1.34A 熟化大豆(IFN 5-04-597)——将没有去除任何成分的大豆整粒籽实热加工后得到的产品。(来源:CFIA,2007)

营养成分	含量	营养成分	含量
干物质(g/kg)	900	微量矿物元素(mg/kg)	
AME(kcal/kg)	3 850	铜	16.0
AME(MJ/kg)	16.1	碘	0.05
粗纤维(g/kg)	43.0	铁	80.0
中性洗涤纤维(g/kg)	139	锰	30.0
酸性洗涤纤维(g/kg)	80.0	硒	0.11
粗脂肪(g/kg)	180	锌	39.0
亚油酸(g/kg)	104	维生素(IU/kg)	
粗蛋白(g/kg)	352	β-胡萝卜素(mg/kg)	1.0
氨基酸(g/kg)		维生素 A	1 667
精氨酸	26.0	维生素 E	18.1
甘氨酸+丝氨酸	34.2	维生素(mg/kg)	
组氨酸	9.6	生物素	0.24
异亮氨酸	16.1	胆碱	2 307
亮氨酸	27.5	叶酸	3.6
赖氨酸	22.2	烟酸	22.0
蛋氨酸(Met)	5.3	泛酸	15.0
蛋氨酸+胱氨酸	10.8	吡哆醇	10.8
苯丙氨酸(Phe)	18.3	核黄素	2.6
苯丙氨酸+酪氨酸	31.5	硫胺素	11.0
苏氨酸	14.1	维生素(μg/kg)	
色氨酸	4.8	钴胺素(维生素 B_{12})	0
缬氨酸	16.8		
常量矿物元素(g/kg)			
钙	2.5		
总磷	5.9		
非植酸磷	2.3		
氯化物	0.3		
镁	2.8		
钾	17.0		
钠	0.3		

表 4.1.35A 大豆饼(IFN 5-04-600)——大豆经机械压榨提取出大部分油后的饼块,再经粉碎形成的产品。(来源:AAFCO,2005)

营养成分	含量	营养成分	含量
干物质(g/kg)	900	微量矿物元素(mg/kg)	
AME(kcal/kg)	2 420	铜	22.0
AME(MJ/kg)	10.1	碘	0.15
粗纤维(g/kg)	59.0	铁	157
中性洗涤纤维(g/kg)	150	锰	31.0
酸性洗涤纤维(g/kg)	100	硒	0.10
粗脂肪(g/kg)	48.0	锌	60.0
亚油酸(g/kg)	27.9	维生素(IU/kg)	
粗蛋白(g/kg)	429	β-胡萝卜素(mg/kg)	NA
氨基酸(g/kg)		维生素 A	NA
精氨酸	30.7	维生素 E	7.0
甘氨酸+丝氨酸	NA	维生素(mg/kg)	
组氨酸	11.4	生物素	0.33
异亮氨酸	26.3	胆碱	2 623
亮氨酸	36.2	叶酸	6.4
赖氨酸	27.9	烟酸	31.0
蛋氨酸(Met)	6.5	泛酸	14.3
蛋氨酸+胱氨酸	12.1	吡哆醇	5.5
苯丙氨酸(Phe)	22.0	核黄素	3.4
苯丙氨酸+酪氨酸	37.5	硫胺素	3.9
苏氨酸	17.2	维生素(μg/kg)	
色氨酸	6.1	钴胺素(维生素 B_{12})	0
缬氨酸	22.8		
常量矿物元素(g/kg)			
钙	2.6		
总磷	6.1		
非植酸磷	2.3		
氯化物	0.7		
镁	2.5		
钾	17.9		
钠	0.3		

表 4.1.36A 脱壳葵花饼(IFN 5-30-033)——脱壳葵花籽经机械压榨提取大部分油后得到的产品。(来源:CFIA,2007)

营养成分	含量	营养成分	含量
干物质(g/kg)	930	微量矿物元素(mg/kg)	
AME(kcal/kg)	2 350	铜	4.0
AME(MJ/kg)	9.8	碘	0.6
粗纤维(g/kg)	122	铁	31.0
中性洗涤纤维(g/kg)	263	锰	21.0
酸性洗涤纤维(g/kg)	174	硒	0.6
粗脂肪(g/kg)	80.0	锌	50.6
亚油酸(g/kg)	19.0	维生素(IU/kg)	
粗蛋白(g/kg)	414	β-胡萝卜素(mg/kg)	0.3
氨基酸(g/kg)		维生素 A	500
精氨酸	34.5	维生素 E	12.0
甘氨酸+丝氨酸	NA	维生素(mg/kg)	
组氨酸	9.0	生物素	1.4
异亮氨酸	17.6	胆碱	2 500
亮氨酸	24.7	叶酸	2.3
赖氨酸	16.1	烟酸	200
蛋氨酸(Met)	9.4	泛酸	5.9
蛋氨酸+胱氨酸	16.3	吡哆醇	12.5
苯丙氨酸(Phe)	18.0	核黄素	3.4
苯丙氨酸+酪氨酸	28.0	硫胺素	33.9
苏氨酸	13.7	维生素(μg/kg)	
色氨酸	5.0	钴胺素(维生素 B_{12})	0
缬氨酸	20.1		
常量矿物元素(g/kg)			
钙	3.9		
总磷	10.6		
非植酸磷	2.7		
氯化物	1.9		
镁	7.2		
钾	10.6		
钠	2.2		

表 4.1.37A　芜菁甘蓝(IFN,4-04-001)——甘蓝型油菜的块根部分(AAFCO 或 CFIA 没有定义)。

营养成分	含量	营养成分	含量
干物质(g/kg)	103.4	微量矿物元素(mg/kg)	
AME(kcal/kg)	NA	铜	0.47
AME(MJ/kg)	NA	碘	NA
粗纤维(g/kg)	12.0	铁	6.1
中性洗涤纤维(g/kg)	NA	锰	2.0
酸性洗涤纤维(g/kg)	NA	硒	0.1
粗脂肪(g/kg)	NA	锌	3.5
亚油酸(g/kg)	0.35	维生素(IU/kg)	
粗蛋白(g/kg)	12.0	β-胡萝卜素(mg/kg)	0.01
氨基酸(g/kg)		维生素 A	17
精氨酸	1.74	维生素 E	3.0
甘氨酸+丝氨酸	NA	维生素(mg/kg)	
组氨酸	0.35	生物素	NA
异亮氨酸	0.59	胆碱	NA
亮氨酸	0.45	叶酸	0.25
赖氨酸	0.46	烟酸	8.24
蛋氨酸(Met)	0.12	泛酸	1.88
蛋氨酸+胱氨酸	0.27	吡哆醇	1.18
苯丙氨酸(Phe)	0.36	核黄素	0.47
苯丙氨酸+酪氨酸	0.64	硫胺素	1.06
苏氨酸	0.54	维生素(μg/kg)	
色氨酸	0.15	钴胺素(维生素 B_{12})	0
缬氨酸	0.56		
常量矿物元素(g/kg)			
钙	0.55		
总磷	0.68		
非植酸磷	NA		
氯化物	NA		
镁	0.27		
钾	3.96		
钠	0.24		

表 4.1.38A 黑小麦(IFN 4-20-362)——六倍体黑小麦的整粒籽实。(来源:CFIA,2007)

营养成分	含量	营养成分	含量
干物质(g/kg)	900	微量矿物元素(mg/kg)	
AME(kcal/kg)	3 160	铜	8.0
AME(MJ/kg)	12.7	碘	NA
粗纤维(g/kg)	21.6	铁	31.0
中性洗涤纤维(g/kg)	127	锰	43.0
酸性洗涤纤维(g/kg)	38.0	硒	0.5
粗脂肪(g/kg)	18.0	锌	32.0
亚油酸(g/kg)	7.1	维生素(IU/kg)	
粗蛋白(g/kg)	125	β-胡萝卜素(mg/kg)	NA
氨基酸(g/kg)		维生素 A	NA
精氨酸	5.7	维生素 E	9.0
甘氨酸+丝氨酸	10.0	维生素(mg/kg)	
组氨酸	2.6	生物素	1.0
异亮氨酸	3.9	胆碱	462
亮氨酸	7.6	叶酸	0.73
赖氨酸	3.9	烟酸	14.3
蛋氨酸(Met)	2.0	泛酸	13.23
蛋氨酸+胱氨酸	4.6	吡哆醇	1.38
苯丙氨酸(Phe)	4.9	核黄素	1.34
苯丙氨酸+酪氨酸	8.1	硫胺素	4.16
苏氨酸	3.6	维生素(μg/kg)	
色氨酸	1.4	钴胺素(维生素 B_{12})	0
缬氨酸	5.1		
常量矿物元素(g/kg)			
钙	0.7		
总磷	3.3		
非植酸磷	1.4		
氯化物	0.3		
镁	1.0		
钾	4.6		
钠	0.3		

表 4.1.39A　小麦(IFN 4-050-211)——小麦的整粒籽实。(来源:CFIA,2007)

营养成分	含量	营养成分	含量
干物质(g/kg)	880	微量矿物元素(mg/kg)	
AME(kcal/kg)	3 160	铜	6.0
AME(MJ/kg)	12.9	碘	0.04
粗纤维(g/kg)	26.0	铁	39.0
中性洗涤纤维(g/kg)	135	锰	34.0
酸性洗涤纤维(g/kg)	40.0	硒	0.33
粗脂肪(g/kg)	20.0	锌	40.0
亚油酸(g/kg)	9.3	维生素(IU/kg)	
粗蛋白(g/kg)	135	β-胡萝卜素(mg/kg)	0.4
氨基酸(g/kg)		维生素 A	667
精氨酸	6.0	维生素 E	15.0
甘氨酸+丝氨酸	10.6	维生素(mg/kg)	
组氨酸	3.2	生物素	0.11
异亮氨酸	4.1	胆碱	778
亮氨酸	8.6	叶酸	0.22
赖氨酸	3.4	烟酸	48.0
蛋氨酸(Met)	2.0	泛酸	9.9
蛋氨酸+胱氨酸	4.9	吡哆醇	3.4
苯丙氨酸(Phe)	6.0	核黄素	1.4
苯丙氨酸+酪氨酸	9.8	硫胺素	4.5
苏氨酸	3.7	维生素(μg/kg)	
色氨酸	1.5	钴胺素(维生素 B_{12})	0
缬氨酸	5.4		
常量矿物元素(g/kg)			
钙	0.6		
总磷	3.7		
非植酸磷	1.8		
氯化物	0.6		
镁	1.3		
钾	4.9		
钠	0.1		

表 4.1.40A　小麦次粉(IFN 4-05-205)——由小麦麸细颗粒、胚芽以及商业化面粉厂常规的加工过程中分离出来的一小部分胚乳粉组成(CFIA,2007)。所含粗纤维必须低于 9.5%。

营养成分	含量	营养成分	含量
干物质(g/kg)	890	微量矿物元素(mg/kg)	
AME(kcal/kg)	2 200	铜	10.0
AME(MJ/kg)	9.0	碘	NA
粗纤维(g/kg)	73.0	铁	84.0
中性洗涤纤维(g/kg)	356	锰	100.0
酸性洗涤纤维(g/kg)	107	硒	0.72
粗脂肪(g/kg)	42.0	锌	92.0
亚油酸(g/kg)	17.4	维生素(IU/kg)	
粗蛋白(g/kg)	159	β-胡萝卜素(mg/kg)	3.0
氨基酸(g/kg)		维生素 A	5 000
精氨酸	9.7	维生素 E	20.1
甘氨酸＋丝氨酸	13.8	维生素(mg/kg)	
组氨酸	4.4	生物素	0.33
异亮氨酸	5.3	胆碱	1 187
亮氨酸	10.6	叶酸	0.76
赖氨酸	5.7	烟酸	72.0
蛋氨酸(Met)	2.6	泛酸	15.6
蛋氨酸＋胱氨酸	5.8	吡哆醇	9.0
苯丙氨酸(Phe)	7.0	核黄素	1.8
苯丙氨酸＋酪氨酸	9.9	硫胺素	16.5
苏氨酸	5.1	维生素(μg/kg)	
色氨酸	2.0	钴胺素(维生素 B_{12})	0
缬氨酸	7.5		
常量矿物元素(g/kg)			
钙	1.2		
总磷	9.3		
非植酸磷	3.8		
氯化物	0.4		
镁	4.1		
钾	10.6		
钠	0.5		

表 4.1.41A　碎小麦(IFN 4-05-201)——由小麦麸细颗粒、小麦胚芽、小麦面粉和一些"磨尾巴"的碎物组成。这种产品必须来自商业化面粉厂常规的加工过程，所含纤维不得超过 7%。(来源：AAFCO，2005)

营养成分	含量	营养成分	含量
干物质(g/kg)	880	微量矿物元素(mg/kg)	
AME(kcal/kg)	2 750	铜	12
AME(MJ/kg)	11.3	碘	NA
粗纤维(g/kg)	69.0	铁	100
中性洗涤纤维(g/kg)	284	锰	89.0
酸性洗涤纤维(g/kg)	86.0	硒	0.75
粗脂肪(g/kg)	46.0	锌	100
亚油酸(g/kg)	19.0	维生素(IU/kg)	
粗蛋白(g/kg)	165	β-胡萝卜素(mg/kg)	NA
氨基酸(g/kg)		维生素 A	NA
精氨酸	10.7	维生素 E	54.0
甘氨酸+丝氨酸	17.3	维生素(mg/kg)	
组氨酸	4.3	生物素	0.24
异亮氨酸	5.8	胆碱	1 170
亮氨酸	10.2	叶酸	1.4
赖氨酸	7.0	烟酸	107
蛋氨酸(Met)	2.5	泛酸	22.3
蛋氨酸+胱氨酸	5.3	吡哆醇	7.2
苯丙氨酸(Phe)	7.0	核黄素	3.3
苯丙氨酸+酪氨酸	12.1	硫胺素	18.1
苏氨酸	5.7	维生素(μg/kg)	
色氨酸	2.2	钴胺素(维生素 B_{12})	0
缬氨酸	8.7		
常量矿物元素(g/kg)			
钙	1.0		
总磷	8.6		
非植酸磷	1.7		
氯化物	0.4		
镁	2.5		
钾	10.6		
钠	0.2		

表 4.1.42A 液体甜乳清(IFN 4-01-134)——新鲜牛乳清(或乳清/液体乳清),是指从牛奶、乳脂、脱脂牛奶或奶酪分离掉凝固物后得到的液体产品。该产品必须用英语或法语作如下标注:该产品没有抗微生物活性,不作为微生物活细胞源。(来源:CFIA,2007)

营养成分	含量	营养成分	含量
干物质(g/kg)	69.0	微量矿物元素(mg/kg)	
AME(kcal/kg)	NA	铜	0.04
AME(MJ/kg)	NA	碘	NA
粗纤维(g/kg)	0	铁	0.6
中性洗涤纤维(g/kg)	0	锰	0.01
酸性洗涤纤维(g/kg)	0	硒	0.02
粗脂肪(g/kg)	3.6	锌	1.3
亚油酸(g/kg)	0.08	维生素(IU/kg)	
粗蛋白(g/kg)	15.0	β-胡萝卜素(mg/kg)	0
氨基酸(g/kg)		维生素 A	120.0
精氨酸	0.23	维生素 E	0
甘氨酸+丝氨酸	NA	维生素(mg/kg)	
组氨酸	0.18	生物素	0.04
异亮氨酸	0.52	胆碱	127.7
亮氨酸	0.90	叶酸	0.01
赖氨酸	1.1	烟酸	0.74
蛋氨酸(Met)	0.15	泛酸	3.83
蛋氨酸+胱氨酸	0.5	吡哆醇	0.31
苯丙氨酸(Phe)	0.3	核黄素	1.58
苯丙氨酸+酪氨酸	0.54	硫胺素	0.36
苏氨酸	0.8	维生素(μg/kg)	
色氨酸	0.21	钴胺素(维生素 B_{12})	2.8
缬氨酸	0.46		
常量矿物元素(g/kg)			
钙	0.47		
总磷	0.46		
非植酸磷	0.45		
氯化物	NA		
镁	0.08		
钾	1.61		
钠	0.54		

表 4.1.43A　脱水甜乳清(IFN 4-01-182)——脱水牛乳清(或干乳清),由热处理方法干燥或蒸发乳清后的残留物组成。(来源:CFIA,2007)

营养成分	含量	营养成分	含量
干物质(g/kg)	960	微量矿物元素(mg/kg)	
AME(kcal/kg)	1 900	铜	13.0
AME(MJ/kg)	8.0	碘	NA
粗纤维(g/kg)	0	铁	130
中性洗涤纤维(g/kg)	0	锰	3.0
酸性洗涤纤维(g/kg)	0	硒	0.12
粗脂肪(g/kg)	9.0	锌	10.0
亚油酸(g/kg)	0.1	维生素(IU/kg)	
粗蛋白(g/kg)	121	β-胡萝卜素(mg/kg)	NA
氨基酸(g/kg)		维生素 A	NA
精氨酸	2.6	维生素 E	0.3
甘氨酸+丝氨酸	6.4	维生素(mg/kg)	
组氨酸	2.3	生物素	0.27
异亮氨酸	6.2	胆碱	1 820
亮氨酸	10.8	叶酸	0.85
赖氨酸	9.0	烟酸	10.0
蛋氨酸(Met)	1.7	泛酸	47.0
蛋氨酸+胱氨酸	4.2	吡哆醇	4.0
苯丙氨酸(Phe)	3.6	核黄素	27.1
苯丙氨酸+酪氨酸	6.1	硫胺素	4.1
苏氨酸	7.2	维生素(μg/kg)	
色氨酸	1.8	钴胺素(维生素 B_{12})	23.0
缬氨酸	6.0		
常量矿物元素(g/kg)			
钙	7.5		
总磷	7.2		
非植酸磷	7.0		
氯化物	14.0		
镁	1.3		
钾	19.6		
钠	9.4		

表 4.1.44A 白鱼粉(IFN 5-00-025)——清洁、干燥、粉碎的全鱼或鱼切块或二者混合的未分解组织，提取或未提取过鱼油(AAFCO,2005)。白鱼粉是一种脂肪含量不高于6%、盐含量不高于4%的产品，来自于白鱼或白鱼加工副产品，如切鱼下脚料。若用于有机饲养应用机械方式提取脂肪。

营养成分	含量	营养成分	含量
干物质(g/kg)	910	微量矿物元素(mg/kg)	
AME(kcal/kg)	2 820	铜	8.0
AME(MJ/kg)	11.8	碘	2.0
粗纤维(g/kg)	0	铁	80.0
中性洗涤纤维(g/kg)	0	锰	10.0
酸性洗涤纤维(g/kg)	0	硒	1.5
粗脂肪(g/kg)	48.0	锌	80.0
亚油酸(g/kg)	0.8	维生素(IU/kg)	
粗蛋白(g/kg)	633	β-胡萝卜素(mg/kg)	0
氨基酸(g/kg)		维生素 A	0
精氨酸	42.0	维生素 E	5.6
甘氨酸＋丝氨酸	68.3	维生素(mg/kg)	
组氨酸	19.3	生物素	0.14
异亮氨酸	31.0	胆碱	4 050
亮氨酸	45.0	叶酸	0.3
赖氨酸	43.0	烟酸	38.0
蛋氨酸(Met)	16.5	泛酸	4.7
蛋氨酸＋胱氨酸	24.0	吡哆醇	5.9
苯丙氨酸(Phe)	28.0	核黄素	4.6
苯丙氨酸＋酪氨酸	45.5	硫胺素	1.5
苏氨酸	26.0	维生素(μg/kg)	
色氨酸	7.0	钴胺素(维生素 B_{12})	71.0
缬氨酸	32.5		
常量矿物元素(g/kg)			
钙	70.0		
总磷	35.0		
非植酸磷	35.0		
氯化物	5.0		
镁	2.2		
钾	11.0		
钠	9.7		

表 4.1.45A　干啤酒酵母(IFN 7-05-527)——干燥、未发酵、未经提取的酵母,来自未修饰的酿酒菌株,是酿造啤酒和淡色啤酒的副产物。该产品必须用英语或法语作如下标注:该产品不是活酵母细胞源。(来源:CFIA,2007)

营养成分	含量	营养成分	含量
干物质(g/kg)	930	微量矿物元素(mg/kg)	
AME(kcal/kg)	1 990	铜	33.0
AME(MJ/kg)	8.32	碘	0.02
粗纤维(g/kg)	29.0	铁	215
中性洗涤纤维(g/kg)	40.0	锰	8.0
酸性洗涤纤维(g/kg)	30.0	硒	1.0
粗脂肪(g/kg)	17.0	锌	49.0
亚油酸(g/kg)	0.4	维生素(IU/kg)	
粗蛋白(g/kg)	459	β-胡萝卜素(mg/kg)	NA
氨基酸(g/kg)		维生素 A	NA
精氨酸	22.0	维生素 E	2.0
甘氨酸+丝氨酸	NA	维生素(mg/kg)	
组氨酸	10.9	生物素	0.63
异亮氨酸	21.5	胆碱	3 984
亮氨酸	31.3	叶酸	9.9
赖氨酸	32.2	烟酸	448
蛋氨酸(Met)	7.4	泛酸	109
蛋氨酸+胱氨酸	12.4	吡哆醇	42.8
苯丙氨酸(Phe)	18.3	核黄素	37.0
苯丙氨酸+酪氨酸	33.8	硫胺素	91.8
苏氨酸	22.0	维生素(μg/kg)	
色氨酸	5.6	钴胺素(维生素 B_{12})	1.0
缬氨酸	23.9		
常量矿物元素(g/kg)			
钙	1.6		
总磷	14.4		
非植酸磷	14.0		
氯化物	1.2		
镁	2.3		
钾	18.0		
钠	1.0		

第5章　有机禽日粮的配制

下表列出了通常情况下有机禽需要的最少几种日粮。种鸡、种火鸡及种水禽还需要补充额外的日粮。

蛋鸡	肉鸡	肉用火鸡	鸭/鹅	鹌鹑	鸵鸟	鸸鹋
育雏日粮	育雏日粮	育雏日粮	育雏/生长日粮	育雏/生长日粮	育雏日粮	育雏日粮
育成日粮	生长日粮	生长日粮			生长日粮	生长日粮
产蛋日粮	育肥日粮	育肥日粮			育肥日粮	育肥日粮

环境可持续性是有机畜牧业的重要目标，所以有机生产者希望环境能提供大部分甚至是全部所需要的东西，包括饲料。然而，这对于小型农场来说是不可能的。即使是能够生产一些原料的大型农场，也可能因没有混合设备而不能配制合适的日粮。一个有足够多土地的农场可以种植多种农作物，或许能够在农场中或者合作工厂混合饲料。

5.1　不生产饲料原料的农场

这些农场需要购买全价饲料。应从声誉好的饲料厂家购买饲料，养殖者可以参考本书提供的信息，以帮助饲料生产商设定日粮的营养水平。要购进的饲料可根据饲料生产者、养殖者或营养顾问的特定要求生产。大多数饲料生产商愿意根据客户的要求配制饲料，甚至可按照客户提供的配方生产饲料。饲料应该定期购买，不能在农场长期贮存甚至超出有效期。

购买全价饲料的优点是，全价饲料的标签提供了一些有用的信息，包括原料列表（一些国家是完整的配方）及成分分析保证值。北美洲法律规定家禽商品日粮的标签必须包括下列信息：

• 该批次产品的净重。

• 产品名和所属的商标名。

• 某些营养成分[粗蛋白、赖氨酸、粗脂肪、粗纤维、钙、磷、钠（或盐）、硒和锌]分析的保证值。一旦管理部门认可了中性洗涤纤维和酸性洗涤纤维的分析方法，具有更多信息的中性洗涤纤维和酸性洗涤纤维就将取代粗纤维而在饲料工业中广泛使用。

• 饲料生产中每种原料的通用名称。在一些相关条例中，具有相似功能的饲料原料可以使用统一的术语；或者根据条例进行这样的描述，使用列入核准名单的饲料原料。欧洲国家在饲料标签上提供了准确的配方，这是欧洲国家与其它国家饲料标签的主要区别。

• 饲料生产商和经销商的名字和主要通讯地址。

• 使用说明。

• 安全预防须知及有效使用的说明。

商业饲料的标签给家禽生产者提供了一些有用的信息，但是我们需要认识到这些信息在北美的局限性。标签上没有注明饲料的代谢能值，也无法根据标签上的信息来计算。只能从饲料的粗纤维含量初步推测是否使用了低能原料，从粗脂肪水平初步估计饲料的能量高低。最近在标签中增加了赖氨酸含量的数据，我们欢迎这样的改变。标签上其它信息明显遗漏的解释是，必须保证得到监管当局批准的实验室方法的支持。到目前为止，加拿大和美国的饲料工业仍没有普遍接受这些方法。

从饲料厂购买全价饲料，生产者就不需要再混合各种饲料原料。但应当采取后面提到的一些相关的质量控制措施。

5.2　谷物供给充足的农场

一些农场谷物充足，但缺乏蛋白质原料，可以购买能够提供谷物中缺乏的所有养分的补充料（有时也叫作浓缩料）。购买补充料时应附有混合说明。在北美洲，补充料的标签所提供的信息与全价料相似。虽然可能只有一种家禽补充料可用，而且估计要用于所有禽群，在饲料生产企业可买到各种补充料。因此补充料需要兼顾便利性和准确性。购买的任何补充料都应该符合有机标准。

表 5.1 提供了一个为蛋鸡设计的补充料配方示例（32%粗蛋白）。

表 5.1　蛋鸡补充料（浓缩料）组成实例

（来源：Blair 等，1973）　g/kg

组成	用量（90%干物质基础）	组成	用量（90%干物质基础）
鱼粉	170	磷酸二钙	47
豆饼	350	盐（NaCl）	6
草粉	177	微量矿物元素预混料	10
石粉	230	维生素预混料	10

使用补充料的一个好处是，容易整合到以整粒谷物（未磨粉的）为基础的饲养方案中去。因此不需要购买搅拌设备。

5.3　谷物和蛋白质饲料充足的农场

许多生产者希望自己能在农场混合饲料，这样他们能够完全控制所用的配方（图 5.1）。农场除自产一种合适的谷物饲料外，还自产一种或多种蛋白质饲料，这一点尤为重要。在这种情况下，只需要购买一种预混料，本章后面给出了预混料的实例。

下面我们将为那些在自己农场配制饲料的生产者讲解配制饲料的原则。

图 5.1 农场使用的小型混合机

5.4 农场的饲料生产步骤

饲料加工就是将饲料原料转化成营养平衡日粮的过程。通过一定的设备先对各种原料进行加工，然后按照适当比例均匀混合为饲料，配制好的饲料通常制成颗粒状，也可捣碎以粉料的形式饲喂家禽。

5.4.1 饲料配方：鸡

一些生产厂商希望使用他人设计的配方。不幸的是，没有现成的符合要求的配方供有机生产者使用。下面列举了一些国家发表的文献中的饲料配方。一些文章中还列出了使用该配方后家禽的生长性能。一些配方还提供了日粮养分的分析值和计算值，下面仅列出了营养成分的计算值，因为配方设计时对这些值比较感兴趣。

1. 蛋鸡

Lampkin (1997)描述了一个英国的典型饲养方案，育雏料喂至 8～10 周龄，随后喂育成料直到开产前 10 d，接着喂开产料。在产蛋期前 40 周饲喂高蛋白日粮(18% CP)，随后的产蛋期给予低蛋白日粮(16%CP)。满足现行的英国认证有机食品标准(United Kingdom Register of Organic Food Standards，UKROFS)、添加或不添加氨基酸的欧盟标准而设计的这些阶段配方列于表 5.2 和表 5.3。

表 5.2 英国有机后备母鸡日粮组成及营养水平举例

(来源:Lampkin,1997)

g/kg

项目	育雏			育成	
	英国认证有机食品标准	欧盟添加氨基酸标准	欧盟不添加氨基酸标准	英国认证有机食品标准	欧盟不添加氨基酸标准
组成					
谷粒	400	373	228	282	299
麦麸	100	100	100	300	300
啤酒糟/酒糟	—	4.0	—	126	5.0
豌豆/豆类	150	150	106	18.0	101
大豆	178	167	317	—	—
油籽	—	50	124	100	100
干草/紫花苜蓿	50	50	50	100	100
鱼粉	15	—	—	—	—
植物油	3.0	1.0	—	30.0	28.0
酵母	39.0	36.0	18.0	3.0	15.0
钙/磷源	30.0	33.0	27.0	16.0	19.0
盐(NaCl)	29.0	30.0	28.0	23.0	31.0
矿物质/维生素预混料	3.0	3.0	3.0	2.0	2.0
赖氨酸/蛋氨酸	2.0	3.0	—	—	—
营养成分计算值					
粗蛋白	211	201	250	176	150
代谢能(MJ/kg)	11.5	11.5	11.5	11.0	11.0
赖氨酸	13	13	16	7.0	8.0
蛋氨酸	6.0	6.0	5.0	3.0	3.0
亚油酸	17.0	18.0	22.0	29.0	29.0
钙	12.0	12.0	12.0	8.0	8.0
非植酸磷	5.0	5.0	5.0	5.0	5.0

从这些配方可以看出,日粮中不添加纯氨基酸时,通常要提高蛋白质水平(例如在雏禽日粮中,不添加纯氨基酸时粗蛋白含量要从添加纯氨基酸时的 20.1%或 21.1%调整到 25%)。这对饲料的成本有显著影响。另外,这样会导致稀缺蛋白质资源的低效利用,并增加粪中氮的排泄,从而造成潜在的环境危害。

Bennett (2006)也发表了为小规模生产者提供了添加纯氨基酸和不添加纯氨基酸的日粮配方(表 5.4 和图 5.2)。这对生产者根据当地的条件选择合适的配方非常有用,特别是对那些自己生产谷物和蛋白质原料的生产者。研究人员指出,不添加蛋氨酸的日粮能引起产蛋量小幅下降、蛋重减小,并增加应激及啄癖的发生率。推荐蛋鸡开产后采用粗蛋白 16%的日粮,直到产蛋率下降至 85%,随后日粮粗蛋白含量可降为 14%。

表 5.3 英国有机蛋鸡日粮组成及营养水平举例

(来源:Lampkin, 1997) g/kg

项目	英国认证有机食品标准	欧盟添加氨基酸标准	欧盟不添加氨基酸标准
组成			
谷粒	202	303	237
麦麸	300	297	300
啤酒糟/酒糟	63	6	—
豌豆/豆类	148	150	150
大豆	—	—	63
干草/紫花苜蓿	50	50	50
植物油	77	34	36
酵母	36	50	45
钙/磷源	92	82	87
盐(NaCl)	29	25	29
矿物质/维生素预混料	3	2	2
赖氨酸/蛋氨酸	1	1	—
营养成分计算值			
粗蛋白	160	160	170
代谢能(MJ/kg)	11	11	11
赖氨酸	8	8	10
蛋氨酸	3	3	3
亚油酸	49	27	31
钙	35	35	35
非植酸磷	5	5	5

表 5.4 加拿大有机蛋鸡日粮举例

(来源:Bennett, 2006) g/kg

组成	日粮(16%CP)	日粮(14%CP)	豆饼日粮	大豆/豌豆日粮
小麦	474	561	744	526
豌豆	333	327	—	220
熟化大豆	77	—	—	147
豆饼	—	—	150	—
石粉	92	92	84	83
磷酸二钙	14.3	10.8	10.5	11.2
盐(NaCl)	3.1	2.7	2.6	3.0
DL-蛋氨酸	1.6	1.5	—	—
维生素/矿物质预混料	5.0	5.0	10.0	10.0

图 5.2　精心喂养的肉鸡

（照片由美国农业部农业研究局 Stephen Ausmus 提供）

2. 肉鸡

Lewis 等 (1997)比较了按照红色标签(Label Rouge)标准饲喂的肉鸡的生产性能。日粮组成见表 5.5。

这一日粮并没有声明是有机日粮,但是很容易按照它设计符合有机标准的有机日粮。然而这些日粮含有抗球虫药盐霉素以及纯蛋氨酸,表明这些添加剂在 Label Rouge 标准中是可以使用的。

Lampkin (1997)在英国提出了一个典型的肉禽饲养方案。这个饲养方案中的日粮降低了能量、蛋白和氨基酸的含量,并导致肉禽生长速度降低。配方见表 5.6。

Bennett (2006)为小型肉鸡场设计了添加及不添加纯氨基酸的有机日粮配方(表 5.7)。这一配方中的蛋白含量比传统水平低。Bennett 指出,不添加蛋氨酸的日粮,其氨基酸组成是不平衡的,导致生长变慢、羽化不完全,并一直持续到 6～8 周龄。该方案前 4 周使用育雏料,随后 2 周使用育雏料和育肥料按 50∶50 的比例混合的饲料,7 周龄直到上市期间饲喂育肥料。Bennett 也提供了一个适用于整个生产期的不添加纯氨基酸的饲料配方。

5.4.2　饲料配方:火鸡

我们在第 3 章(NRC, 1994)提到,现在杂交品系的火鸡需要提供高蛋白水平的日粮。然而,有机生产商需要在较长时间才能达到上市体重的饲喂方案。Bennett (2006)设计了能够满足这个要求的有机日粮配方,并特别设计了不添加氨基酸的配方(表 5.8)。这些配方与传统配方相比,其蛋白水平较低。这个饲喂方案 6 周龄以前使用育雏料,6～10 周龄使用生长料,然后采用育肥料饲喂。母火鸡达到 9 kg、公火鸡达到 12 kg 活体重后上市。尽管低蛋白日粮的采食量较高,但还是推荐粗蛋白水平为 17%或 15%的育肥料。

5.4.3 饲料配方:鸭和鹅

鸭和鹅的营养需要量还不精确,因此一些数据是从鸡的数据库中借鉴来的。对于鸭来说,除了纤维原料的 ME 比鸡高 5%以外,其余原料的 ME 与鸡相同。

肉鸭(如北京鸭)的日粮与生长期小母鸡的日粮相似。例如从出壳到 2 周龄的日粮 CP 为 18%～22%,ME 为 2 900 kcal/kg,3 周龄到上市的日粮 CP 为 16%,ME 为 3 000 kcal/kg。肉鸭的矿物需要量与母鸡相同或稍低,维生素需要量比肉鸡高(特别是烟酸)。肉鸭的采食量大约是肉鸡的 2 倍,所以生长潜力较高,相同日龄的活体重比肉鸡高 50%。腿衰弱是水禽的主要问题,为减轻这一问题,需要补充足够的胆碱和烟酸。鸭皮下沉积很多脂肪,所以胴体品质是一个主要的限制因素。调节日粮蛋白和能量平衡可以减少胴体脂肪含量,在这一点上鸭和肉鸡、火鸡相同(表 5.9)。高蛋白质日粮会使鸭胴体较瘦。

表 5.5 根据 Label Rouge 标准设计的肉鸡日粮组成及营养成分计算值

(来源:Lewis 等,1997) g/kg

项目	育雏料	生长料	育肥料
组成			
玉米	400	400	400
小麦	220	250	300
麦麸	70	110	120
豆饼	280	210	150
石粉	3.0	3.0	3.0
磷酸二钙	14.0	14.0	14.0
盐(NaCl)	2.2	2.1	2.1
DL-蛋氨酸	1.0	1.0	—
磷酸氢钠	2.2	2.2	2.2
维生素/矿物质预混料	10.5	10.5	10.5
营养成分计算值			
代谢能(MJ/kg)	12.12	12.16	12.27
粗蛋白	202	177.5	155.9
赖氨酸	10.6	8.8	7.2
蛋氨酸	3.3	2.9	2.6
粗纤维	31.0	32.0	32.0
钙	9.0	8.9	8.8
非植酸磷	4.5	4.4	4.4
钠	1.6	1.5	1.5

表 5.6　英国自由放养肉鸡日粮组成及营养水平

(来源:Lampkin,1997)　g/kg

项目	育雏料		生长料		育肥料	
	英国认证有机食品标准	欧盟不添加氨基酸标准	英国认证有机食品标准	欧盟不添加氨基酸标准	英国认证有机食品标准	欧盟不添加氨基酸标准
组成						
谷粒	450	312	250	143	550	614
麦麸	100	100	300	300	—	—
玉米蛋白粉	—	—	—	—	—	85.0
啤酒糟/酒糟	24.0	—	—	—	5.0	—
豌豆/豆类	100	100	100	37.0	100	—
大豆	107	238	137	270	153	175
油籽	—	108	7.0	98.0	14.0	91.0
干草/紫花苜蓿	50.0	50.0	50.0	50.0	50.0	13.0
鱼粉	64.0	—	16.0	—	—	—
植物油	32.0	—	50.0	28.0	29.0	3.0
酵母	35.0	33.0	33.0	19.0	37.0	50.0
钙/磷源	13.0	25.0	23.0	23.0	29.0	29.0
盐(NaCl)	22.0	31.0	30.0	30.0	27.0	27.0
矿物质/维生素预混料	3.0	3.0	2.0	2.0	3.0	4.0
赖氨酸/蛋氨酸	1.0	—	2.0	—	1.0	—
营养成分计算值						
粗蛋白	207	238	189	220	171	205
代谢能(MJ/kg)	12.0	12.0	12.0	12.0	12.0	12.0
赖氨酸	13.0	14.0	11.0	14.0	11.0	10.0
蛋氨酸	5.0	4.0	5.0	4.0	4.0	3.4
亚油酸	29.0	19.0	41.0	37.0	29.0	18.0
钙	10.0	10.0	10.0	10.0	10.0	10.0
非植酸磷	5.0	5.0	5.0	5.0	5.0	5.0

蛋鸭(如印度跑鸭)的日粮与褐壳蛋鸡相同。

对于种鸭,可以饲喂更高维生素水平的种鸡日粮,但要经常限饲来控制体重,以提高产蛋量、增强公鸭的生殖能力(表 5.10)。种鸭生产者应采用论证机构认可的限饲方法。

表 5.7 加拿大有机禽日粮举例

(来源:Bennett, 2006) g/kg

组成	育雏料(18%CP)	育肥料(14%CP,使用大豆和豌豆)	育肥料(14%CP,使用大豆)	单一饲料,未添加氨基酸
小麦	561	760	667	768
豌豆	250	100	293	—
熟化大豆	146	100	—	—
豆饼	—	—	—	192
石粉	14.1	14.4	14.5	10.8
磷酸二钙	18.6	15.9	16.0	17.1
盐(NaCl)	3.0	2.9	3.1	2.0
L-赖氨酸盐酸盐	0.5	0.9	0.4	—
DL-蛋氨酸	1.9	0.5	1.0	—
维生素/矿物质预混料	5.0	5.0	5.0	10.0
酶混合物	0.5	0.5	0.5	—

表 5.8 加拿大有机火鸡日粮举例

(来源:Bennett, 2006) g/kg

组成	育雏料	生长料	育肥料	育肥料
小麦	490	590	752	586
豌豆	—	62.0	—	205
熟化大豆	62.0	—	—	—
豆饼	398	310	212	172
石粉	14.0	10.4	9.7	9.8
磷酸二钙	24.1	14.9	14.3	14.3
盐(NaCl)	2.9	2.8	2.6	2.9
维生素/矿物质预混料	10.0	10.0	10.0	10.0

表 5.9 生长鸭低能日粮举例

(来源:Scott 和 Dean,1999) g/kg

组成	育雏料	生长-育肥料	组成	育雏料	生长-育肥料
玉米粉	354	478	鱼粉(鲱鱼)	85	50
高粱	100	—	啤酒酵母	91.7	—
小麦次粉	44	156	石粉	2.1	5.7
小麦麸	200	151	磷酸二钙	—	1.8
米糠	100	100	盐(NaCl)	1.5	1.4
玉米蛋白粉	16.3	—	微量矿物元素混合物	1.0	1.0
葵花饼	—	50.0	维生素混合物	5.0	5.0

表 5.10 根据前述的营养需要标准配制蛋鸭和种鸭低能日粮配方

（来源：Scott 和 Dean，1999）

g/kg

组成	后备种鸭料	蛋鸭-种鸭料[a]	组成	后备种鸭料	蛋鸭-种鸭料[a]
玉米粉	179	539	啤酒酵母	—	50
高粱	150	—	石粉	6.2	60.1
小麦次粉	—	61.5	磷酸二钙	—	10
小麦麸	505	100	盐(NaCl)	1.6	1.6
米糠	100	50	微量矿物元素混合物	1.0	1.0
葵花饼	4.7	31.8	维生素混合物	5.0	5.0
鱼粉(鲱鱼)	47.5	90			

[a] 经过修改不含有肉骨粉。

除了不能添加花生饼(因其常受到霉菌毒素黄曲霉毒素污染)外，鸭的日粮原料与鸡相同(表 5.11)。鸭对黄曲霉毒素高度敏感，尤其在日粮蛋白含量较低时。此外，菜籽饼添加量也不宜太多，因为鸭对芥酸和甲状腺肿大剂比鸡更敏感。

表 5.11 英国生长鸭和蛋鸭/种鸭日粮配方[a] 举例

（来源：Bolton 和 Blair，1974）

g/kg

组成	育雏-育成料	蛋鸭-种鸭料	组成	育雏-育成料	蛋鸭-种鸭料
大麦	100	—	草粉	—	25
玉米	100	40	植物油	49	—
高粱	302	500	啤酒酵母	50	20
豆饼	185	147	石粉	9	57
鲱鱼粉	30	61	磷酸二钙	8	10
菜籽饼	50	—	盐(NaCl)	3	3
玉米蛋白粉	9	32	微量矿物元素混合物	2.5	2.5
玉米胚芽饼	100	100	维生素混合物	2.5	2.5

[a] 原始配方经过修订，不含有花生饼、肉骨粉和纯蛋氨酸。

日粮可以为粉状和颗粒状，颗粒料可以减少浪费。也可以将干粉料添加水制成潮拌料来饲喂。Scott 和 Dean(1999)认为，新出壳的雏鸭应饲喂 4.0～7.9 mm 的颗粒料，2 周龄以后的鸭可以饲喂 4.8～12.7 mm 的颗粒料。

鹅是一种放养禽类，只能有效地利用草料中的可溶成分。经常用颗粒状的鸭料喂鹅，尤其在小农场。如果提供充足的饲料，鹅会减少草料的采食量。因此常用的一个饲喂方案：在 3 周龄前每天喂 3～4 次、每次 15 min 内使雏鹅采食完需要的全部饲料；从 3 周龄到上市，减少为每天喂 2 次。这个推荐的饲喂方案适用于放养条件好的养殖场。鹅喜食三叶草、早熟禾、野茅、猫尾草、雀麦草、紫花苜蓿和窄叶的硬草。

如果鹅以放养为主，需要在上市前 3～4 周开始饲喂火鸡或肉鸡的育肥料。

小规模生产者如果希望采用基于 20 世纪 70 年代的数据制定的、比现在推荐的方案更适合鸭、鹅传统品系的简化饲喂方案，可以采纳 Bolton 和 Blair(1974)的建议，采用单一的育雏-生长料和单一的蛋禽-种禽料。

5.4.4 饲料配方:野鸡和猎鸟

野鸡、鹌鹑和珍珠鸡的蛋白需要量与火鸡类似,因此这些禽类可以使用火鸡日粮。

5.4.5 饲料配方:平胸鸟

Aganga 等(2003)发表了生长期鸵鸟的日粮(表 5.12),但没有推荐种用鸵鸟日粮。

表 5.12 生长期鸵鸟日粮配方

(来源:Aganga 等,2003) g/kg

组　成	各阶段鸵鸟日粮组成(风干基础)			
	1～6 周龄	3～13 周龄	13～40 周龄	维持阶段
玉米粉	600	520	550	550
鱼粉	100	65	16.3	—
花生油饼	200	130	32.5	—
肉粉[a]	—	30	15	10.0
紫花苜蓿	60	260	370	410
赖氨酸盐酸盐	2.5	1.63	0.41	—
DL-蛋氨酸	2.0	1.22	0.31	—
维生素/微量矿物元素预混料	2.5	1.22	0.41	1.0
磷酸一钙	13.68	1.7	13.3	17.0
石粉	10.6	—	5.0	8.0
盐(NaCl)	1.5	2.0	2.2	2.3

[a] 如果是有机日粮的话,这个成分需要被替代。

5.5 饲料配方设计

当日粮组成不固定、需根据现有原料进行配制时,设计饲料配方需要注意以下几点:

- 根据相关家禽的营养标准,确定配方中能量和营养物质的目标值。
- 现有饲料原料的营养成分。如果可能的话,最好知道其生物利用率。
- 根据非营养参数,如适口性和颗粒大小,限制特定原料的用量。
- 现有原料的成本(除非日粮的价格不重要)。

这是一个很复杂的过程,通常需要营养学家的建议。

5.6 混合全价日粮

混合前首先要列出现有原料及组成,其次制定对原料进行适当混合的方案,使混合料中的营养水平达到相关家禽需要的目标值。第三步是为混合准备形态和数量上都适合的原料,最后一步是配制饲料混合物。

5.6.1　选择原料

生产高质量的饲料首先要使用高质量的原料(图5.3)。对谷物要求不结块、不发霉、没有昆虫、不含石块等,而且破损的谷粒要少,因为破损的谷粒比完整的谷粒更有利于霉菌的生长。谷物的安全贮存要求水分不超过12%~14%。谷物贮存最主要的问题是老鼠和霉菌。老鼠会偷吃谷物,其粪便也会污染谷物,这样会降低谷物和饲料的适口性,减少采食量,而且可能会引起沙门氏菌污染。如果谷物贮存时的含水量比较高,则容易滋生霉菌,使谷物发霉。特定的霉菌产生的毒素,即霉菌毒素,对禽类有毒害作用。

图5.3　建议用整粒谷物饲喂有机禽

影响原料选择的主要因素,一个是生物利用率,另一个是原料质量。后者需要利用质量控制程序。因为不可能对每一种原料都进行详尽的化学分析,所以经常使用原料中养分含量的假设值(见前几章表中的数据)。如果可能的话,最好在配方中限定原料成分的变化范围。

为了满足禽类对营养物质的需要,需要用精确的配方生产饲料。饲料中原料的营养成分含量与营养成分表上的平均值有很大差异。只有在每种原料都经过实验室分析后,才能设计出最精确的配方。使用这些信息时,建议使用打折扣的营养含量值代替简单的平均值来设计饲料配方,以保证饲料提供适量的营养物质。例如,Patience 和 Thacker(1989)报道,26个大麦样品的CP平均值为11.5%,变异范围为10.1%~13.3%,相应的标准差(变异程度的统计量)为9.1。9个玉米样品的CP平均值为9.3%,变异范围为8.2%~10.0%,标准差为5.1。从这些数据中可以看出玉米的差异较小。问题在于:配制日粮时谷物的蛋白含量应采用哪个值?商业饲料生产者采用的方法是,根据一个标准差来折算平均值。这样会有68%的数据达到或超过目标值,好于采用平均值的50%。用两个标准偏差折算平均值可以有95%的数据达到或超过目标值。生产者应采用这些统计学参数以避免日粮中的营养成分达不到要求。调查显示,饲料质量问题普遍存在。农场混合饲料中粗蛋白、钙和磷含量的实际值与预期值有较大的偏差。

近红外反射光谱(NIRS)在分析饲料营养成分中的应用越来越普遍。它非常迅速且成本效益更高,可能会在饲料制造产业中替代目前存在的比较耗时的化学分析方法。NIRS 也可以用于氨基酸分析。另一个已经被饲料制造业广泛采用的方法是,利用基于化学分析或 NIRS 推测的方程式来预测一些饲料原料的氨基酸含量。为了预测赖氨酸、色氨酸、苏氨酸、蛋氨酸和蛋氨酸+胱氨酸在一些饲料中的含量,NRC(1994) 发布了基于干物质和 CP 水平的预测方程。

如果可能的话,应该分开使用维生素和微量矿物元素预混料。维生素和矿物质在热和潮湿的环境下长期接触会损失功效,有可能导致维生素失效和降低生产性能。在温度比较高的国家需要建立凉爽的贮存设施。当维生素和矿物质混合在一起时,应该在购买后 30 d 内用完。维生素和微量矿物元素预混料应避光并在干燥的密闭容器中贮存。稳定剂有助于保持预混料的质量,但需要符合有机标准。

下面的表列出了可用于有机日粮的预混料推荐量(基于 1994 年 NRC 标准)。因为种禽和生长禽的需要量不同,所以应使用不同的预混料。因为饲料原料中维生素和微量矿物元素的含量变化很大而且生物利用率可能比较低,所以我们假设这部分维生素和微量矿物元素对日粮没有贡献,因此预混料需要提供动物所需要的全部的维生素和微量矿物元素。如果生产者希望在主要饲料原料已含有的维生素和微量矿物元素的基础上减少预混料的用量,需要慎重,并密切观察禽类的缺乏症的征兆,保证动物的福利没有受到影响。我们推荐北纬 42.2°及更北的地区全年补充维生素 D。预混料中可以使用一种原料作为载体,如磨碎的燕麦壳。从饲料制造厂家可以获得满足需要的预混料。

一些生产者采用“大预混料”代替建议的预混料。这种预混料除了微量矿物元素,还包含钙、磷和盐,并按配方混合好。它们在饲料中的用量是由家禽对钙和磷不同的需要量决定的。有机产品生产者在预混料和主要常量矿物元素分开添加时能更好地控制饲料配制质量。但是,为了方便希望使用常量矿物元素和微量矿物元素结合在一起的预混料的生产者,应该选择使用“大预混料”,并遵循由供应商提供的混合方法,混合成合适的饲料。

上面列出的预混料可以用于其它动物,如鸡的预混料可以用于水禽日粮,而火鸡预混料可以用于鹌鹑和平胸鸟的日粮。也可以根据第 3 章中列出的营养需要量为这些禽类设计特定的预混料配方。

5.6.2 配方

这包括设计适当的混合饲料配方(配方)。正如上面所提到的,一些生产者使用本书建议的混合饲料配方。使用较多原料的生产者,需要根据原料的变化而改变配合饲料配方,如大麦可代替玉米。使用商业补充料和预混料的生产者应该按照饲料标签上的操作指南严格执行。

1. 日粮配方标准

根据第 3 章中 NRC(1994)估算的营养需要量可得到有机禽生产标准。然而,NRC 估算的营养需要量是针对肉产量和产蛋量较高的现代家禽设计的。而用于有机禽生产的是遗传性状更优秀的品种,它们比现代杂交品种生长慢、产蛋少。因此,需要修改 NRC,降低能量水平以适应这种家禽的需要,这对鸡和火鸡很重要。降低日粮的代谢能水平也减少了对笼养种鸡进行限饲的需要。为了保持相同的能氮比，在降低日粮代谢能的同时要适当降低蛋白质和氨基酸含量。Bellof 和 Schmidt(2007)采用这种方法饲养有机火鸡取得了成功。

我们推荐，按照 NRC(1994)标准添加微量矿物元素和维生素，以确保骨骼的正常生长，并避免腿部和脚部疾病。传统配方中通常使用更高水平的微量矿物元素和维生素，但在有机生产中不建议这样做。因为有机生产应在满足正常生长和繁殖的基础上尽量降低营养水平。

表 5.13 至表 5.18 列出了以这些方法确定的标准，以此来设计日粮配方。饲喂杂交家禽的生产者应使用美国国家研究委员会(NRC,1994)提供的数量或种禽公司的建议值作为标准来设计日粮配方。

(1)鸡

符合以上几点建议的有机禽营养需要标准见表 5.19 和表 5.20。此外，还举例列出了满足这些标准的饲料配方。

表 5.13　NRC(1994)估算的生长鸡和产蛋鸡每千克日粮维生素和微量矿物元素需要量 (90%干物质基础)

营养素	0～6 周龄	6～12 周龄	12～18 周龄	产蛋料(假设每天采食量 120 g/d)
微量矿物元素(mg)				
铜	5.0	4.0	4.0	ND
碘	0.35	0.35	0.35	0.03
铁	80	60	60	38
锰	60	30	30	17
硒	0.15	0.1	0.1	0.05
锌	40.0	35.0	35.0	29.0
维生素(IU)				
维生素 A	1 500	1 500	1 500	2 500
维生素 D_3	200	200	200	250
维生素 E	10.0	5.0	5.0	4.0
维生素(mg)				
生物素	0.15	0.1	0.1	0.08
胆碱	1 300	900	500	875
叶酸	0.55	0.25	0.25	0.21
烟酸	27.0	11.0	11.0	8.3
泛酸	10.0	10.0	10.0	1.7
吡哆醇	3.0	3.0	3.0	2.1
核黄素	3.6	1.8	1.8	2.1
硫胺素	1.0	1.0	0.8	0.6
维生素(μg)				
钴胺素(维生素 B_{12})	9.0	3.0	3.0	4.0

ND:没有测定。

表 5.14　添加量为 5 kg/t 时满足 NRC(1994)估算的生长鸡和蛋鸡微量矿物元素需要量的预混料组成

营养成分	每千克预混料含量	每千克饲料含量
微量矿物元素		
铜	1 g	5.0 mg
铁	16 g	80.0 mg
锰	12 g	60.0 mg
硒	30 mg	0.15 mg
锌	8 g	40.0 mg
载体	添加至 1 kg	

注:碘通常以碘化食盐的形式添加。

表 5.15　添加量为 5 kg/t 时满足 NRC(1994)估算的生长鸡和蛋鸡维生素需要量的预混料组成

营养成分	每千克预混料含量	每千克饲料含量	营养成分	每千克预混料含量	每千克饲料含量
维生素(IU)			叶酸	110 mg	0.55 mg
维生素 A	500 000	2 500	烟酸	6 g	30 mg
维生素 D_3	50 000	250	泛酸	2.0 g	10 mg
维生素 E	2 000	10.0	核黄素	750 mg	3.75 mg
维生素			维生素		
生物素	30 mg	0.15 mg	钴胺素(维生素 B_{12})	2 mg	10.0 μg
胆碱	260 g	1 300 mg	载体	添加至 1 kg	

注:如果鸟类在夏季可以接受到阳光直射,可以取消饲料配方中的维生素 D_3。

表 5.16　NRC(1994)估算的生长火鸡和种火鸡每千克日粮维生素和微量矿物元素需要量(90%干物质基础)

营养素	0～4 周龄	4～8 周龄	8～14 周龄	14 周龄以后	种禽
微量矿物元素(mg)					
铜	8.0	8.0	6.0	6.0	8.0
碘	0.4	0.4	0.4	0.4	0.4
铁	80.0	60.0	60.0	50.0	60.0
锰	60.0	60.0	60.0	60.0	60.0
硒	0.2	0.2	0.2	0.2	0.2
锌	70.0	65.0	50.0	40.0	65.0
维生素(IU)					
维生素 A	5 000	5 000	5 000	5 000	5 000
维生素 D_3	1 100	1 100	1 100	1 100	1 100
维生素 E	12.0	12.0	10.0	10.0	25.0

续表 5.16

营养素	0～4周龄	4～8周龄	8～14周龄	14周龄以后	种禽
维生素(mg)					
生物素	0.25	0.2	0.125	0.125	0.2
胆碱	1 600	1 400	1 100	1 100	1 000
叶酸	1.0	1.0	0.8	0.8	1.0
烟酸	60.0	60.0	50.0	50.0	40.0
泛酸	10.0	9.0	9.0	9.0	16.0
吡哆醇	4.5	4.5	3.5	3.5	4.0
核黄素	4.0	3.6	3.0	3.0	4.0
硫胺素	2.0	2.0	2.0	2.0	2.0
维生素 K	1.75	1.5	1.0	0.75	1.0
维生素(μg)					
钴胺素(维生素 B_{12})	3.0	3.0	3.0	3.0	3.0

ND:没有测定。

表 5.17　添加量为 5 kg/t 时满足 NRC(1994)估算的生长火鸡和种火鸡微量矿物元素需要量的预混料组成

营养成分	每千克预混料含量	每千克饲料含量	营养成分	每千克预混料含量	每千克饲料含量
微量矿物元素			硒	40 mg	0.2 mg
铜	1.6 g	8.0 mg	锌	14 g	70.0 mg
铁	16 g	80.0 mg	载体	添加至 1 kg	
锰	12 g	60.0 mg			

注:碘通常以碘化食盐的形式添加。

表 5.18　添加量为 5 kg/t 时满足 NRC(1994)估算的生长火鸡和种火鸡维生素需要量的预混料组成

营养成分	每千克预混料含量	每千克饲料含量	营养成分	每千克预混料含量	每千克饲料含量
维生素(IU)			叶酸	0.2 g	1.0 mg
维生素 A	1 000 000	5 000	烟酸	12 g	60 mg
维生素 D_3	220 000	1 100	泛酸	3.2 g	16 mg
维生素 E	5 000	25.0	核黄素	0.8 g	4.0 mg
维生素			维生素		
生物素	50 mg	0.25 mg	钴胺素(维生素 B_{12})	0.6 mg	3.0 μg
胆碱	320 g	1 600 mg	载体	添加至 1 kg	

注:如果鸟类在夏季可以接受到阳光直射,可以取消饲料配方中的维生素 D_3。

表 5.19 有机蛋鸡每千克日粮营养需要推荐量(90%干物质基础) g

营养素	育雏料	育成料	蛋鸡料
代谢能(kcal)	2 750	2 600	2 650
代谢能(MJ)	11.5	10.9	11.1
粗蛋白	175	130	150
赖氨酸	8.0	5.3	6.9
蛋氨酸+胱氨酸	6.0	4.3	5.8
亚油酸	10.0	10.0	10.0
钙	9.0	8.0	32.5
非植酸磷	4.0	3.5	3.5

表 5.20 有机肉鸡每千克日粮营养需要推荐量(90%干物质基础) g

营养素	育雏料	生长料	育肥料
代谢能(kcal)	2 850	2 850	2 850
代谢能(MJ)	11.9	11.9	11.9
粗蛋白	205	178	160
赖氨酸	10.6	8.8	7.2
蛋氨酸+胱氨酸	8.0	6.4	5.4
亚油酸	10.0	10.0	10.0
钙	10.0	9.0	8.0
非植酸磷	4.5	3.5	3.0

(2)火鸡

基于以上建议修改的有机火鸡营养需要量见表 5.21。

表 5.21 有机火鸡每千克日粮营养需要推荐量(90%干物质基础) g

营养素	育雏料(0～6 周龄)	生长料(6～10 周龄)	育肥料(10 周龄至上市)
代谢能(kcal)	2 600	2 700	2 900
代谢能(MJ)	10.9	11.3	12.1
粗蛋白	260	198	150
赖氨酸	14.9	11.7	7.3
蛋氨酸+胱氨酸	9.75	7.2	5.0
亚油酸	10.0	10.0	8.0
钙	11.0	8.5	7.5
非植酸磷	5.5	4.5	4.0

(3)鸭和鹅

鸭的营养需要还没有得到很好地确定。Scott 和 Dean(1999)提供了可以用于有机鸭生产的营养需要量标准(表 5.22 和表 5.23)。可以使用由这些标准设计的饲料,另外也可使用鸡饲料。

表 5.22　生长鸭每千克日粮营养需要推荐量

（来源：Scott 和 Dean，1999）

营养素	低能育雏料	低能生长-育肥料	营养素	低能育雏料	低能生长-育肥料
代谢能(kcal)	2 646	2 646	微量矿物元素(mg)		
粗蛋白(g)	191	140	铜	7	5
氨基酸(g)			碘	0.35	0.35
精氨酸	10.4	8.8	铁	70	70
组氨酸	3.8	3.1	锰	44	35
异亮氨酸	7.7	6.1	硒	0.13	0.13
亮氨酸	12.2	11.4	锌	52	52
赖氨酸	10.4	7.0	维生素(mg)		
蛋氨酸	4.1	3.1	维生素 A(IU)	4 350	3 480
蛋氨酸＋胱氨酸	7.0	5.2	维生素 D_3(IU)	522	435
苯丙氨酸	7.0	6.1	维生素 E(IU)	22	17
苯丙氨酸＋酪氨酸	13.1	11.4	维生素 K	2	1
苏氨酸	7.0	5.2	生物素	0.13	0.13
色氨酸	2.0	1.7	叶酸	0.25	0.25
缬氨酸	7.7	7.0	胆碱	1 130	870
常量矿物元素(g)			烟酸	44	35
钙	5.7	5.7	泛酸	10	9
非植酸磷	3.5	3.1	吡哆醇	3	3
镁	0.44	0.44	核黄素	4	3
钾	5.2	5.2	维生素 B_{12}	0.01	0.004
钠	1.3	1.2			

（4）平胸鸟

NRC（1994）标准中没有涉及平胸鸟。

设计一种可以满足不同阶段鸵鸟营养需要的简单日粮比分开设计育雏料、育成料和繁殖料更实用。因为鸵鸟的营养需要量还没有得到很好地确定，而且农场饲养的各阶段鸵鸟数量一般太少，无法配制几种日粮。表 5.24 是按照这种观点设计的营养需要推荐量（Ullrey 和 Allen，1996）。日粮可以做成颗粒状，允许动物与饮水一起自由采食或干喂。根据作者的说明，饲料中的 ME、粗蛋白和必需氨基酸浓度可能限制了体增重，使其略低于最高值，但足以保证骨骼和软组织按正常比例生长，因此适用于有机生产。料槽中可以添加钙质砂粒或贝壳，以确保产蛋鸵鸟摄取足够的钙质。

另外，Scheideler 和 Sell（1997）发表了鸵鸟和鸸鹋的饲养指南（表 5.25 和表 5.26），可以作为标准使用。

表 5.23 有机蛋鸭和种鸭每千克日粮营养需要推荐量

（来源：Scott 和 Dean，1999）

营养素	低能种鸭-后备种鸭料	低能蛋鸭-种鸭料	营养素	低能种鸭-后备种鸭料	低能蛋鸭-种鸭料
代谢能(kcal)	2 205	2 646	微量矿物元素(mg)		
粗蛋白(g)	128	162	铜	5	6
氨基酸(g)			碘	0.32	0.37
精氨酸	8.0	8.0	铁	64	65
组氨酸	2.8	3.4	锰	32	37
异亮氨酸	5.6	6.7	硒	0.12	0.14
苏氨酸	4.8	5.4	锌	48	56
色氨酸	1.6	1.8	维生素(mg)		
缬氨酸	6.4	6.9	维生素 A(IU)	3 200	5 580
亮氨酸	10.4	11.3	维生素 D_3(IU)	400	558
赖氨酸	6.4	7.4	维生素 E(IU)	16	28
蛋氨酸	2.8	3.7	维生素 K	2	2
蛋氨酸+胱氨酸	4.8	6.0	生物素	0.13	0.13
苯丙氨酸	5.6	6.5	叶酸	0.25	0.25
苯丙氨酸+酪氨酸	10.4	10.2	胆碱	800	930
常量矿物元素(g)			烟酸	32	46
钙	5.5	27.7	泛酸	8	11
非植酸磷	2.9	3.7	吡哆醇	2	3
镁	0.4	0.47	核黄素	3	4
钾	4.8	5.6	维生素 B_{12}	0.01	0.01
钠	1.2	1.4			

2. 配方

配方的目的是使配制的日粮营养水平能满足有关家禽的营养需要。

①手工设计配方：首先要列出主要使用的能量和蛋白原料，并根据所需要的 ME 和 CP 计算每种原料的含量。然后计算其它主要营养物质如赖氨酸的含量，必要时对主要原料的含量进行必要的调整。

②用电脑设计配方：电脑被越来越广泛地应用于配方设计中。使用电脑设计配方需要一个基于线性规划和众多数学方程的商业软件。用小型计算器设计配方非常乏味，且很耗时。电脑可以利用 NRC 或其它营养标准、饲料成分表及原料现行价格进行配方设计，计算结果将获得最能满足特定约束条件的所选原料配比。这些约束条件包括营养素在混合料中的上限与

下限值、一些原料中的含量。得到的配方通常成本最低,但并不总能得到成本配方。鉴于计算的复杂性,生产者应该向经验丰富的营养师学习,至少在初始阶段需要这样。瑞典制作的 Opti-kuckeliku 系统(Opti-kuckeliku,2007)是一个简单、免费的在线饲料配方软件,有机动物生产者可以使用这个软件。

表 5.24　适合鸵鸟、鸸鹋和美洲鸵整个生命周期的营养需要推荐量[a]

(来源:Ullrey 和 Allen,1996)

营养素	推荐量(90%干物质基础)	营养素	推荐量(90%干物质基础)
代谢能	2 500 kcal/kg	碘	1 mg/kg
粗蛋白	220 g/kg	硒	0.30 mg/kg
赖氨酸	12 g/kg	维生素 A	8 000 IU/kg
精氨酸	13 g/kg	维生素 D_3	1 600 IU/kg
蛋氨酸	3.5 g/kg	维生素 E	250 IU/kg
蛋氨酸+胱氨酸	7.0 g/kg	维生素 K	4 mg/kg
色氨酸	3.0 g/kg	硫胺素	7 mg/kg
粗纤维	100 g/kg	核黄素	9 mg/kg
亚油酸	10.0 g/kg	烟酸	70 mg/kg
钙	16.0[b] g/kg	泛酸	30 mg/kg
非植酸磷	8.0 g/kg	吡哆醇	5 mg/kg
铁	150 mg/kg	生物素	0.300 mg/kg
铜	20 mg/kg	叶酸	1 mg/kg
锌	120 mg/kg	钴胺素	0.03 mg/kg
锰	70 mg/kg	胆碱	1 600 mg/kg

注:[a] 以颗粒料的形式自由采食;[b] 种禽可能需要添加额外的钙质砂粒或贝壳。

使用 Brill 饲料配方系统在电脑上设计的配方见表 5.27 至表 5.29。

5.6.3　准备、称重、配料和混合

当获得一个合适的配方之后,就可以配料了。生产高质量饲料的程序很重要,应由经过培训的人员执行。混合过程中常出现错误。

谷物、可能还有某些蛋白原料需要经过加工后才能混合。为了使混合的日粮能够满足家禽最佳生产性能的需要,需要使用锤片式粉碎机或滚筒式粉碎机粉碎谷物以减小谷物粒度。减小粒度能破坏谷物的硬核,并且增加其在消化道内的表面积,从而提高消化效率和养分利用率。另外,减小粒度能使谷物与蛋白、维生素和矿物质补充料更均匀地混合,有助于防止家禽在采食过程中出现挑食。用于制作颗粒料的原料要粉碎得更细。

表 5.25 鸵鸟每千克日粮营养需要推荐量(风干基础)

(来源：Scheideler 和 Sell,1997)

营养素	育雏料（0～9 周龄）	生长料（9～42 周龄）	育肥料（42 周龄至出栏）	后备料（从 42 周龄到性成熟）	产蛋料（从产蛋前 4～5 周开始）
AME(kcal)	2 465	2 450	2 300	1 980～2 090	2 300
AME(MJ)	11.1	11.08	9.62	8.28～8.74	9.62
粗蛋白(g)	220	190	160	160	200～210
氨基酸(g)					
赖氨酸	9.0	8.5	7.5	7.5	10.0
蛋氨酸	3.7	3.7	3.5	3.5	3.8
蛋氨酸＋胱氨酸	7.0	6.8	6.0	6.0	7.0
粗纤维(g)	60～80	90～110	120～140	150～170	120～140
中性洗涤纤维(g)	140～160	170～200	190～220	240～270	220～240
矿物质(g)					
钙	15.0	12.0	12.0	12.0	24.0～35.0
非植酸磷	7.5	6.0	6.0	6.0	7.0
氯	2.2	2.2	1.89	1.89	1.89
钠	2.0	2.0	2.0	2.0	2.0
微量矿物元素(mg)					
铜	33	33	33	33	44
碘	1.1	1.1	0.9	0.9	1.1
锰	154	154	154	154	154
锌	121	121	88	88	88
维生素(IU)					
维生素 A	11 000	8 800	8 800	8 800	11 000
维生素 D_3	2 640	2 200	2 200	2 200	2 200
维生素 E	121	55	55	55	110
维生素(mg)					
胆碱	2 200	2 200	1 892	1 892	1 892
维生素(μg)					
维生素 B_{12}	40	20	20	20	40

表 5.26 鸸鹋每千克日粮营养需要推荐量(风干基础)

(来源:Scheideler 和 Sell,1997)

营养素	育雏料(0～6 周龄)	生长料(6～36 周龄)	育肥料(36～48 周龄)	后备料(从48 周龄到性成熟)	产蛋料(从产蛋前3～4 周开始)
AME(kcal)	2 685	2 640	2 860	2 530	2 400
AME(MJ)	11.23	11.05	11.97	10.59	10.04
粗蛋白(g)	220	200	170	160	200～220
氨基酸(g)					
赖氨酸	11.0	9.4	7.8	7.5	10.0
蛋氨酸	4.8	4.4	3.8	3.6	4.0
蛋氨酸+胱氨酸	8.6	7.8	6.5	6.0	7.5
粗纤维(g)	60～80	60～80	60～70	60～70	70～80
中性洗涤纤维(g)	140～160	140～170	100～130	140～160	160～180
矿物质(g)					
钙	15.0	13.0	12.0	12.0	24～35
非植酸磷	7.5	6.5	6.0	6.0	6.0
钠	2.0	2.0	2.0	2.0	2.0
微量矿物元素(mg)					
铜	33	33	33	33	33
碘	1.1	1.1	1.1	1.1	1.1
锰	154	154	154	154	154
锌	110	110	110	110	110
维生素(IU)					
维生素 A	15 400	8 800	8 800	8 800	8 800
维生素 D_3	4 400	3 300	3 300	3 300	3 300
维生素 E	99	44	44	44	99
维生素(mg)					
胆碱	2 200	2 200	2 200	2 200	1 980
维生素(μg)					
维生素 B_{12}	44	22	22	22	44

表 5.27 满足蛋鸡营养需要推荐标准的有机日粮配方举例

(90%干物质基础,添加或不添加氨基酸) kg/t

项　　目	育雏料		育成料		蛋鸡料	
	添加氨基酸	不添加氨基酸	添加氨基酸	不添加氨基酸	添加氨基酸	不添加氨基酸
组成						
大麦	—	—	—	—	—	299.1
玉米	—	—	—	150	—	71.9
燕麦	—	—	—	146.1	50	—
高粱	104.3	—	368.8	196.5	62.8	350
黑小麦	500	—	145.9	—	—	—
小麦	—	628.8	—	70.1	500	—
小麦次粉	53.3	41.5	391.6	373.3	—	—
干草(或苜蓿粉)	—	—	—	—	26.0	25.0
全脂菜籽饼	—	—	—	—	21.3	—
双低菜籽饼	—	100	58.1	—	—	—
蚕豆	200	—	—	—	250	82.1
豌豆	—	152.4	—	—	—	—
葵花饼	100.5	18.0	—	—	—	
白鱼粉	—	23.6	—	27.2	—	91.7
L-赖氨酸	2.1	—	—	—	1.82	—
DL-蛋氨酸	3.3	—	0.14	—	1.24	—
石粉	21.4	20.6	23.1	22.4	73.4	71.4
磷酸二钙	3.0	—	—	—	12.6	8.6
盐(NaCl)	2.0	5.0	2.3	4.4	0.7	0.2
微量矿物元素预混料	5.0	5.0	5.0	5.0	5.0	5.0
维生素预混料	5.0	5.0	5.0	5.0	5.0	5.0
营养成分计算值						
代谢能(kcal/kg)	2 775	2 775	2 650	2 650	2 650	2 675
代谢能(MJ/kg)	11.6	11.6	11.1	11.1	11.1	11.2
粗蛋白	178	185	135	135	155	160
赖氨酸	9.0	9.0	5.3	5.4	8.0	8.7
蛋氨酸+胱氨酸	7.0	6.8	4.3	4.3	5.8	5.8
钙	10.0	10.0	10.0	10.0	32.5	32.5
非植酸磷	4.5	4.5	4.3	4.5	4.0	4.0

注:由于饲料原料利用率不同,日粮营养素含量不能保证达到上述的计算值;生产者使用此表所列配方,应进行日粮成分分析,以确保可以接受。

表 5.28　满足生长肉鸡(烤鸡)营养需要推荐标准的有机日粮配方举例
(90%干物质基础,添加或不添加氨基酸)

kg/t

项　　目	育雏料		生长料		育肥料	
	添加氨基酸	不添加氨基酸	添加氨基酸	不添加氨基酸	添加氨基酸	不添加氨基酸
组成						
玉米	—	—	—	—	—	27.3
高粱	300	—	194.8	323.4	—	—
黑小麦	250	—	—	—	—	—
小麦	—	645.6	500.0	—	570.8	615.5
小麦次粉	—	53.0	—	323.3	100.0	100.0
全脂菜籽饼	—	—	8.3	—	55.4	—
蚕豆	125.8	—	—	229.5	250.0	186.3
羽扇豆饼	—	—	—	—	—	17.5
豌豆	150.0	—	100.0	—	—	—
葵花饼	79.3	137.8	150.0	—	—	—
白鱼粉	—	132.0	—	94.3	—	20.4
干啤酒酵母	50	—	—	—	—	—
L-赖氨酸	2.2	—	4.4	—	—	—
DL-蛋氨酸	4.3	—	2.3	—	0.2	—
石粉	13.7	13.1	9.9	16.7	13.3	14.0
磷酸二钙	13.7	4.83	15.3	2.8	10.3	9.0
盐(NaCl)	0.9	3.63	5.0	1.0	1.0	1.0
微量矿物元素预混料	5.0	5.0	5.0	5.0	5.0	5.0
维生素预混料	5.0	5.0	5.0	5.0	5.0	5.0
营养成分计算值						
代谢能(kcal/kg)	2 850	2 875	2 875	2 925	2 850	2 850
代谢能(MJ/kg)	11.92	12.03	12.03	12.24	11.92	11.92
粗蛋白	205.0	244.1	178.0	197.0	170.0	170.0
赖氨酸	10.6	12.0	9.6	10.7	7.4	7.2
蛋氨酸+胱氨酸	8.0	8.0	6.6	6.4	5.4	5.4
钙	10.0	10.5	9.0	10.0	8.8	9.0
非植酸磷	4.5	5.0	4.5	4.5	4.0	4.0

注:由于饲料原料利用率不同,日粮营养素含量不能保证达到上述的计算值;生产者使用此表所列配方,应进行日粮成分分析,以确保可以接受。

表 5.29　满足商品火鸡营养需要推荐标准的有机日粮配方举例
(90%干物质基础,添加或不添加氨基酸)

kg/t

项　　目	育雏料		育成料		蛋鸡料	
	添加氨基酸	不添加氨基酸	添加氨基酸	不添加氨基酸	添加氨基酸	不添加氨基酸
组成						
玉米	—	—	—	407.0	—	530.8
高粱	—	—	—	—	—	—
黑小麦	—	—	—	—	—	—
小麦	301.4	490.0	524.1	—	742.8	—
小麦次粉	—	234.0	—	240.0	—	136.4
全脂菜籽饼	—	—	—	—	7.68	100.0
菜籽饼	—	—	—	—	—	—
蚕豆	240.8	—	—	—	—	104.3
羽扇豆饼	200.0	—	17.9	—	—	—
豌豆	—	—	250.0	159.2	177.0	—
葵花饼	200.0	—	150.0	26.8	33.9	43.2
白鱼粉	—	200.0	—	129.6	—	—
干啤酒酵母	—	45.7	—	—	—	50.0
L-赖氨酸	5.43	—	5.34	—	2.27	—
DL-蛋氨酸	5.81	—	3.49	—	—	—
石粉	9.8	14.71	14.1	14.1	8.5	8.8
磷酸二钙	24.8	3.27	20.1	10.3	14.7	13.2
盐(NaCl)	2.0	2.23	5.0	3.3	3.1	3.2
微量矿物元素预混料	5.0	5.0	5.0	5.0	5.0	5.0
维生素预混料	5.0	5.0	5.0	5.0	5.0	5.0
营养成分计算值						
代谢能(kcal/kg)	2 650	2 750	2 750	2 750	2 950	2 950
代谢能(MJ/kg)	11.09	11.51	11.51	11.51	12.34	12.34
粗蛋白	265.0	262.0	205.0	210.0	160.0	160.0
赖氨酸	15.5	15.5	12.5	12.5	7.7	7.7
蛋氨酸＋胱氨酸	10.5	9.8	8.2	7.2	5.0	5.0
钙	12.0	12.0	12.0	12.0	8.0	8.0
非植酸磷	6.5	6.5	5.5	5.5	4.5	4.5

注:由于饲料原料利用率不同,日粮营养素含量不能保证达到上述的计算值;生产者使用此表所列配方,应进行日粮成分分析,以确保可以接受。

有人对饲料的理想粒度展开了研究。Parsons等(2006)将玉米粉碎成781、950、1 042、1 109和2 242 μm 5种粒度,混合到以大豆为基础的预混料中,形成5种粉料,喂给3～6周龄肉鸡,研究不同粉碎粒度对肉鸡的影响。在蒸汽制粒前分别向这些以玉米-豆粕为基础的日粮中加入水和商用颗粒黏合剂,生产出质地上(软或硬)不同的2种颗粒料。结果令人惊讶,软、硬质地的颗粒料保持颗粒的耐久性(分别为90.4%和86.2%)和细度(分别为44.5%和40.3%)均相似。增加玉米的粒度可以增加养分的存留量,但是当粒度大于1 042 μm时,肉鸡的生产性能和能量利用率都会下降。采食硬质饲料(颗粒破损强度为1 856 g)比软质饲料(颗粒破损强度为1 662 g)能增加营养存留量、能量利用率和后期的生产性能。以上研究结果表明,配制颗粒饲料时谷物的粉碎粒度不能小于1 042 μm,并且要有合适的硬度。粉碎粒度不能太细的另一个原因是,粉碎太细尽管能提高颗粒质量,但会显著增加能量损耗。饲料粒度很小在贮存和喂料器中也会遇到更多的问题。

Amerah(2007)对粒度大小的综述证实了上述结论,表明以玉米或高粱为基础的肉鸡日粮最适粒度为600～900 μm。数据表现,粉料比颗粒料或破碎料对谷物粒度的要求更高。尽管粉碎得细能增加饲料在肠道中与消化酶的接触面积,但是有证据表明,粉碎得粗能生产出颗粒大小更加一致的饲料,并能提高采食粉料的家禽的生产性能。这可能是由于当粒度相似时,动物从粉料中采食到的饲料原料更一致,而且较大粒度的饲料有利于肌胃的发育。发育更健全的肌胃磨碎能力更强,从而使肠道运动和养分消化增强。

应该定期用饲料分级筛检查原料是否已经全部粉碎到规定的粒度或是否有原料没有粉碎。通过对谷物的加工确保谷物粒度在同一批次中与其它原料粒度相似,以避免出现分级现象。

用锤片式粉碎机粉碎谷物,影响粉碎粒度的主要因素可能是筛选机的规格,其次还有锤片的转速和谷物的流动速率。

必须用精密的仪器称重。配制预混料时要细心。在混合之前要先与粉碎的谷物混匀,这部分谷物至少要占日粮的5%,以确保预混料能均匀地分布到饲料中。

可能的话,应该给各种饲料原料称重,这样有助于以正确的比例添加到混合机中。有些类型的农场饲料混合设备是以体积而非重量为单位称量的。这种情况下需要根据原料容重的变化不断地对容器进行校准。

5.6.4　混合和后期加工

饲喂前饲料原料必须充分混合均匀,以保证动物采食到充足的营养素。在使用原料时,确保库存正确地轮换,优先使用存放时间最长的原料。

应能咨询混合机制造商混合的最佳时间,此外还应定期测试检查。

一般推荐,立式混合机在原料全部放入混合机之后混合约15 min即可。卧式混合机和滚筒式混合机所需混合时间稍短,原料全部放入混合机后混合约5～10 min。

混合完毕后饲料应保存在干燥、清洁的容器中,以保证质量,防止潮湿,避免昆虫和啮齿类动物损害。料仓应定期全部清理干净,防止陈料滞留。

饲喂设备管理在将优质饲料提供给家禽的过程中也十分重要。如果饲料在喂料机中的时间过长,饲料就会不新鲜,适口性变差。除非限饲,任何时间都应往喂料机中填入足够的新鲜饲料。

1. 制粒

饲料在混合之后可能需要制粒。一般的过程是先用蒸汽处理饲料，再将加热加湿的粉料传送到加压的模具中，然后将颗粒快速冷却，加压干燥。要有充足的水分供应，以保证粉料全部加湿。根据饲料组成的变化，获得良好的制粒需要的最适含水量也不同，不过一般 150～180 g/kg 的水分含量就可以。饲料的纤维含量越高，最适含水量也越高；反之亦然。

无论是颗粒料还是粉料，家禽均能不费力地采食。所以，制粒通常不太经济，但是也有些好处，比如颗粒料容重增加，便于处理和贮存。如果是户外放养的话，饲喂损失也较低。另一个好处是防止饲料成分分离(即饲料原料从其余的混合物中分离出来)。这个问题从混合机到喂料机的运输过程中容易发生。影响饲料成分分离的主要因素包括粒度大小、形状和密度。饲料成分分离会导致家禽营养素采食不均衡，造成生长和产蛋性能的变化。

颗粒饲料的优势在于，不仅可以提高采食量，而且可以提高饲料利用效率，特别对含纤维成分多的原料如小麦研磨副产品更是如此。制粒还有助于降低饲料中的微生物含量。

制粒可能会对营养物质的生物利用率产生有益的或不利的影响。比如发现蒸汽制粒能提高谷物中植酸磷的利用率(Bayley 等，1975)。但另一方面，可能会破坏热不稳定的营养成分和组分，比如小麦中的植酸酶或维生素 A。

通常饲料在进入制粒机之前要用蒸汽进行预处理。蒸汽可以释放饲料原料中天然的黏附特性以便于制粒。蒸汽软化原料颗粒，所以在压力下更容易相互黏结。高温和高湿导致淀粉糊化，便于颗粒黏结，同时也提高了淀粉和纤维的消化率。

一些原料具有的特性有助于制粒。小麦和麦麸中所含的胚乳蛋白使饲料颗粒在制粒过程中黏结得更好。小麦谷蛋白潮湿时会呈现胶状状态。黑小麦、黑麦和大麦中的胚乳蛋白也可与水发生反应增加黏度，但是谷物如玉米、高粱、粟米、大米和燕麦中的蛋白则不会如此。大麦、黑麦和燕麦中的葡聚糖和戊聚糖在潮湿的时候会变黏稠，提高制粒质量。添加 5%以上的脂肪容易造成颗粒破碎。

饲料颗粒在制粒之后必须尽可能快地冷却、风干，使其水分达到安全含量。

发现对混合饲料进行挤压有利于提高消化率，但是这个工艺在宠物和鱼类饲料中受到成本的限制。受环境因素等影响，对混合饲料进行制粒和挤压已经在相关环境和消费安全方面体现出了很高的附加值。大肠菌群、大肠杆菌、沙门氏菌和霉菌在制粒之后显著减少，通过挤压过程甚至被完全杀灭。

2. 颗粒黏合剂

玉米豆饼型的饲料难以制粒，尤其是在加入脂肪之后，可能需要加入颗粒黏合剂以达到预期效果。颗粒黏合剂可以在有机日粮中使用，生产者要查询允许在饲料中使用的颗粒黏合剂。生产者生产饲料时发现有些配方制粒比较困难。小麦和小麦副产品的含量在 100 g/kg 时，有较好的制粒效果，不需要使用颗粒黏合剂。有机日粮中使用的黏合剂是胶状的黏土，使用量为 5～12 kg/t。有些黏土可以吸附黄曲霉毒素。糖蜜也可以用作黏合剂，用量为 20～50 g/kg。与其它黏合剂不同的是，糖蜜在日粮中也是一种营养成分。

尽管热处理有许多益处，但是也会破坏部分营养成分，尤其是许多维生素和氨基酸(表 5.30，Coehlo，1994)。制粒工艺会导致大部分维生素损失 8%～10%。挤压工艺需要更高的温度，将会导致维生素损失 10%～15%。

表 5.30　饲料加工过程中的维生素损耗

（来源：Coehlo，1994）　%

维生素	制粒（82℃，30 s）	挤压工艺（120℃，60 s）
维生素 A	7	12
维生素 D_3	5	8
维生素 E	5	9
硫胺素	11	21
叶酸	7	14
氯化胆碱	2	3

5.7　质量控制

质量控制程序可以保证原料的安全，从而使配制好的饲料具备所需的营养价值且几乎不受到污染，也规范了原料在没有被立即使用时正确贮存的方法。因为原料更广泛，所以质量控制对有机饲料很重要。

采购者要确保饲料原料的质量。品管员必须保证每一批原料的质量。农场自产的原料要定期分析检测，而购买的原料应带有保证的分析数据。

原料和质检报告要同时提交，并确保达到相关标准。每一种原料都要视检含水量、有害物质（如石块和泥土）和仓储害虫。除非烘干到标准水分以下，否则要拒收含水量高于 120～140 g/kg的谷物。这是为了防止谷物在贮存过程中变质。

每个质量控制程序都应该包括定期的实验室原料检测和配合饲料检测。要确保取样具有代表性，多点取样，混合均匀后取 500～1 000 g 用于分析。袋装饲料使用取样器抽取同一批中10%～15%的货袋进行取样。一半的样品用于实验室分析，保留另一半的样品。后期出现问题时，可能需要用于重复测定。

5.7.1　检测

合理的饲料分析检测要用被认可的化学和物理方法对水分、粗蛋白、脂类、粗纤维（进一步检测酸性洗涤纤维和中性洗涤纤维）和灰分进行测定。结果（也称常规组分）可以表明饲料是否达到了规定的质量标准。虽然不可能测定所有批次的原料，但可以进行周期性的检测。

附加检测项目有可溶性灰分和酸性不溶灰分，用于检测饲料中混合的沙子或者土质等杂质的含量。这是检测木薯等块根原料的有效方法。

有时也有必要检测油料作物挥发性脂肪酸的含量，这是表明其酸败程度的一个指标。而酸败的油脂会影响饲料的适口性。氨基酸的分析检测需要在一些特定的实验室进行，通常不需要检测氨基酸。大部分的生产者以蛋白含量为基础的预测方程来预测某些重要氨基酸的含量。矿物质的检测比较常用，维生素的检测则很罕见。因为大部分的饲料生产者忽略了常规原料中的维生素含量，必需的维生素都是通过饲料添加剂补充的。

如果收获的条件或临床检测表明存在霉菌毒素污染的话，则需要检测霉菌毒素的含量。

建议检测高单宁含量的高粱属作物的单宁含量。

建议的分析检测混合饲料和原料的时间安排如下。

每一批谷物需要取样(通常检测干物质和粗蛋白)测定原料的变异,用于指导分开贮存原料,因为从不同地区采购的原料会因土壤类型的不同、施肥程序差异、品种差异、种植和收获条件的不同而有所差异。否则的话需要将所有的谷物混合在一起。因为其质量需要达到一定标准,并有标签说明,所以有些原料如豆饼就不需要频繁的取样。每 3 个月测定一次干物质和粗蛋白含量就可以,另外还需测定尿素酶。商业化的实验室可以分析霉菌毒素。

每种添加剂和预混料都要取样并且冷藏保存。如果在预混料中发现问题,就可以随时分析。生物素和维生素 E 的含量可以作为抽查指标。

配合饲料需要每 2～3 个月抽样检测干物质、粗蛋白、钙、磷和粒度。如果存在的问题多,那么就需要较频繁的检测。

对检测结果进行解释时需要注明化学分析的变异。可接受的实验室分析的变异系数见表 5.31(AAFCO,2005)。如果检测报告中的营养成分变异系数超出正常的范围,需要用保存的备用样品再次进行分析。如果重复分析后发现结果不一致,则表明在取样混合或者检测时发生了错误。生产者需要咨询营养专家来解决这个问题。

购买全价饲料的生产者不需要过度关注质量控制。在某些国家饲料生产者受法律法规的约束需要提供高标准的饲料,这就要求他们对各成分进行检测。另外,有官方部门会根据标签对常规饲料进行抽样检测。然而,建议有机饲料生产者最好对相应的饲料进行常规检测,以确保所购饲料都达到了标准。

其它需要注意的质量问题就是饲料原料中霉菌毒素含量和加工过程中的粉碎粒度。

表 5.31 饲料营养成分分析允许的变异系数

(来源:AAFCO, 2005)

营养成分	分析变异	目标值	可接受范围
粗蛋白	$20/x+2$[a]	10	9.6～10.4
赖氨酸	20	0.7	0.65～1.05
钙	$14/x+6$[a]	0.8%	0.61%～0.99%
磷	$3/x+8$	0.50%	0.44%～0.56%
锌	20%	100 mg/kg	80～120 mg/kg

[a] x(预期值)表示粗蛋白为 10%,钙含量为 0.8%。

5.7.2 样品采集

供实验室分析的样品需要有代表性。获取有代表性的成熟谷物样品的最简单易行的途径是:在谷物收获期采集,每车采集几个 500 g 样品并堆到一块,然后将这堆样品充分混匀,从中取 500 g。配合饲料的采样要从混合机、料仓处进行,方法跟采集谷物样品一样。

没有实验室设备的小饲料厂应该寻求饲料供应商的帮助,获得饲料原料的定期分析结果。有时候也可到其它部门,如政府机关、学校或商业性的实验室等进行测定。

为了确保生产出的颗粒饲料或粉料硬度合适,需要进行物理学测试。它们不能硬得动物采食困难,也不能软到在运输过程中就损坏。已设计出一些实验室仪器来测定颗粒饲料的抗损力。用分级筛翻转一段时间后，可以确定饲料中颗粒的比例。不过在大多数情况下，饲料颗粒的质量可以通过实验来估测。

5.7.3　霉菌毒素污染控制

据估计，每年全世界约有25%的农作物受到霉菌毒素的污染(CAST，1989)。普通谷物和蛋白质原料均会受到污染，如花生易受黄曲霉毒素污染。霉菌毒素污染对全世界的畜牧业造成了巨大的经济损失。霉菌毒素污染之所以非常受关注主要是因为它们能在奶、肉等畜产品中蓄积，人食用这些畜产品时霉菌毒素就会转移到人身上。而有些霉菌毒素会严重致癌和致畸(Hesseltine，1979)。因此，消除霉菌毒素的污染对动物和人类尤为重要。

霉菌毒素的污染具有季节性和地域性(CAST，1989)。由于早期霜冻、干旱或虫灾等，一些地区的某种霉菌毒素污染较其它地区更为严重。表5.32列出了在世界各地饲料中发现的霉菌毒素。这些霉菌毒素本身就存在于很多原料中。饲料中危害较大的几种霉菌毒素有：赭曲霉毒素A(ochratoxin A，OA)、棒曲霉素、玉米赤霉烯酮、单端孢霉烯类、橘霉素和青霉酸(Jelinek等，1989)。不适当的混合、运输和贮存时饲料的破损会增加霉菌毒素的污染。损坏的、轻的或破碎的原料中霉菌毒素比较富集，如被筛选掉的原料。湿度过高会使饲料呼吸作用加强并产生水分，这就为霉菌提供了生长和产生毒素的适宜条件。忽冷忽热的气候条件会使仓库中的水分转移、凝结，这样也会促进霉菌的生长和霉菌毒素的产生。基于这些原因，贮存条件应该是：饲料含水量小于140 g/kg、恒温。磨碎的饲料种皮被破坏，更易感染霉菌毒素。因此，已粉碎的饲料应该在阴凉干燥处贮存。

表5.32　霉菌毒素的地理分布

地理位置	霉菌毒素
欧洲西部	赭曲霉毒素，呕吐毒素，玉米赤霉烯酮
欧洲东部	玉米赤霉烯酮，呕吐毒素
北美洲	赭曲霉毒素，呕吐毒素，玉米赤霉烯酮，黄曲霉毒素
南美洲	黄曲霉毒素，伏马毒素，赭曲霉毒素，呕吐毒素，T-2毒素
非洲	黄曲霉毒素，伏马毒素，玉米赤霉烯酮
亚洲	黄曲霉毒素
澳大利亚	黄曲霉毒素，伏马毒素

爱尔兰的研究人员(Lawlor和Lynch，2001)发现当地的成熟谷物会被呕吐毒素、玉米赤霉烯酮、镰刀菌酸或赭曲霉毒素污染。爱尔兰的动物饲料中，黄曲霉毒素的污染主要来源于从气温较高的地区进口的原料。

霉菌毒素被称为霉菌的第二大代谢产物，是应激因素引起霉菌应答的产物。霉菌、真菌或霉菌毒素很少单独存在，两种或更多的霉菌毒素比单一霉菌毒素危害更大(Pasteiner，1997)。不能用是否产生毒素来判断有没有真菌的存在。在烘干和粉碎谷物时的高温高压可以减少霉菌的产生，但是霉菌毒素对温度有一定抵抗力，而且在没有真菌污染时，谷物中也能存在毒素。事实上，大多数的霉菌毒素是化学稳定的，而且在霉菌死亡之后仍然可以长时间的存在。收获前产生的霉菌称为田间霉菌；在贮存过程中产生的霉菌叫作贮存霉菌。有些霉菌既是田间霉菌又是贮存霉菌，比如黄曲霉菌属。镰刀菌是田间霉菌，生长需要较高的湿度(>90%)和较高的温度(>23℃),所以在收获之后很少存在(Osweiler,1992)。在田间,霉菌会引起胚珠死亡,谷物枯萎,胚胎衰退或者死亡。这个过程被称作"风化作用"(Osweiler,1992)。贮存霉菌可能有致病性或者腐蚀性,包括能产生对家禽生产有重大危害的曲霉菌属和青霉菌属,它们可以在水分含量 140~180 g/kg,温度 10~50℃之间生存(Osweiler,1992)。

1. 霉菌毒素对家禽的影响

霉菌毒素会影响肝脏(肝脏毒素)或者肾脏(肾脏毒素)。霉菌毒素对家禽的危害在 1960 年被人们发现。英国有 100 000 只火鸡死于"火鸡 X 疾病",事后发现这些火鸡都患有肠炎或者肝炎,细菌学检查为阴性。发现可能是由于从巴西进口的日粮中的花生饼受到黄曲霉毒素污染。

在家禽中,鸭是对黄曲霉毒素最敏感的,其次是火鸡、肉鸡、蛋鸡和鹌鹑。黄曲霉毒素是肝脏毒素,将会导致肝细胞变性、坏死,脂肪改变,改变肝脏功能。抑制肝脏中的蛋白合成,从而抑制生长和产蛋性能。黄曲霉毒素还会干扰维生素 D 的代谢,导致骨骼强度降低和腿衰弱。黄曲霉毒素降低胆汁盐的产生量,导致脂肪和色素的吸收障碍。另外,某些矿物元素,比如铁、磷、铜等会受黄曲霉毒素的影响。黄曲霉毒素会导致毛细血管变脆,降低凝血酶原水平,导致胴体擦伤发生率升高,胴体等级降低。

黄曲霉毒素是家禽饲料中最常见的霉菌毒素,但是少量的其它毒素也会有损害作用。比如赭曲霉毒素 A 对家禽的毒性是黄曲霉毒素的 3 倍,而且当两者同时存在时,副作用会更强。

霉菌毒素影响的严重性与其存在的形式和污染程度相关。高水平的霉菌毒素会导致短时间出现高死亡率,但是亚急性的霉菌毒素污染对整个家禽产业产生的影响更大。

2. 霉菌毒素检测

常规检测有助于控制霉菌毒素污染。Lawlor 和 Lynch(2001)推荐,常规分析应该包括对黄曲霉毒素、玉米赤霉烯酮和呕吐毒素的检测。呕吐毒素常常被认为是最常见的单端孢霉烯类毒素,是一种指示毒素。最快速的测定方法是用酶联免疫吸附测定(enzyme linked immunosorbent assay,ELISA)检测。目前已经有检测黄曲霉毒素、赭曲霉毒素 A、呕吐毒素、玉米赤霉烯酮和伏马毒素的试剂盒,能快速判定这些特定霉菌毒素是否存在。然而在大多数情况下,它们只能做到半定量,薄层色谱法(thin layer chromatography,TLC)或液相色谱法(liquid chromatography,LC)可以定量检测污染程度。一种简单的相对稳定的方法已经被用于在田间检测霉菌毒素。用微量荧光定量的方法检测不同霉菌毒素的浓度,比 ELISA 的方法更准确。许多实验室都测定其标志物。这些标志物是霉菌的代谢产物,可能有毒性,也可能没有毒性,但是它们与有问题的毒素同时存在。过去用呕吐毒素作为标记物来检测所有镰刀菌属的毒素,现在有些学者提出需要同时检测镰刀菌酸。

3. 霉菌毒素污染的处理

如果当地政府允许,可以通过将未被污染的饲料和污染的饲料混合的方法降低霉菌毒素的含量,也可以通过使用霉菌毒素吸附剂[如膨润土、酵母细胞壁提取物(甘露寡糖,mannanoligosaccharide,MOS)]来降低霉菌毒素的污染。常见的霉菌毒素吸附剂主要有膨润土、硅铝酸盐、精炼菜籽油、漂白黏土以及苜蓿纤维等。霉菌毒素吸附剂可以吸附霉菌毒素,阻止它们被消化道吸收(Smith 和 Seddon,1998)。不过,霉菌毒素吸附剂只对某些特定的霉菌毒素有作用。某些黏土或吸附剂同样也可以结合维生素,导致机体无法获得足够维生素(Dale,1998)。有报道称改良酵母细胞壁提取物 MOS 能够有效地结合黄曲霉毒素,而且对赭曲霉毒素和镰刀菌毒素也有一定的吸附作用。它的优点在于不结合维生素或矿物质(Devegowda 等,

1998)。

Lawlor 和 Lynch(2001)指出,饲料贮存期是防止霉菌生长和霉菌毒素产生的重要时期。已除杂的饲料原料含水量应该低于 14%,并贮存到干净、最好绝热的仓库中。如果必须贮存到湿度高的环境或者贮存库条件很差,在当地有机规则许可的情况下,可以添加适量的霉菌抑制剂(如丙酸)。

如果怀疑霉菌毒素中毒,那么应该立即更换饲料来源。随后要对饲料、饲料贮存仓库、饲料处理设备、粉碎机和饲养员进行全面彻底的检查。成块的和发霉的饲料应该及时清除,设备要清洗干净。用稀释的次氯酸盐溶液冲洗车间,以减少霉菌附着。

4. 霉菌毒素在畜产品中的残留

许多霉菌毒素在肉和奶等畜产品中蓄积会对人类健康造成很大威胁。丹麦法律规定了猪肉中赭曲霉毒素的最高含量(在禽肉中没有类似的规定)。当肝脏或肾中的含量达到 10～15 μg/kg,这些器官就会被销毁。当超过 25 μg/kg 时,整个胴体就会被销毁。规定这些指标是因为赭曲霉毒素与人类肾病关系紧密(Devegowda 等,1998)。

其它国家也有相似的规定。不过,这些规定主要是针对黄曲霉毒素,因为它与肝癌有着密切联系。在美国,食品和药物管理局(FDA)规定动物饲料中的黄曲霉毒素不能超过 20 μg/kg。欧盟规定(SI No:283,1998)动物饲料中的黄曲霉毒素 B_1 要控制在 5～50 μg/kg 之下,具体情况视饲料的原料组成以及所饲喂的动物而定。猪和家禽饲料中黄曲霉毒素 B_1 含量上限为 20 μg/kg。

5.8　补充

不同的原料之间存在差异,因此并不能保证我们能得到以上所给的计算结果。使用这些配方的生产者应该检测所用的日粮以确保其可接受性。为了确保谷物和蛋白饲料中的营养成分的最大利用率,可根据供应商的建议在日粮中适当地添加酶制剂。

(刘磊、宋志刚译校)

参考文献

AAFCO (2005) *Official Publication*. Association of American Feed Control Officials, Oxford, Indiana.

Aganga, A.A., Aganga, A.O. and Omphile, U.J. (2003) Ostrich feeding and nutrition. *Pakistan Journal of Nutrition* 2(2), 60–67, 2003.

Amerah, A.M., Ravindran, V., Lentle, R.G. and Thomas, D.G. (2007) Feed particle size: implications on the digestion and performance of poultry. *World's Poultry Science Journal* 63, 439–455.

Bayley, H.S., Pos, J. and Thomson, R.G. (1975) Influence of steam pelleting and dietary calcium level on the utilization of phosphorus by the pig. *Journal of Animal Science* 46, 857–863.

Bellof, G. and Schmidt, E. (2007) Effect of reduced energy contents in organic feed mixtures on fattening performance of slow or fast growing genotypes in organic turkey production. 9. Wissenschaftstagung Ökologischer Landbau. Beitrag archiviert unter. Available at: http://orgprints.org/view/projects/wissenschaftstagung-2007.html

Bennett, C. (2006) Organic diets for small flocks. Publication, Manitoba Agricuture. Available at: http://www.gov.mb.ca/agriculture/livestock/poultry/bba01s20.html

Blair, R., Dewar, W.A. and Downie, J.N. (1973) Egg production responses of hens given a complete mash or unground grain together with concentrate pellets. *British Poultry Science* 14, 373–377.

Blount, W.P. (1961) Turkey 'X' disease. *Turkeys* 9, 52–61, 77.

Bolton, W. and Blair, R. (1974) *Poultry Nutrition*. Bulletin 174, Ministry of Agriculture, Fisheries and Food. HSMO, London.

CAST (1989) *Mycotoxins, Economics and Health Risks*. Report No. 116. Council for Agricultural Science and Technology, Ames, Iowa.

Coehlo, M.B. (1994) Vitamin stability in premixes and feeds: a practical approach. *BASF Technical Symposium*, Indianapolis, Indiana, 25 May, pp. 99–126.

Dale, N. (1998) Mycotoxin binders. Now it is time for real science. *Feed International* June, 22–23.

Devegowda, G., Radu, M.V.L.N., Nazar, A. and Swamy, H.V.L.M. (1998) Mycotoxin picture worldwide: novel solutions for their counteraction. In: Lyons, T.P. and Jacques, K.A. (eds) *Proceedings of Alltech's 14th Annual Symposium on Biotechnology in the Feed Industry*. Nottingham University Press, Nottingham, UK, pp. 241–255.

Hesseltine, C.W. (1979) Introduction, definition and history of mycotoxins of importance to animal production. In: *Interactions of Mycotoxins in Animal Production*. National Academy of Sciences, Washington, DC, pp. 3–18.

Jelinek, C.F., Pohland, A.E. and Wood, G.E. (1989) Worldwide occurrence of mycotoxins in foods and feeds – an update. *Journal of the Association of Official Analytical Chemists* 72, 223–230.

Lampkin, N (1997) *Organic Poultry Production*, Final report to MAFF 1997. Welsh Institute of Rural Studies, University of Wales, Aberystwyth, UK.

Lawlor, P.G. and Lynch, P.B. (2001) Source of toxins, prevention and management of mycotoxicosis. *Irish Veterinary Journal* 54, 117–120.

Lewis, P.D., Perry, G.C., Farmer, L.J. and Patterson, R.L.S. (1997) Responses of two genotypes of chicken to the diets and stocking densities typical of UK and 'Label Rouge' production systems: I. Performance, behaviour and carcass composition. *Meat Science* 45, 501–516.

NRC (1994) *Nutrient Requirements of Poultry*, 9th revised edn. National Research Council, National Academy of Sciences, Washington, DC.

Opti-kuckeliku (2007) Opti-kuckeliku, optimal feed formulation for poultry. Available at: http://www.freefarm.se/djur/kuckeliku/

Osweiler, G.D. (1992) Mycotoxins. In: Leman, A.D., Straw, B.E., Mengeling, W.L., D'Allaire, S. and Taylor, D.J. (eds) *Diseases of Swine*, 7th edn. Iowa State University Press, Ames, Iowa, pp. 735–743.

Parsons, S., Buchanan, N.P., Blemings, K.P., Wilson, M.E. and Moritz, J.S. (2006) Effect of corn particle size and pellet texture on broiler performance in the growing phase. *Journal of Applied Poultry Research* 15, 245–255.

Pasteiner, S. (1997) Coping with mycotoxin contaminated feedstuffs. *Feed International* May, 12–16.

Patience, J.F. and Thacker, P.A. (1989) *Swine Nutrition Guide*. Prairie Swine Centre, University of Saskatchewan, Saskatoon, Canada.

Scheideler, S.E. and Sell, J.L. (1997) Nutrition Guidelines for Ostriches and Emus. *Publication PM-1696*, Extension Division, Iowa State University, Ames, Iowa, pp. 1–4.

Scott, M.L. and Dean, W.F. (1999) *Nutrition and Management of Ducks*. M.L. Scott of Ithaca, Ithaca, New York.

Smith, T.K. and Seddon, I.R. (1998) Synergism demonstrated between fusarium mycotoxins. *Feedstuffs* 22 June, 12–17.

Ullrey, D.E. and Allen, M.E. (1996) Nutrition and feeding of ostriches. *Animal Feed Science and Technology* 59, 27–36.

第6章　选择合适的品种和品系

国际有机产品市场上，存在非常广泛的家禽品种和品系，它们在生长、肉质和产蛋量等方面显示出不同的特性，日粮成分和饲养系统也存在差异性。相对于其它农场原种，大部分可获得的现代品系是由少数国际公司选育开发成的规模化、专门化生产单元的禽类。由于行业的规模，这些家禽育种公司到目前为止很少关注用于有机生产的禽类的特殊需求。一些现代品系适用于有机生产，但在其它情况下，传统的、相对未经选种的品系更适合。因此，日粮规划和饲养计划需要根据挑选的特殊基因型的家禽做出调整。

以下是关于基因型选择的注意事项。

6.1　消费者态度

有机生产在很大程度上是由消费驱动的，因此，在选择适合有机禽生产的品种品系时考虑消费者的态度是十分重要的。一些消费者喜欢购买整鸡，另一些则喜欢分割鸡肉；一些偏好有色皮肤的鸡，一些则喜欢白皮肤的鸡；一些喜欢白壳蛋，一些则喜欢有颜色的鸡蛋；还有一些喜欢蛋黄颜色深的鸡蛋。

家禽生产主要分为四个产业：鸡肉；火鸡肉；鸡蛋；特殊定向产品，如水禽（鸭和鹅）、走禽（鸵鸟和鸸鹋）、雏鸟（鸽子）、竹丝鸡、鹌鹑和鹌鹑蛋、野禽（野鸡、松鸡、鹧鸪）。所有这些在世界各地进行有机生产，在不同地区具有不同的经济价值。

近年来，最明显的消费特征之一是人们越来越关注食物的自然与健康问题，还有伦理问题（如动物福利和健康）（Andersen 等，2005）。由于一些健康危机[激素、牛海绵状脑病（bovine spongiform encephalopathy，BSE）、抗生素、饲料二噁英污染等]，食品安全已成为现代生产的一个重要问题。

有机禽产品的购买受两个主要因素控制：一是基于外观、价格、编码和标签对品质的感性认识，对化学残留物的感觉，烹调后进行品尝的实际感受；二是伦理因素，如家禽的饲养环境和待遇。

北欧地区的实证研究表明，这些因素的相对重要性取决于不同的地区和国家。1996 年的一项研究结果显示，丹麦的消费者购买有机产品的比例分别为：面包 22%，肉 11%，蛋 33%，蔬菜 24%，奶制品 19%（Borch，1999）。相对应的，瑞典的消费者为 13%、12%、19%、19%和 13%，挪威为 11%、9%、17%、16%和 11%。这三个国家从不购买有机食品的消费者数量分别为 33%、35%和 49%。这三个国家在有机采购的规定上存在相当大的差异，丹麦和挪威的消费者声明他们购买有机食品的主要原因是，相对普通食品，有机食品更健康、质量更好，而瑞典消费者的主要动机是关注环境保护和动物福利。尽管丹麦人持怀疑态度，瑞典和挪威的消费者信任有机商标。这三个国家的消费者都愿意为有机食品支付更高的价格。

美国消费者也对放养鸡和有机鸡越来越有兴趣（Alvarado 等，2005）。在这些作者的一个研究中，消费者被要求比较有机放养的鸡肉和商业化饲养的鸡肉的食用品质和保存期限。由于锻炼多和日龄大，自由放养的鸡胸(153 g)明显大于商业化饲养的鸡胸(121 g)。这两种类型的鸡胸肉在嫩度和组成上没有显著差异。相对于商业化饲养的鸡，自由放养的鸡肉 pH 更高(5.96 vs. 5.72)，颜色也更深(49.14 vs. 53.46)。自由放养鸡肉的需氧菌平板计数(aerobic plate count，APC)和大肠杆菌数显著高于商业化饲养的鸡肉，并更早出现变质的迹象，这些都是关于潜在消费重要性的发现。消费者发现肉的多汁性、嫩度和味道无差异。然而，商业化饲养的鸡胸肉更受欢迎。受过培训的参加者发现鸡腿的嫩度和味道没有差别，但是自由放养的鸡肉更多汁，对骨头的依附性更强。商业化饲养的鸡和放养鸡在肉质和感官属性上有很多相似之处，但放养鸡的保存期限相对较短，证实了与有机禽肉类的多不饱和脂肪酸(polyunsaturated fatty acids，PUFA)含量更高相关的发现。

Castellini 等(2002a)指出，有机鸡有更高的胸肉和腿肉产量，体脂肪含量低。这些鸡肌肉 pH 低，保水性差，导致烹饪损失高。他们还发现，有机鸡肌肉亮值、剪切力值、含铁量和多不饱和脂肪酸更高，胸肌肉的感官品质也比商业化饲养的好。

英国的一项研究表明，消费者购买有机鸡蛋，因为他们觉得有机鸡蛋更健康、无化学添加剂、是非转基因的，而且味道更好(Stopes 等，2001)。另外，消费者希望产蛋环境可以更人性化、条件更好。研究证实，消费者能够接受有机禽产品在一定程度上取决于生产系统的性质，他们希望是以土地为基础的生产系统，特别是基于小群饲养的生产系统。

欧洲开展了几项研究，调查消费者对于蛋鸡福利的认知。法国开展了一次有 38 位消费者参与的小组会议的定性研究(Mirabito 和 Magdelaine，2001)。接着开展了有 982 位消费者参加的民意调查。超过 95%的受访者表示，新鲜度和安全性是购买鸡蛋的主要标准，但前一次研究也显示出包装、质量和品牌的重要性。一般来说，理想的生产系统应该是母鸡相对较少、能自由活动、饲喂纯天然饲料。85%的受访者认为，自由放养系统的鸡蛋新鲜(安全)；相比，只有 27%的受访者认为，笼养系统的鸡蛋新鲜(安全)。95%的受访者认为，蛋鸡在室外活动是提高禽类待遇的最好系统。将受访者根据担忧禽类待遇和是否愿意为自由放养鸡蛋支付额外的费用分类，18%的人不关心待遇，也不愿意支付额外费用；39%的人表示关心，并愿意支付 0～50%的额外费用；27%的人非常关心，已经开始购买有机产品，且愿意支付超过 50%的费用。

公众对当前食品问题的认识和经济购买力是与购买有机肉蛋相关的其它因素。O'Donovan 和 McCarthy(2002)检验了爱尔兰消费者对有机肉类的偏好，并鉴别出三组消费者群体。相比较不打算购买有机肉的消费者，已经购买或有意向购买有机肉类的被调查者在买肉时将食品安全看得更重。此外，有机肉的购买者更关心自身健康。有机肉制品的购买者也相信有机肉内在质量、安全、标签、生产方法和价值等方面优于传统肉制品。实用性和价格是购买有机肉的关键障碍。高级别的社会经济团体更愿意购买有机肉。结果表明，对于食品安全和污染问题意识的提高是决定购买有机肉的重要因素，而保证有机肉供应的一致性对于确保该有机产业发展是至关重要的。

最近在苏格兰的一份调查表明，消费者似乎将肉制品伦理问题的责任委托给零售商或政府(Andersen 等，2005)。这归因于这样一个事实，即消费者在选择传统肉品和有机肉品时似乎不愿意提起关于动物的争议话题(McEachern 和 Schröder，2002)。此外，消费者认为有机肉价格昂贵，特别是在他们没有意识到有机肉与众不同的品质时更是如此。这导致一些消费者对具有附加价值或改善了饲养环境的传统肉类更有兴趣。

以上研究显示了几个重要结论。第一，有机禽肉和蛋应该按在购买前后都可以满足消费者期望的方式进行生产。第二，消费者为有机产品愿意支付的溢价不是无限的。这些结论表明，有机禽生产者需要努力生产出高品质的产品，并尽可能经济。

6.2 家禽种类

鸡是世界上最充裕的家禽，而且提供了世界范围内最受欢迎的肉品。

目前，世界范围内的许多现代鸡品种都被认为是红原鸡（原鸡属）的后裔。红原鸡仍然可以在东南亚、巴基斯坦和印度的原始森林见到，为研究驯化和遗传选择时发生的遗传变异提供了极好的材料。

有机禽生产者使用传统品种的做法正得到逐渐发展。适合特殊地区的传统品种的清单可以通过参与保护濒危品种的区域协会获得。

在过去几十年中，对于人们偏好的性状进行了强度选择。今天，商业化的鸡可以分为蛋鸡和肉鸡两类。

用于有机生产的鸡种选择应该考虑品种或品系适应环境的能力。大部分有机生产规则要求或鼓励家禽接触户外。

相比于其它驯化物种（包括动物和植物），由于世代间隔变短，家禽经历过最为强烈的选择。细致的选择可以逆转动物适应新环境的过程，就像在有机耕作中发现的那样（Boelling 等，2003）。

6.2.1 鸡蛋生产

1. 适用于有机生产的基因型

现在，许多国家的鸡蛋生产高度商业化，使用一些跨国公司开发的种禽。尤其是北美的白壳蛋生产，可用遗传品系是从单冠白来航鸡发展来的。对于褐壳蛋生产，遗传品系主要来自于洛岛红鸡和横斑洛克鸡的杂交后代。

大多数现存的商品蛋鸡在笼养体系中产蛋量高，可能不适合于有机生产的管理。商品蛋鸡的体重是野生原鸡的 2 倍，而产蛋量超出 10 倍。Jensen（2006）比较了野生原鸡和白来航商品母鸡，发现重要差异：白来航母鸡的觅食活动更少，社会交流频率低，对天敌的警觉性更差。世界上许多地区把白来航当作生产白壳蛋的品种，但是白来航鸡的觅食行为减少，不能适应有机生产或任何放养过程。

商用品系的母鸡已经适应了在笼养的情况下产蛋。笼养环境限制了许多本能行为性状的表达（Boelling 等，2003），当母鸡被饲养在可以自由活动的管理体系中时，其中一些行为才得以重现。最不利的行为之一是伴随着同类相残和死亡的啄羽行为。此外，笼养蛋鸡似乎失去了在专门的窝里下蛋的需求。结果，笼养母鸡倾向于在地上产蛋（Sørensen，2001）。

在商业化家禽生产系统中的一个常见问题就是啄羽。Huber-Eicher 和 Audigé（1999）调查了瑞士的规模超过 500 只鸡的养鸡场，比较了啄羽行为和一些管理变量之间的关联。作者根据研究结果提出建议，在饲养过程中应该保持每平方米低于 10 只鸡的低饲养密度，并提供高度不低于 35 cm 的栖架。

研究人员证明了一些与动物适应环境能力相关的不良行为性状存在可遗传组分。因此，为了使有机生产更经济，更有利于动物福利，应将害怕、支配能力和社会行为性状评估引入育种计划(Jones 和 Hocking，1999；Boelling 等，2003)。

啄羽在所有管理体系中都是一个问题，但在自由放养体系中更难控制。研究表明，鸡群中的啄羽行为是与觅食能力相关的啄地行为的重新定向。然而，Rodenburg 等(2004)的研究结果与此相反。他们研究了小鸡的这一行为，发现小鸡孵化后一天就存在啄羽行为，而此时，啄地行为还没有完全形成，沙浴行为也很少观察到。他们认为，啄羽是一个探究性行为，在小鸡的社会生活发展中很重要。Rodenburg 等(2004)还研究了成年鸡的啄羽行为。他们发现，遇到陌生鸡的可能性增加时，啄羽行为也会增加，例如斗鸡。随着时间的推移，该行为的频率下降。因此，Rodenburg 等(2004)认为，既然啄羽是在社会探究中扮演重要角色的正常行为，它就不可能是一种重新定向行为。

Su 等(2005)证实，可以对鸡的啄羽行为进行选择或逆向选择。一个世代以后，啄羽行为的产生和发病率就有了很大不同。

Rodenburg 等(2004)还比较了高啄羽(high feather-pecking，HFP)和低啄羽(low feather-pecking，LFP)种群行为的、生理的和神经生物学方面的特性。这两个种群都没有选择啄羽而是源自不同的选择标准，啄羽程度的不同与选择项目的结果是一致的。他们观察发现，高啄羽群体的应激行为明显，而低啄羽群体应激行为不明显。另外，低啄羽群体的采食和觅食行为水平较高，说明它们的行为受到外部激励。

大部分与啄羽相关的研究都集中在啄羽者的攻击行为。最近的研究兴趣转移到受害者及其是否可能倾向于作为啄羽的接受者。Kjaer 和 Sorenson(1997)认为，小鸡成为啄羽受害者的可能性可以遗传，而成年鸡则不能遗传。同样的，Buitenhuis 等(2003b)证明了 6 周龄的控制啄羽的基因与 30 周龄的不同。他们认为可以用分子遗传学的方法解决啄羽问题(Buitenhuis 等，2003a)。

Jensen(2006)鉴别了鸡的负责白色表型的突变基因，其中一个基因也被发现对啄羽有影响。尤其是，Jensen(2006)发现翅膀颜色与成为啄羽受害者的风险相关。在他的研究中，野生基因型的纯合子明显比突变体更容易成为受害者(两者都是白色的)。Jensen(2006)得出这样的结论，即羽毛色素的缺乏减少了成为受害者的风险，并推测这是商业生产中出现驯养的白色表型的原因。有机禽饲养系统不使用白肤色的品系，这也许可以解释这些系统中经常出现啄羽行为的原因。

Su 等(2006)展示了一个旨在减少啄羽行为的选种项目，结果导致了蛋产量、鸡蛋品质和饲养效率的改变。低啄羽行为群体产蛋量和饲料转化率更高。羽毛覆盖率高的鸡对维持能量的需求较低，从而提高了饲料转化率。然而，研究人员注意到，高啄羽行为群体蛋重、蛋白高度、蛋壳厚度和蛋黄比例更高。

有机蛋鸡的另一个问题是同类相残。众所周知，有几个因素会触发种群中的同类相残行为，包括品种、饲料成分、饲养环境、外部寄生虫和其它管理因素(Berg，2001)。

一些有机鸡蛋生产者对于生产有附加值的鸡蛋也很感兴趣，例如增加 ω-3 脂肪酸含量。Scheideler 等(1998)研究了日粮脂肪的采食、利用和贮存方面的遗传差异，以及影响蛋黄成分的品种与日粮的相互作用。在一个育种计划中，这些相互作用可能与生产有机低脂鸡蛋的目标有关。

2. 特定品种和品系

在育种计划中应该鼓励使用本地品种。这些品种品系对当地环境的适应性更好，而且有更好的抗病能力和避开捕食者的能力(Sørensen，2001)。丹麦在发展有机蛋鸡生产方面领先于其它国家。丹麦直到1980年才允许以笼养方式饲养母鸡。自此以后，根据散养系统饲养的母鸡的表现对种禽进行选育，其中之一就是丹麦 Skalborg 品种。

Sørensen(2001)比较了笼养和散养系统中丹麦 Skalborg 和国际杂交种(Shaver 和 Lehman)的表现。杂交种笼养时比散养时产蛋量高8%。两个系统中，Skalborg 母鸡的产蛋率相同。然而，笼养时 Skalborg 死亡率是散养时的5倍。散养时杂交种死亡率是笼养时的1.5倍。Sørensen 和 Kjaer(1999)也发现，非商业化选择的品种饲养在有机生产条件下同类相残行为较少。这项研究表明 Skalborg 品种适合散养，而且比传统杂交种更适合有机生产。

瑞典研究人员使用混合了本地谷物的日粮或低蛋白日粮(130 g/kg)选择产蛋品系。洛岛红鸡和白来航杂交产生了 SLU-1329 母鸡(Abrahamsson 和 Tauson，1998；表6.1)。将该品种母鸡在饲养场散养环境下与饲养于低蛋白日粮和地面系统条件下的传统杂交品种(罗曼 LSL、海赛克斯白鸡、海赛克斯褐鸡)进行了对比测试，结果表明，其产蛋量与杂交鸡相同或更高，但整体饲料转化效率最好(Sørensen，2001)。

表6.1 丹麦 Skalborg 母鸡与国际杂交种的比较，所有品种都是白来航

(来源：Abrahamsson 和 Tauson，1998)

杂交种	1978年地面散养系统试验		1982年笼养系统试验	
	年产蛋量/入舍鸡	年产蛋量/入舍鸡	年产蛋量/入舍鸡	年产蛋量/入舍鸡
Shaver	265	274	278	298
巴布可克(Babcock)	259	264	—	—
海赛克斯(Hisex)	264	267	—	—
罗曼(Lohmann)	259	268	276	285
迪卡布(Dekalb)	—	—	264	292
平均	262	268	273	292
Skalborg	262	267	240	266

北美有机鸡蛋生产者使用各种不同的品种品系。在一项正在进行的研究中，Peterson(2006)将来航鸡作为标准对不同品系进行了比较，包括斑点苏塞克斯鸡(Speckled Sussex)、银灰杜金鸡(Silver Gray Dorkings)和浅黄普利茅斯洛克鸡(Buff Plymouth Rocks)。来航母鸡的产蛋量最高，其次是斑点苏塞克斯鸡和浅黄普利茅斯洛克鸡，杜金鸡最低。这三个替代品种都比来航鸡大，生产成本是来航鸡的1.5～2倍。

世界范围内有几种标准大小的蛋鸡品种。美国有洛岛红鸡、新汉夏鸡(New Hampshires)、黑白横斑洛克鸡(Barred and White Plymouth Rock)和浅黄奥品顿鸡(Buff Orpingtons)。已发表的研究缺少对这些品系在有机生产体系的产蛋量的比较。美国的许多有机鸡蛋生产商通常在一个群体中保持不同鸡龄的鸡。每年选择不同颜色的品种便于跟踪了解鸡群中母鸡的鸡龄。

6.2.2 鸡肉生产

1. 适用于有机生产的基因型

传统上，根据生长速度和饲料转化效率对鸡进行选育，这使得在大部分居民能够负担的价格水平上有充足的鸡肉提供。不幸的是，这样的选育有一个负面影响(Emmerson,1997)。腹水症(也称水肚子)和猝死综合征(sudden death syndrome,SDS)的发生率增加，繁殖能力和免疫能力下降，骨骼畸形增加。Kestin 等(1999)比较了四个商品肉鸡杂交系的腿病发病率，发现了步行能力和弱腿的其它衡量指标存在巨大差异。已有报道显示腹水症是可遗传的，并且与体重呈正相关(Moghadam 等,2001)。结果，基于体重的选育可能增加或保持这一代谢异常的现有水平。

大多数商品鸡肉产品已经是产业化生产，在许多情况下，肉鸡是饲养在鸡舍内，而无法在户外活动。在这种条件下，环境是严格控制的，基因型与环境的相互作用可以忽略。当禽类以有机方式饲养时，这些相互作用变得更加重要。

腹水症和猝死综合征的发病率在不理想的环境条件下会增加，如热应激或冷应激。此外，在热应激下，生长率会受到抑制。这表明正常条件下具有较高潜在生长率的品系在冷应激条件下更容易出现腹水症。此外，热应激下肉鸡的生长和腹水症发病率呈负相关关系，表明在热应激下生长受抑的品系在冷应激下更易患腹水症(Deeb 等,2002)。

Castellini 等(2002b)对同一品种的肉鸡(罗斯肉公鸡)的胴体和肉品质量进行了对比，它们分别在常规(笼养 0.12 m^2/只)或有机(笼养 0.12 m^2/只，且可以进入 4 m^2/只的草地)的方式下饲养。在 56 和 81 日龄时，从两组中分别挑选出 20 只肉鸡进行屠宰，评估其胴体性状和胸肌肉、腿肌肉(胸大肌和腓骨长肌)的性状。结果表明，两种不同饲养管理系统下的胴体重明显不同，有机饲养下的肉鸡胴体中有较高比例的胸肉和腿肉，且腹部脂肪水平较低(表 6.2)。在肉品品质方面，有机饲养的鸡持水能力较低，这增加了蒸煮损失和肌肉剪切值(表明增加了韧性)。通过感官评判，有机条件下的鸡肉多汁性和总体合格率均较高。有机饲养条件下的鸡肉中含有更高比例的饱和脂肪酸和较低比例的单不饱和脂肪酸(monounsaturated fatty acids,MUFA)。最重要的是，有机饲养的鸡肉有较高水平的多不饱和脂肪酸，特别是二十碳五烯酸(EPA)、二十二碳六烯酸(DHA)和总 ω-3 脂肪酸的水平较高。这些 ω-3 脂肪酸被证实对人类的健康和发育均有益处。但是，由于氧化性酸败，这类脂肪酸货架期较短。Castellini 等(2002b)认为，有机饲养的鸡含有较高水平的 ω-3 脂肪酸是摄入牧草的结果。

2. 特定品种和品系

欧洲有机法规对品种的选择制定了明确的条例，根据 EEC 1804/1999 指令：

在选择一个饲养品种时，必须要考虑到活禽对其所处环境的适应能力，其活力和抗病力也应考虑在内。在集约化畜牧生产中，必须避免使用易于发病和产生其他健康问题的品种和品系。要优先考虑适应当地环境的当地品种。

此外，家禽必须适应舍外环境，饲养期较长，最小的屠宰日龄应为 81 日龄(European Commission, 2007)。

在很多国家，获得慢速成长的肉鸡品种不太容易。结果，大多数生产商都在使用生长速度快且饲料转化率高的肉鸡品种。值得庆幸的是，现在很多禽类育种公司对适用于有机生产体系的慢速生长的品种的研发越来越感兴趣(Katz, 1995;Saveur, 1997)。

选择慢速生长的肉鸡品种最终可能导致回到过去所用的品种。Havenstein 等(2003)分别用 1957 年和 2001 年的代表性日粮饲喂 1957 年和 2001 年的肉鸡品种，然后对它们的生产性能进行比较。结果显示，基因型选择对肉鸡生长的影响远大于日粮的影响，生长性能的变化约 85%～90%归功于基因型的选择，仅 10%～15%归功于营养的改善。

表 6.2 同品种肉鸡(罗斯公鸡)在常规饲养和有机饲养下胴体和肉质品质对比

(来源:Castellini 等,2002b)

项目	常规饲养		有机饲养	
	56 日龄	81 日龄	56 日龄	81 日龄
活体重(g)	3 219	4 368	2 861	3 614
料肉比(kg/kg)	2.31	2.89	2.75	3.29
净膛重(g)	2 595	3 529	2 314	2 928
腹部脂肪(g/kg)	19.0	29.0	9.0	10.0
胸肉(g/kg)	220	235	232	252
腿肉(g/kg)	148	150	149	155
胸肌指标				
水分(g/kg)	755.4	748.5	762.8	757.8
脂肪(g/kg)	14.6	23.7	7.2	7.4
pH	5.96	5.98	5.75	5.80
蒸煮损失度(%)	31.1	30.3	34.0	33.5
剪切值(kg/cm^2)	1.98	2.10	2.25	2.71

品种的选择还取决于禽类的终端市场。世界各地对鸡肉的消费偏好存在着戏剧性变化。例如,在北美的消费者更喜欢黄的肤色,而在欧洲,消费者更喜欢白的肤色。同样,在东亚和欧洲的消费者更喜欢美味的鸡肉,而且其生产条件受到的限制较少(Yang 和 Jiang,2005)。在北美,最容易向生产者提供的鸡品种是白羽考尼什杂交鸡。然而,在许多地区,已经在发展增长较慢的、有彩色羽毛的肉鸡品种。

增长较慢的肉鸡在饲养中可以接触外部环境,屠宰日龄比较大,其肉比常规肉鸡的更有韧性,也更具风味。一个对欧洲消费者的调查显示,他们更喜欢常规的禽类肉制品(Touraille 等,1981)。

肉鸡有两种截然不同的市场:活禽及加工屠体。对于活禽市场,消费者关注的最重要性状包括羽毛的颜色、皮肤和小腿的颜色、鸡冠的红润度和大小以及体型。虽然澳洲黑鸡最初在澳大利亚被当作蛋鸡来饲养,其黑色的羽毛和小腿受到活禽市场消费群体的欢迎。最近,为活禽市场而饲养彩色羽毛的考尼什杂交鸡也变成了可能。一些消费者认为皮肤和腿呈黑色的鸡具有药用特性。竹丝鸡的饲养就是用以满足消费者的这种偏好。据报道,它们体内磷酸丝氨酸(有催情的作用)的含量是常规肉鸡的 11 倍(Lee 等,1993)。

在中国,三黄鸡是最受欢迎的肉鸡品种(Yang 和 Jiang, 2005)。三黄分别指黄羽毛、黄鸡皮和黄小腿,它在中国的南部很流行。在中国的大多数地区,黄色是一种传统意义上代表着财富和好运的颜色,而白色是代表不吉利的颜色。三黄鸡是一个生长缓慢的品种,需要 100 d 才能达到 1.2~1.5 kg 的上市体重。这时候的鸡接近性成熟期,其肉质被认为比常规肉鸡更具风味,韧劲十足但不老。

法国红色标签(Label Rouge)的产品也会涉及到慢速生长的肉鸡品种。这种产品质量体系要求满足以下条件,其产品才可使用由 1960 年法国政府颁布的一部法律规定的红色标签(King,1984):(a)慢速生长的鸡;(b)喂养低脂肪和高谷类含量的饲料;(c)低放养密度;(d)最少饲养 81 d;(e)严格的加工环境和质量分级体系。

在这种体系下,12 周龄鸡体重达到 2.25 kg 的上市体重。它产出的胴体与常规的相比,胸较小,腿较大(Yang 和 Jiang,2005)。获得红色标签的肉鸡生产是一种基于牧场养殖的体系。法国温和的气候允许常年饲养,但是这在世界上很多地方行不通,因为冬季这些地区较寒冷(Fanatico 和 Born,2002)。

Lewis 等(1997)在英国对红色标签鸡(ISA 657)和常规鸡(Ross 1)进行了对比试验。慢速生长的 ISA 657 鸡在 48 日龄时体重平均达到 1 534 g,但 Ross 1 鸡的体重为 2 662 g。83 日龄时,它们体重分别为 2 785 和 4 571 g。基于市场对两个品种的日龄要求(83 和 48 日龄),它们的各项数据如下:活体重 2 785 和 2 662 g;饲料摄入量 8 257 和 5 046 g;料肉比 3.01 和 1.96;死亡率显著不同,分别是 0 和 11.3%。这些数据为想采用红色标签体系的生产者提供了重要的经济信息。

在美国,少数企业家努力引进禽类生产体系中的红色标签品种,他们选择的是 Redbro Cou Nu 品种,这是一种红色羽毛的裸颈鸡,具有鲜美的味道、薄薄的半透明的皮肤、瘦长的胸、高的脊椎和一对长腿。另一个特定地区的肉鸡产品是布雷斯鸡(Poulet de Bresse),即饲养于法国布雷斯地区的“高卢”蓝腿鸡。通过加拿大家禽育种公司和美国家禽生产商之间的协作,已经选育出了美国版本的肉鸡品种蓝脚鸡。和法国的蓝腿鸡一样,蓝脚鸡具有红色的鸡冠、白色的羽毛和铁青色的爪。当烹饪的蓝脚鸡摆上餐桌时,人们会特意留下蓝色的爪。

在意大利的一项研究中,对饲养在有机产品体系下的三个品种的鸡——快速生长的罗斯鸡、生长速度适中的 Kabir 鸡和慢速生长的 Robusta maculate 鸡的肉质进行了对比(Castellini 等,2002a)。罗斯鸡和 Kabir 鸡在 81 日龄时屠宰,但 Robusta maculate 鸡则需要在 120 日龄屠宰以达到上市体重(>2 kg)。试验表明,慢速生长的品种表现出对粗放饲养环境较强的适应能力,而快速生长的品种表现出肌肉生长不均匀和氧化稳定性下降。

改良非慢速生长的肉鸡品种用于特定地区时,应该考虑当地的纯种。这些品种也许更适应粗放的生产体系,而且对其使用也会有助于阻止其灭绝。当地品种的清单可以从地区保护协会获得。

6.2.3 兼用品种

对很多的生产商来说,用于有机生产理想的鸡品种是一种兼用品种,例如,既可以产蛋又可以产肉的品种(图 6.1)。这类品种的鸡,与专门产蛋的鸡或专门产肉的鸡相比,更适应有机禽类生产体系。它们很多是历史悠久的品种,相比于商品化肉鸡品种,腹水症和猝死综合征类的健康问题发生率要低多。但是,兼用品种的鸡肉产品在产蛋期结束母鸡被淘汰之前是无法获得的。然而,多余的小公鸡可以提早上市。

总之,它们较来航鸡更温顺,更强壮,但也要吃更多的饲料。它们大多数产棕色或者彩色的蛋。在产蛋期结束时这些品种的鸡肉比青年鸡肉更鲜美。下面介绍一些兼用品种鸡。

• 洛岛红(Rhode Island Red)。这个流行的品种如今杂交出了很多品种。它产大个棕色

图 6.1　兼用品种鸡举例

蛋,安静,易于饲养。公鸡、母鸡全身羽毛均呈深红色。产蛋结束时母鸡体重约 2.5 kg。

• 横斑洛克鸡(Barred Plymouth Rock)。横斑洛克鸡是老品种,由于其肉质上乘,棕色蛋产量高,仍有一些国家饲养。公鸡和母鸡都有灰色的条纹,母鸡体重为 2.5～2.75 kg。

• 新汉夏×横斑洛克(New Hampshire×Barred Rock)。这个杂交鸡品种由两个历史悠久的品种杂交而来,产出的雏鸡很强壮。母鸡有红色的鸡冠和黑玉色的体色,脖颈和胸部有棕色点缀。它们产棕色的蛋,产蛋结束时母鸡体重在 2.75 kg 左右。公鸡有深色的条纹。

• 洛岛红×哥伦比亚洛克(Rhode Island Red×Columbian Rock)。这个品种兼用性能很强,在过去 30 年,其小规模养殖的鸡群具有卓越的生产性能。小母鸡体色呈红褐色,个性安静,易于饲养。产蛋结束时母鸡体重在 2.75 kg 左右。蛋呈深棕色,蛋壳质地优良,蛋品质量上乘。小公鸡体色呈白色,带有黑色条纹。

• 由大型育种公司开发的其它兼用品种包括 Shaver Red Sex-Link 和 Harco Black Sex-Link,后者是产大型棕色蛋的最优秀品种之一。

• 长特科来(Chantecler)。这个品种来自加拿大的魁北克省,它成为兼用品种鸡有着有趣的历史(Cole,1922)。Brother Wilfred Chatelain,是一名来自加拿大魁北克省 Oka 区西多会的传教士。他打算培育出一个可以抵御加拿大恶劣环境的鸡品种,在美洲既可以用来下蛋,又可以产肉。Chantecler 是加拿大育成的第一个鸡品种,由法语 *chanter*(唱歌)和 *clair*(聪明的)组合而成。尽管这个鸡品种在 1908 年就开始选育,但是直到 1918 年才在社会上推广,并于 1921 年得到了美国家禽协会的完美标准(American Poultry Association Standard of Perfection)的认可。Chantecler 来自两组杂交鸡的后代,第一组杂交鸡来自黑色考尼什公鸡和白色来航母鸡交配,第二组来自洛岛红公鸡和白怀恩多特母鸡交配,接下来用第一组交配产下的母鸡和第二组交配产下的公鸡进行交配,最终育出 Chantecler 鸡。它小巧的鸡冠和肉垂可以抵御加拿大东部的严寒,这样就不会产生冻疮。除了其身体健壮外,还以极出色的棕色鸡生产性能、胸肉肥嫩而著名，也以安静、易管理而闻名。和其它历史悠久的鸡品种一样，饲养密度要求极低。

• 福韦儿(Favorelle)。这个品种有白色的皮肤，最初在法国作为兼用品种鸡发展而来，具有极好的产蛋品质，在不同的季节中，产蛋性能变化不大。该品种体格健壮，活泼，容易适应自由放养系统。

6.2.4 火鸡

1. 适用于有机生产的基因型

除了名称，火鸡与土耳其(Turkey)这个国家没有任何关系。火鸡是北美洲的当地品种，墨西哥印第安人的阿兹台克人最先驯化家养了火鸡。现存的家养火鸡各品种的祖先均为野火鸡(*Meleagris gallopavo*)。其它的火鸡品种(*Meleagris* 属)是有瞳点眼状斑的火鸡(*M. ocellata*)(雌雄火鸡的尾羽呈蓝灰色，带有眼形、蓝铜色花纹，尾梢呈明黄色)，它们是在南墨西哥发现的。早期的北美洲殖民者猎捕野火鸡。

当西班牙探险者到达南美洲时发现，火鸡是阿兹台克人的主要蛋白质来源(肉类和蛋类)。阿兹台克人也把火鸡的羽毛用作装饰。西班牙人把火鸡带回欧洲，从而育成不同品种(例如，Spanish Black 和 Royal Palm)。

用于商业化火鸡生产进行的遗传选择产生了宽胸品种，这些品种生长快速，饲料转化率高。这些现代品种已经失去了飞翔和觅食的本能。人工授精广泛用于种火鸡，以避免体型大许多的公火鸡伤害母火鸡，因为大多数公火鸡的宽胸构造使得它们不能正常交配。

在美国很多地方仍然存在着野生火鸡，虽然它们是现代火鸡的前身，但味道却差别很大。野生火鸡几乎所有肉都是黑色的，包括胸肉。

有好几个因素形成了家禽肉的风味，如肉的自然风味、年龄、饲养方式等。年老火鸡的肉比年轻火鸡的肉更有风味。传统的火鸡生长速度比商用火鸡慢很多，因此风味更浓。它们一般在 7～8 月龄时屠宰，而商用火鸡 3～4 月龄就可上市。在有机生产系统中，随着机体活动的增加，火鸡肉的风味也会相应改善。另据报道，在牧场养殖的火鸡，可以采食到青草、植物和昆虫，其肉比只吃谷类长大的火鸡肉风味要好。

图 6.2 传统类型的火鸡

符合以下标准的火鸡才能认定为传统火鸡(图 6.2)：

• 通过自然交配繁殖和保持基因不变，预期繁殖率应达到 70%～80%。

• 生产寿命长，种母火鸡一般使用 5～7 年，种公火鸡一般使用 3～5 年。

• 生长速度慢至适中，26～28 周龄达到上市体重。这样在肌肉生长之前火鸡有时间强壮其骨骼系统和健康器官。

2. 特定品种和品系

商用火鸡，又称大白火鸡，比传统火鸡生长速度快，达到上市体重需要的饲料少。在北美大多数消费者喜欢火鸡的胸肉或白肉。因此，很多有机火鸡生产者一直使用商用火鸡品种，但是也对传统火鸡品种越来越感兴趣。这些火鸡生长速度没有商用火鸡快，但是可以提高产品的风味。它们产出的白肉较少，因为它们只有一个鸡胸，不像商用火鸡有两个鸡胸。一个典型的大白火鸡，产出的白肉接近70%；传统火鸡白肉和黑肉差不多为1∶1。

传统火鸡能很好地适应有机生产系统，因为它们抗病力更强，也是很好的觅食者。另外，它们的飞行和觅食能力都更强，能自然交配，成功地繁育下一代。目前可用的传统火鸡品种有好几个，但是不同地区的主要品种不一样。常常根据颜色和原产地的不同来区分不同品种。这些品种包括 Standard Bronze、Narragansett、Bourbon Red、Jersey Buff、Slate、White Holland、Beltsville Small White 和 Royal Palm。Narragansett 是现存的最古老的一个品种，曾经是新英格兰火鸡产业的基础。Royal Palm(也叫 Crollweitzer 或 Pied)在商用火鸡生产时代之前也非常流行。这两个品种都在传统家庭农场养殖。

Royal Palm 是现存体型最小的火鸡品种，刚开始时作为观赏鸟养殖。Royal Palm 好动，所需饲料少，有很好的觅食和飞翔能力。它们很适合小规模生产，然而它们很敏感，在一些地方曾经用来控制昆虫。

6.2.5 水禽

水禽品种的选择取决于它们的用途(如肉、蛋、除草、放牧或看家护院)。

好几个鸭品种发展为肉鸭(Muscovy、Pekin、Rouen)或蛋鸭(Khaki Campbell、Indian Runner)。肉鸭也用来生产肥肝(脂肪肝)，这在有机生产中没有获得批准。印度跑鸭(Indian Runners)是行动快速的群居动物，也曾用来训练牧羊犬。可用空间的数量和质量也影响着对水禽品种的选择。总的来说，鸭体型小，需要的空间比鹅要小。家养鸭需要一年左右的谷类饲养，而如果给鹅提供足够的草地，它们对谷类的需求很少。

不同的鸭品种均起源于野鸭(*Anas platyrhynchos*)。Muscovy (*Cairina moschata*)一般被当作鸭，但是它们之间有明显不同。Muscovy 起源于南美洲，虽然有记录表明，它与古埃及的驯化品种相似。由于 Muscovy 起源于南半球，它的肉比一般的肥鸭要瘦。一些品种一年可以产蛋230多枚。

在亚洲很多地方，鸭和水稻生产联系在一起。几个世代以来，根据从河堤湿地、沼泽和湿地水稻种植相关的水地觅食的能力，本地鸭得到了选育。这些鸭也可以水稻田收获残留下来的碎米为食。在一些郊区，鸭可能是主要的收入来源。在印度尼西亚，Alabio 和 Bali 品种很普遍，而在中国，本地麻鸭很普遍。

家养的鹅有两个完全不同的来源。西方起源的家养品种被认为是从灰雁(Greylag goose)进化而来，而东方起源的家养品种被认为是从鸿雁(Swan goose)进化而来。鹅一般用于产肉，主要品种有 Emden、African 和 Pilgrim。它们也被用于生产鹅肝酱。没有为产蛋选育的鹅品种。鹅蛋含有特别高的胆固醇(每枚蛋＞1 200 mg)和脂肪，被认为不是人类的健康食品。中国鹅常作为食草鹅来饲养，很适合一些有机生产系统，用来生物除草。鹅喜食草和阔叶杂草。它们的叫声也非常响亮而刺耳，因此有时候用来看家护院。鹅很好斗，很少受到掠食者困扰。

鹅是目前商业化生产中驯化的最古老的一种家禽。世界上鹅最集中的地方在亚洲，但在欧洲也有很多品种。拥有能适合当地条件、高生产力品种的鹅企业是最成功的。鹅的一个重要特性是，它们采食青草和作物残茬。然而，还不清楚它们对这些饲料利用得好不好。

特定品种和品系

典型的用于产肉的鸭品种为番鸭(Muscovy)和北京鸭(Pekin)。北京鸭生长速度快，7周龄就可达3.2 kg，已培育出不同品种的北京鸭用于商业生产。在英国很多有机鸭场普遍饲养艾尔斯伯里鸭(Aylesbury)。

在全球好几个地方也有番鸭的商业化生产。尽管繁殖率很低，番鸭与普通鸭还是自然交配。这些杂交种不育，被看作类似于马骡(雄性番鸭×普通雌性鸭)或者驴骡(普通雄性鸭×雌性番鸭)一样。这些杂交种一般用于商业化产肉生产。在许多地方普遍饲养改鸭(Kaiya)——北京鸭和菜鸭(Tsaiya)的杂交种，这是从台湾发展而来的，属于台湾的传统品种(Lee, 2006)。北京鸭是肉用型鸭，而台湾当地品种——菜鸭用来产蛋。

Chartrin 等(2006)将番鸭、北京鸭以及它们的杂交种骡鸭从14日龄强饲喂食到12周龄，以检测品种对脂肪组织和肌肉组织(胸肌和腿肌)中脂肪沉积数量和质量的影响。与番鸭比，北京鸭腹脂沉积量和肌肉中的脂肪含量更高(胸肌为105%，腿肌为120%)。番鸭肌肉中的甘油三酯和磷脂含量最低，北京鸭则最高。此外，番鸭腿肌中的胆固醇水平也最低。番鸭肌肉组织和脂肪组织中的饱和脂肪酸(saturated fatty acids, SFA)和多不饱和脂肪酸含量最高，单不饱和脂肪酸含量最低，而北京鸭恰恰相反。对于所有的测定指标，骡鸭处于中间值。

强饲增强体内脂肪组织和肌肉组织中脂肪的积累(随肌肉类型和基因型不同从1.2～1.7倍不等)。胸肌中脂肪的增加高于腿肌。根据基因型的不同，腹部脂肪沉积量增加从1.7～3.1倍不等。外周组织中脂肪含量的增加主要是由于甘油三酯沉积的结果。同时，多不饱和脂肪酸(尤其是花生四烯酸)和饱和脂肪酸含量随之下降，单不饱和脂肪酸(特别是油酸)的比例大幅增加。研究者得出结论，基因型对鸭外周组织脂肪沉积的数量和质量都有重大影响，这取决于肝脏合成和转运出脂肪的遗传能力。

鸭蛋(大约65 g)比鸡蛋大，味道更重。与鸡蛋比，鸭蛋脂肪含量更高，胆固醇更多。北美和欧洲常见的产蛋品种包括康贝尔鸭(Khaki Campbell)和印度跑鸭(Indian Runner)。亚洲常见的是菜鸭。有些鸭群每年每只鸭能产蛋300枚。

一些鸭品种与大多数产蛋品种相比具有多种用途，它们不但可以产出大量的蛋，胴体的肉还较多。这些品种包括艾尔斯伯里鸭(Aylesbury)、卡尤加鸭(Cayuga)和麻鸭(中国)。

选择适合不同需要和资源的鸭品种非常重要。例如，适用日本当地的品种是名古屋鸭(Nagoya)和蜜柑鸭(Mikaw)。在中国经常饲养的是绍兴棕鸭、高邮鸭、金顶鸭、白沙鸭和松香黄鸭。

鹅分为轻型、中型、重型三大类。最常见的肉鹅都是重型鹅，包括图卢兹鹅、艾姆登鹅、非洲鹅和朝圣鸭。图卢兹鹅和艾姆登鹅在美国最常见。

鹅蛋市场在不断增长，在农贸市场鹅蛋越来越多。它们蛋白含量高，且富含蛋白质。然而，鹅蛋比鸡蛋和鸭蛋的胆固醇含量高。

鹅蛋生产具有季节性，并且由每天白昼时间的长短决定。在户外管理系统中使用辅助照明可以改变产蛋周期，但不影响总产蛋量。

在过去的几十年里，人们曾多次尝试培育高蛋产量的鹅品种。Shalev 等(1991)报告了在以色列进行了 8 年的鹅品种培育项目的结果。以埃及和以色列当地的鹅品种为基础，他们培育了两个鹅品系。灰羽品系由当地种和图卢兹鹅培育而成，白羽品系由当地种和艾姆登鹅培育而成。进口鹅品种被用来增加遗传变异——法国的朗德鹅和莱茵鹅分别用于灰羽品系和白羽品系的培育。白羽品系的产蛋性能较优越，每年多生产 11.1～13.6 枚蛋。

6.2.6　鹌鹑

两类鹌鹑已经被驯化并作为食用动物来饲养，即日本鹌鹑和美洲鹌鹑。

日本鹌鹑(*Coturnix japonica*)原产于亚洲，也被称为鹌鹑或 Manchurian 鹌鹑。集约化的鹌鹑生产始于 20 世纪 20 年代的日本，在 20 世纪 30—50 年代被成功引入北美、欧洲和亚洲(Minvielle，2004)。品种培育项目已将日本鹌鹑培育成专门用于产蛋和肉的品系。通过选育培育出第一个蛋用鹌鹑品系。鹌鹑蛋比鸡蛋小得多，但味道相似。5 枚鹌鹑蛋的体积约相当于 1 枚鸡蛋。肉用日本鹌鹑的生产主要在欧洲，而鹌鹑蛋的生产主要在亚洲和南美。加工过的鹌鹑肉制品越来越多地出现在欧洲的货架上(Minvielle，2004)。

美洲鹌鹑(*Colinus virginianus*)原产于美国，主要用来屠宰产肉销售，或在狩猎保护区放养。美洲鹌鹑有许多不同体尺的品种，体尺较小的品种比体尺大的产蛋更多(Skewes 和 Wilson，2003)。

6.2.7　鸵鸟和鸸鹋

鸸鹋(*Dromaius novaehollandiae*，图 6.3)和鸵鸟(*Struthio camelus*)属于走禽类，即不会飞的鸟类，其宽大丰满的胸板缺少胸肌或飞行肌肉附着的龙骨。这两种禽类在好几个国家都有养殖。

鸵鸟原产于南非，在那儿商业化饲养已有 100 多年。在 19 世纪晚期，南非农民饲养了约 100 万只鸵鸟以满足时尚产业的需求。20 世纪 80 年代，鸵鸟牧场再度流行，对鸵鸟产品的需求不断增长，包括肉和皮革。3～4 岁的鸵鸟处于繁殖期。雏鸟 6 月龄就可以发育成熟，成年鸵鸟体重可达 95～175 kg，身高 2～3 m。因此，需小心管理它们。养殖鸵鸟主要为了获得肉、皮和羽毛，以及可雕刻成装饰品或容器的蛋壳。1 枚鸵鸟蛋的体积相当于 20～24 枚鸡蛋的大小。鸵鸟肉受到有健康意识的消费者的青睐，这些消费者寻求

图 6.3　鸸鹋雏

(照片由美国农业部农业研究局 Larry Rana 提供)

更瘦、更健康的食物。鸵鸟肉质地和颜色与牛肉类似,且脂肪、热量、钠含量低。与牛肉、鸸鹋肉、鸡肉或火鸡肉相比,鸵鸟肉热量、脂肪和胆固醇含量更低。它还是铁和蛋白质的良好来源。

鸸鹋原产于澳大利亚。那儿的原居住者食用鸸鹋肉,将油当作药物使用。在 20 世纪 90 年代早期以前,澳大利亚政府禁止鸸鹋的商业化饲养,但现在已给鸸鹋养殖场颁发了执照。美国在 20 世纪 30—50 年代间就首次引进了鸸鹋,但直到 20 世纪 80 年代后期北美才开始鸸鹋的商业化养殖。

雌鸸鹋在 18 月龄至 3 岁间开始繁殖,可以持续产蛋 15 年以上。鸸鹋 2 岁内达到体成熟,这时高 1.5～1.8 m,重 65～70 kg。鸸鹋产品包括皮、肉和装饰用的蛋壳。鸸鹋油可用于化妆品和医药。鸸鹋肉和鸵鸟肉一样,质地和颜色与牛肉相近。

Wang 等(2000)使用从农场和超市搜集的样本,研究了鸸鹋肉和其它组织中的脂肪特性。研究结果证实,鸸鹋肉能吸引有健康意识的消费者。鸸鹋腿肉中的脂肪总含量很低,约 3%。在鸸鹋肉和鸡肉中,构成主要脂类的磷脂含量达到了 64%,高于牛肉的 47%。鸸鹋腿肉比鸡腿肉或牛排含有更高的亚油酸、花生四烯酸、亚麻酸和二十二碳六烯酸。鸸鹋肉中多不饱和脂肪酸与饱和脂肪酸的比例为 0.72,高于鸡肉的 0.57 和牛肉的 0.3;这三种肉的 ω-6 脂肪酸与 ω-3 脂肪酸的比例没有差别。腹脂和背膘样本中甘油三酯含量超过 99%。这些脂肪样本中,56%是单不饱和脂肪酸,31%是饱和脂肪酸,13%是多不饱和脂肪酸。油酸是主要的单不饱和脂肪酸,达到 48%。

6.3 濒危家禽品种的信息来源

美国家畜品种保护协会(American Livestock Breeds Conservancy): http://albc-usa.org/。

比利时家禽品种推广协会(Association for Promotion of Belgian Poultry Breeds): http://users.pandora.be/jaak.rousseau/index.htm。

澳大利亚珍稀动物信托基金(Rare Breeds Trust of Australia): url: http://www.rbta.org/。

家禽古迹保护协会(Society for the Preservation of Poultry Antiquities, SPPA)(1997): SPPA 关键列表网址:http://featherside.com/Poultry/SPPA/SPPACrit.html.

(邓胜齐、顾宪红译校)

参考文献

Abrahamsson, P. and Tauson, R. (1998) Performance and egg quality of laying hens in an aviary system. *Journal of Applied Poultry Science* 7, 225–232.

Alvarado, C.Z., Wenger, E. and O'Keefe, S.F. (2005) Consumer perceptions of meat quality and shelf-life in commercially raised broilers compared to organic free range broilers. *Proceedings of the XVII European Symposium on the Quality of Poultry Meat and XI European Symposium on the Quality of Eggs and Egg Products*. Doorwerth, The

Netherlands, 23–26 May 2005, pp. 257–261.

Andersen, H.J., Oksbjerg, N. and Therkildsen, M. (2005) Potential quality control tools in the production of fresh pork, beef and lamb demanded by the European society. *Livestock Production Science* 94, 105–124.

Berg, C. (2001) Health and welfare in organic poultry production. *Acta Veterinaria Scandinavica* Supplement 95, 37–45.

Boelling, D., Groen, A.F., Sørensen, P., Madsen, P. and Jensen, J. (2003) Genetic improvement of livestock for organic farming systems. *Livestock Production Science* 80, 79–88.

Borch, L.W. (1999) Consumer groups of organic products in Scandinavia. *Maelkeritidende* 112, 276–279.

Buitenhuis, A.J., Rodenburg, T.B., van Hierden, M., Siwek, M., Cornelissen, S.J.B., Nieuwland, M.G.B., Crooijmans, R.P.M.A., Groenen, M.A.M., Koene, P., Korte, S.M., Bovenhuis, H. and van der Poel, J.J. (2003a) Mapping quantitative trait loci affecting feather pecking behavior and stress response in laying hens. *Poultry Science* 82, 1215–1222.

Buitenhuis, A.J., Rodenburg, T.B., Siwek, M., Cornelissen, S.J.B., Nieuwland, M.G.B., Crooijmans, R.P.M.A., Groenen, M.A.M., Koene, P., Bovenhuis, H. and van der Poel, J.J. (2003b) Identification of quantitative trait loci for receiving pecks in young and adult laying hens. *Poultry Science* 82, 1661–1667.

Castellini, C., Mugnai, C. and Dal Bosco, A. (2002a) Meat quality of three chicken genotypes reared according to the organic system. *Italian Journal of Food Science* 14, 321–328.

Castellini, C., Mugnai, C. and Dal Bosco, A. (2002b) Effect of organic production system on broiler carcass and meat quality. *Meat Science* 60, 219–225.

Chartrin, P., Bernadet, M.D., Guy, G., Mourot, J., Duclos, M.J. and Baéza, E. (2006) The effects of genotype and overfeeding on fat level and composition of adipose and muscle tissues in ducks. *Animal Research* 55, 231–244.

Cole, L.J. (1922) Chantecler poultry. A new breed of poultry – developed to meet the winter conditions of the north. *Journal of Heredity* 13, 147–152.

Deeb, N., Shlosberg, A. and Cahaner, A. (2002) Genotype-by-environment interaction with broiler genotypes differing in growth rate. 4. Association between responses to heat stress and to cold-induced ascites. *Poultry Science* 81, 1454–1462.

Emmerson, D. (1997) Commercial approaches to genetic selection for growth and feed conversion in domestic poultry. *Poultry Science* 76, 1121–1125.

European Commission (2007) *Council Regulation EC No 834/2007 on organic production and labelling of organic and repealing regulation (EEC) No 2092/91. Official Journal of the European Communities* L 189205, 1–23.

Fanatico, A. and Born, H. (2002) Label Rouge: pasture-based poultry production in France. An ATTRA Livestock Technical Note. Available at: http://attra.ncat.org/attra-pub/PDF/labelrouge.pdf

Havenstein, G.B., Ferket, P.R. and Quereshi, M.A. (2003) Growth, livability and feed conversion of 1957 versus 2001 broilers when fed representative 1957 and 2001 broiler diets. *Poultry Science* 82, 1500–1508.

Huber-Eicher, B. and Audigé, A. (1999) Analysis of risk factors for the occurrence of feather pecking in laying hen growers. *British Poultry Science* 40, 599–604.

Jensen, P. (2006) Domestication – From behaviour to genes and back again. *Applied Animal Behaviour Science* 97, 3–15.

Jones, R.B. and Hocking, P.M. (1999) Genetic selection for poultry behaviour: big bad wolf or friend in need? *Animal Welfare* 8, 343–359.

Katz, Z. (1995) Breeders have to take nature into account. *World's Poultry Science Journal* 11, 124–133.

Kestin, S.C., Su, G. and Sørensen, P. (1999) Different commercial broiler crosses have different susceptibilities to leg weakness. *Poultry Science* 78, 1085–1090.

King, R.B.N. (1984) *The Breeding, Nutrition, Husbandry and Marketing of 'Label Rouge' Poultry.* A Report for the ADAS Agriculture Service Overseas Study Tour Programme for

1984/85. Ministry Of Agriculture, Fisheries and Food Agricultural Development and Advisory Service, London.

Kjaer, J. and Sørensen, P. (1997) Feather pecking behaviour in White Leghorns, a genetic study. *British Poultry Science* 38, 335–343.

Lee, H.F., Lin, L.C. and Lu, J.R. (1993) Studies on the differences of palatable taste compounds in Taiwan Native chicken and broiler. *Journal of the Chinese Agricultural Chemistry Society* 31, 605–613.

Lee, Y.P. (2006) Taiwan country chicken: a slow growth breed for eating quality. *2006 Symposium COA/INRA Scientific Cooperation in Agriculture*, Tainan, Taiwan. 7–10 November.

Lewis, P.D., Perry, G.C., Farmer, L.J. and Patterson, R.L.S. (1997) Responses of two genotypes of chicken to the diets and stocking densities typical of UK and 'Label Rouge' production systems: I. Performance, behaviour and carcass composition. *Meat Science* 45, 501–516.

McEachern, M.G. and Schröder, M.J.A. (2002) The role of livestock production ethics in consumer values towards meat. *Journal of Agricultural and Environmental Ethics* 15, 221–237.

Minvielle, F. (2004) The future of Japanese quail for research and production. *World's Poultry Science Journal* 60, 500–507.

Mirabito, L. and Magdelaine, P. (2001) Effect of perceptions of egg production systems on consumer demands and their willingness to pay. *Sciences et Techniques Avicoles* 34, 5–16.

Moghadam, H.K., Macmillan, I., Chambers, J.R. and Julian, R.J. (2001) Estimation of genetic parameters for ascites syndrome in broiler chickens. *Poultry Science* 80, 844–848.

O'Donovan, P. and McCarthy, M. (2002) Irish consumer preference for organic meat. *British Food Journal* 104, 353–370.

Peterson, S. (2006) Comparing alternative laying hen breeds. In the Greenbook 2006 published by the Minnesota Department of Agriculture's Agricultural Resources Management and Development Division (ARMD). Available at: http://www.mda.state.mn.us/news/publications/protecting/sustainable/greenbook2006/l_peterson.pdf

Rodenburg, T.B., van Hierden, Y.W., Buitenhuis, A.J., Riedstra, B., Koene, P., Korte, S.M., van de Poel, J.J., Groothuis, T.G.G and Blokhuis, H.J. (2004) Feather pecking in laying hens: new insights and directions for research? *Applied Animal Behaviour Science* 86, 291–298.

Saveur, B. (1997) Les critères et facteurs de la qualité des poulets Label Rouge. *Production Animal* 10, 219–226.

Scheideler, S.E., Jaroni, D. and Froning, G. (1998) Strain and age effects on egg composition from hens fed diets rich in n-3 fatty acids. *Poultry Science* 77, 192–196.

Shalev, B.A., Dvorin, A., Herman, R., Katz, Z. and Bornstein, S. (1991) Long-term goose breeding for egg production and crammed liver weight. *British Poultry Science* 32, 703–709.

Skewes, P.A. and Wilson, H.R. (2003) *Bobwhite Quail Production*. Available at: http://edis.ifas.ufl.edu/PS017

Sørensen, P. (2001) Breeding strategies in poultry for genetic adaption to the organic environment. In: *Proceedings of the the 4th NAHWOA Workshop*, Wageningen, The Netherlands, 24–27 March.

Sørensen, P. and Kjaer, J.B. (1999) Comparison of high yielding and medium yielding hens in an organic system. *Proceedings of the Poultry Genetics Symposium*, 6–8 October, Mariensee, Germany, p. 145.

Stopes, C., Duxbury, R. and Graham, R. (2001) Organic egg production: consumer perceptions. In: Younie, D. and Wilkinson, J.M. (eds) *Proceedings of a Conference on Organic Livestock Farming*. Heriot-Watt University, Edinburgh and University of Reading, UK, 9 and 10 February 2001, pp. 177–179.

Su, G., Kjaer, J.B. and Sørensen, P. (2005) Variance components and selection response for feather-pecking behavior in laying hens. *Poultry Science* 84, 14–21.

Su, G., Kjaer, J.B. and Sørensen, P. (2006) Divergent selection on feather pecking behavior in laying hens caused differences between lines in egg production, egg quality and feed efficiency. *Poultry Science* 85, 191–197.

Touraille, C.J., Kopp, J., Valin, C. and Ricard, F.H. (1981) Chicken meat quality. 1. Influence of age and growth rate on physico-chemical and sensory characteristics of the meat. *Archiv für Geflügelkunde* 45, 69–76.

Wang, Y.W., Sunwoo, H., Sim, J.S. and Cherian, G. (2000) Lipid characteristics of emu meat and tissues. *Journal of Food Lipids* 7, 71–82.

Yang, N. and Jiang, R.S. (2005) Recent advances in breeding for quality chickens. *World's Poultry Science Journal* 61, 373–381.

第 7 章　饲养模式与有机生产紧密结合

有机生产的目的之一就是模拟近乎自然状态的方式来饲养管理家禽。因此，这种生产方式与传统方式有很大不同，这些差异在有机生产上的实际作用尚需确认和量化。有机养殖与传统养殖的主要不同表现在饲养设备、露天环境、基因型、适用于日粮的饲料原料范围以及疾病的预防措施等方面。这方面大部分研究仅限于鸡(包括蛋用型和肉用型)，其它物种的相关研究还有待进一步拓展。

丹麦是有机养殖系统的领先者，因此总结丹麦的研究成果是很有价值的。欧盟管理条例规定，蛋鸡、育成鸡最大饲养群分别为 3 000 和 4 800 只。这个饲养群规模比传统的自由放养系统小，但仍比自然状态下鸡群大很多。家禽还必须生长在一个自由的环境下，也就是说每只蛋鸡要有至少 4 m^2 的空间。另外，饲料中不能添加抗球虫药，不能断喙，肉鸡至少饲养到 81 日龄才能屠宰。

虽然有如此多的限制条件，再加上饲料消耗要比传统饲养方式高很多，但是丹麦的有机鸡蛋产量仍然很大，占总产量的 13%左右(Kristensen，1998)。对丹麦的农场进行调查后发现(Hermansen 等，2004)，以原始的蛋鸡数量为基础计算时，有机养殖农场比传统农场的产蛋率低(表 7.1)。这主要是由于有机生产的基因型品种同类相残，使养殖过程中死亡率升高。虽然有机鸡蛋的产量很低，但是价格很高，所以有机养殖仍然有较高的利润。这些插图显示了有机蛋生产者在生产中的场景(图 7.1)。

表 7.1　1995—2002 年每只入舍蛋鸡平均生产力和鸡蛋价格

(丹麦家禽委员会 2003 年报告，来源 Hermansen 等，2004)

项目	笼养白羽蛋鸡(21～76 周龄)	有机褐羽蛋鸡(21～68 周龄)	项目	笼养白羽蛋鸡(21～76 周龄)	有机褐羽蛋鸡(21～68 周龄)
采食量(g/d)	112	131	料蛋比(kg/kg)	2.07	2.81
产蛋率(%)	86.8	73.5	鸡蛋价格(克朗/kg)	5.89	14.21
死亡率(%)	4.9	14.8	鸡蛋/饲料价格比	4.17	6.39

7.1　饲养系统

舍外饲养使鸡不再限制在一个温控室内，而是处于变动的环境温度中。运动量的增加和舍外的温度条件使舍外饲养的鸡对能量的需求普遍增加。相反，高温会使蛋鸡的自由采食量下降，下降到一定程度可能难以满足高生产性能对能量的需要。因此，需要根据低温或高温环境来调整日粮配方，否则动物福利和生产性能都会受到影响。而有机禽业缺乏这方面的可靠数据。

图 7.1　有机鸡群的饲养

（照片由新西兰 Perry Spiller 提供）

成年鸡体温为 40.6～41.7℃，可接受的温度适中区为 18～24℃。温度适中区是指鸡在不改变新陈代谢的状态下能维持体温的环境温度变化范围。这意味着在实际生产中，如果鸡饲养在低于 18℃的环境中，将会消耗更多的饲料来维持体温。而当环境温度升到鸡适宜的温度（24℃）之上时采食量会降低，导致体重减轻、产蛋性能下降。高温影响鸡自由采食的原因是鸡没有汗腺来降温。因为采食会升高体温，所以在高温环境中鸡的采食量会降低。在 29.4℃时鸡会通过喘息散热，并增加饮水以避免脱水。体重大的鸡比体重小的鸡对热应激更加敏感，因为前者单位体重对应的体表散热面积比后者要小。Howlider 和 Rose（1987）对 7.2～37.8℃的环境温度对肉鸡的影响进行了定量研究。在 7.2～21℃的范围内，环境温度每升高 1℃会导致生长率和饲料摄入量降低 0.12%。另一个重要发现是，温度每升高 1℃，总脂肪和腹脂分别增加 0.8%和 1.6%，这可能与高温影响了鸡的活动有关。

生产者需要注意这种影响，当饲料摄入量比预算量低时，很可能要对配方中的代谢能和营养成分进行调整，并且要注意在高温环境时保证饮水充足（最好是冷水）。

上述结果不适用于新近孵出的雏鸡。因为它们的体温自我调节能力还没有发育完善。因此它们对热应激十分敏感，特别容易受凉，通常需要外部热源供热。

有机生产者（尤其在温度比较适宜的地区）不必根据冬季外界温度的变化调整饲料配方。气候寒冷时，自由采食的鸡会通过提高采食量来满足能量的需要，但限饲的鸡应增加饲喂量。此时生产者要接受采食量增加和饲料转化率降低的现实。较为合理的措施是增加饲料中的草料含量。纤维素摄入的增加可以增加肠道内的发酵热从而保持体温。然而，由于有机生产的整体效益非常重要，生产者可能不得不改变低温时室外饲养鸡的饲料配方。低温条件下鸡的采食量增加，要保持每天营养物质的日摄取量不变，可以考虑降低日粮蛋白质、氨基酸和微量营养素的含量。例如采食量增加 10%，蛋白、氨基酸和微量营养素含量就要降低 10%。另一种方法是提高配方的能量水平，不改变配方中蛋白和其它营养素的水平。可以使用添加脂肪的方法，这对氨基酸摄入量没有影响，但是能增加能量的摄入。这些改变都必须在动物营养专家的指导下进行。实际生产中，尽管使用商品饲料的有机养殖者可以通过与饲料生产厂家合作来完成这些调整，但大多数有机生产者几乎不作这样的调整。

高热/高湿会导致自由采食量降低、生长速度降低、产蛋减少、饲料转化率降低。高温时为保证营养物质总摄入量，可以通过改变饲料配方来增加营养物质的含量以弥补采食量的减少。另外，高温时，配合饲料中应尽量少用草料等不易消化的原料，以避免纤维素发酵产热造成体温升高。高温时可以采取饮用凉水和选择在温度降低时喂料等措施来增加采食量。

上述这些措施的实施最好在营养专家的指导下进行。如果条件不允许，一般来说，当采食量为理想采食量的 90%时，日粮中代谢能和其它营养素可增加 10%。这样就保证在饲料采食量降低的情况下，代谢能和营养素的摄入同常规日粮 100%摄入时相似。

7.2 基因型

在第 6 章中已经描述了可用于有机生产系统的基因型品种，可以看出，要识别最适合有机生产的品种和品系，需要大量的研究工作。目前，一些生产者不得不使用那些并不适于有机生产的现代杂交品系，因为这些品系是为不同的设施和管理系统而选育的。以生产性能参数为唯一参考指标来评估有机生产的品种和品系并不恰当，尤其是对于那些专为笼养方式选育的品种品系。一个重要的因素是品系对当地环境的适应性。另一个需要考虑的因素是这种备选品系在大群饲养时的行为特征如何，是否表现出啄癖和同类相残的倾向。

在 Leeson(1986)的综述中曾经报道过，不同品种品系的鸡对热应激的反应也不尽相同。例如，在以色列内盖夫沙漠地区饲养的贝多因鸡(Bedouin)，就以在 37～40℃极端高温时仍能调节体温、代谢水平和酸碱平衡而出名(Leeson, 1986)。白来航鸡和贝多因鸡的杂交后代相比于来航鸡在耐热性方面有了很大改善，这表明耐热性存在遗传学基础(Arad 等，1975)。Arad 等(1981)在相关研究中发现，当来航鸡适应了 41℃环境后，其生产性能良好，而西奈山鸡(Sinai)受到该温度的影响很小。尽管来航鸡的生产性能在 41℃下降低了 30%，但产蛋量依然优于当地的西奈山品种。

研究品系与热应激的关系时，容易混淆的因素是体重和整体活动性(Leeson, 1986)。Washburn 等(1980)研究表明，快速生长的选育品系对热应激的耐受明显低于慢速生长对照组。另外，他们发现对快速生长的鸡进行限饲可以显著提高其对热应激的耐受性。Van Kampen(1977)也有类似的发现，即家禽对热的反应与活动性有关。如当家禽比较活跃时，极限低温可以降低 5℃。Wilson 等(1975)指出，以高耗氧和高耐热为目的选育的家禽表现了相似的特点。这种结果与对来航鸡的研究一致，新陈代谢水平较高的来航鸡比体重大的品种耐热性更好。

肉鸡和火鸡在高温下对日粮有不同的选择。Cowan 和 Michie(1978a)曾报道，由高温引起的火鸡的生长抑制可通过调整其蛋白摄入量来消除。在高温环境中，当谷类和蛋白浓缩料同时存在时，火鸡可以调整谷类摄入量，降低其维持能量需要，增加蛋白摄入量。在相似的条件下，肉鸡就无法调整其营养摄取，生长抑制十分明显(Cowan 和 Michie，1978b)。

Sørensen 和 Kjaer(2000)研究了在有机生产模式下不同基因型蛋鸡的生产性能，并报道了大群饲养条件下它们的行为特点和存活率(Kjaer 和 Sørensen，2002)。

表7.2显示，4种蛋鸡的产蛋性能差异明显，其中伊莎褐蛋鸡具有最高的产蛋量。

表7.2　18～43周龄4种基因型蛋鸡在有机条件下的生产性能

（来源：Sørensen和Kjaer，2000）

项目	伊莎褐	新汉夏	白来航	新汉夏×白来航
产蛋率(%)	84.6	63.2	72.4	69.2
蛋数/产蛋鸡数	127.2	88.8	103.4	105.5
开产周龄	19.8	22.2	22.9	21.4
蛋重(g)	59.3	54.7	58.3	57.0

在育成期间，4种品系死亡率并无差异，但在产蛋期伊莎褐的死亡率显著上升，其原因主要是较为严重的同类相残现象（表7.3）。新汉夏鸡因肌胃阻塞导致的死亡率较高，而对新汉夏鸡影响严重的球虫病的暴发也提高了其总死亡率。

表7.3　16～43周龄4种基因型蛋鸡死亡率

（来源：Kjaer和Sørensen，2002）　%

项目	伊莎褐	新汉夏	白来航	新汉夏×白来航
同类相残	17.5	2.38	0	1.11
挤压	0.42	7.14	0	0.56
其它	3.33	4.76	6.67	2.22
总死亡率	21.25	14.3	6.67	3.89

杂交品系的整体死亡率最低。日粮中蛋氨酸＋胱氨酸水平未影响死亡率。

这类研究对于评定有机生产的适用基因型具有特别重要的价值，因为这些研究都是在有机生产模式下进行的。尽管高产型蛋鸡经过了无数代的选育，但其选育标准都是以个体笼内的生产性能为基准。因此，根据大群饲养来进行选育的蛋鸡品种并不多。

Hermansen等（2004）对自由放养模式大群饲养的观察发现，蛋鸡相互啄食羽毛直至高比例的同类相残的实例很多。其它研究也证实，每年有机蛋鸡群体总死亡率至少为20%（Kristensen，1998）。这个数据不仅包括同类相残，还有因被猎食和行为不当导致的死亡。家禽的不当行为是指聚集导致的窒息现象。这种高死亡率是主要难题。因此，我们需要改进蛋鸡品系，使其保持高产量的同时减少啄羽的习性。小型的选择试验表明，这些行为性状具有一定遗传基础（Boelling等，2003），所以对那些用于有机养殖的品系，必须进行相应的遗传性状选育，使其不仅具有客观的经济效益，同时在福利方面也能接受（图7.2）。

图7.2　鸡的舍外活动情况

（照片由新西兰Perry Spiller提供）

7.3 饲养方案

第 5 章概述了有机生产系统中家禽的推荐日粮。这种日粮是由农场配制的满足该品种和品系家禽的营养标准的配合饲料，也可从饲料厂购买。由农场配制配合饲料的优势在于生产者可以更好地控制配方并能利用自己生产的饲料原料。因此可能比购买全价料更节约成本。然而，农场自配配合饲料的费力之处是，需要考虑饲料原料的可用性、存储和混合设备以及对饲料配方有充分的认识。

对有机生产者而言，较为合理的方式是采用"选择-饲喂"(choice-feeding)系统，包括使用农场自产的整粒谷物。此种方式相比其它饲喂方式更加接近自然饲喂状态，因此非常适合有机生产。家禽的"自由-选择-饲喂"(free-choice-feeding)方式在商业化家禽生产出现之前就已经在许多国家得到广泛应用，这种方式允许雏鸡在一定范围内自由活动并以谷物饲喂为主。然而为了适应集约化生产的自动喂料系统和高生产性能的家禽，这种饲养方式已经被粉料和颗粒料所代替(Blair 等，1973；Henuk 和 Dingle，2002)。Blair 等(1973)指出，采用"选择-饲喂"的一个主要原因是，家禽有消化整粒谷物饲料的能力，所以饲喂磨碎的饲料不合逻辑，也没必要。"选择-饲喂"系统还在饲料制备过程中节省了能源。Henuk 和 Dingle(2002)报道，粉碎每吨谷物每小时需要约 20 kW 的能源，制粒需要大量的电量，约占总饲料成本的 10%，另外蒸汽制粒过程中的蒸汽还需要能源提供。

Henuk 和 Dingle(2002)阐述了蛋禽使用"选择-饲喂"系统的实际意义和经济优势。这个系统也可用于其它品种和品系的家禽。正如这些研究者所述，家禽的饲喂方式有许多种，例如：(a)自由采食全价干粉料，(b)自由采食全价干颗粒料或破碎料，(c)添加整粒谷物的全价料，(d)每天饲喂一次或两次的全价湿料，(e)限饲全价料，(f)"选择-饲喂"。这些饲喂方式中，"选择-饲喂"适用于不同规模的家禽，可以在实际生产中代替全价料。

全价料系统的一个缺点是，家禽只能根据对能量的需要来调节其采食量。当环境温度下降或上升时，家禽对蛋白质和钙等矿物质的摄入量不是过多就是不足。

"选择-饲喂"或"自由-选择-饲喂"系统下的家禽饲料原料通常有以下三种选择：(a)一种能量原料(如玉米、米糠、高粱或小麦)，(b)一种添加了维生素和矿物质的蛋白原料(如豆粕、菜籽粕或鱼粉)，(c)就蛋鸡而言，以颗粒形式添加的钙(钙粒如贝壳粒)。颗粒大小合适的常规砂粒也是不错的选择(以帮助肌胃磨碎饲料)。

"选择-饲喂"的基本原理是，家禽具有某种程度的"选食本能"(本书第 3 章)，允许它们根据实际需要和生产能力选择各种饲料成分来构建自己的日粮。现代家禽的野生祖先拥有在不同环境条件下(热带和温带)选择满足其需要的营养物质的能力(Shariatmadari 和 Forbes，1993)。Hughes(1984)、Rose 和 Kyriazakis(1991)的综述有力地证明：当给家养家禽提供一定范围的不同的饲料原料时，它们有能力选择满足它们生长、维持和生产的营养需要的日粮(如 Dove，1935；表 7.4)。视觉刺激在家禽对饲料的选择中起主要作用，味觉也参与其中。因此不应该提供单独的维生素或微量矿物元素混合物，因为家禽可能因为味觉不适而拒食这些混合物。

使用"选择-饲喂"方式应该合理利用草料，因为草料可以使家禽根据饲料中提供的能量和营养素来调节对它们的摄入。然而，有关这方面的研究数据还不是很充分。

表 7.4　雏鸡自选日粮及其对营养摄入的影响

（来源：Dove，1935）

饲料成分	采食量(%)	养分含量	NRC(1994)估算的需要量
黄玉米	52.8	粗蛋白，179 g/kg	粗蛋白，180 g/kg
燕麦粉	8.9	代谢能，2 729 kcal/kg	代谢能，2 880 kcal/kg
小麦麸	21.3	钙，13 g/kg	钙，9.0 g/kg
鱼粉	11.4	磷，11 g/kg	非植酸磷，4.0 g/kg
骨粉	2.9		
脱脂奶粉	2.1		
贝壳	0.6		

“选择-饲喂”系统对发展中国家的小规模家禽饲养者来说是非常重要的，因为它能从很大程度上降低饲料成本。这个体系非常灵活，可以满足不同气候、不同品种家禽的各种需要。这个体系也为自产的原料（如玉米）和一些副产品（如米糠）提供了一种有效的利用方式。“选择-饲喂”体系的另一个优点就是，极少需要或者不需要混合设备，因为谷物无需粉碎，因此可以大大降低饲料加工成本。当饲喂整粒谷物饲料时，考虑到肌胃的发育，建议花 2～3 周的时间使家禽逐步适应，同时应给鸡提供常规的砂粒。

目前，“选择-饲喂”在鸡上的基础性试验已经展开。此类试验需要精确测定被鸡选择和排斥的饲料原料的量，因此大多数需要人工饲喂，可以使用在内部有间隔的短料槽，或者是有两个或者更多小分隔的器皿。这样就可以在一个料槽中提供所有供选择的原料。一些关于“选择-饲喂”对蛋鸡生产性能影响的研究结果显示，当蛋鸡自由选择采食时，它们的采食量比给予传统的全价料时要小（表 7.5）。

表 7.5　“选择-饲喂”模式下蛋鸡节约的饲料量

（来源：Henuk 和 Dingle，2002）

文献	传统日粮[g/(只·d)]	“选择-饲喂”日粮[g/(只·d)]	节约饲料摄入量(%)
Henuk 等，2000b	123.8	120.3	2.9
Blair 等，1973	116.2	108.9	6.7
Leeson 和 Summers，1978	114.4	107.2	6.7
Leeson 和 Summers，1979	118.4	110.7	7.0
Henuk 等，2000a	126.5	114.6	10.4
Karunajeewa，1978	132.5	118.5	11.8

Bennett(2006)为小规模蛋鸡养殖者提供了一些建议：

• 不要给蛋鸡太多的可供选择的饲料原料。当有三种原料（谷粒、补充料和石灰石或贝壳）可供选择时，蛋鸡能很好地处理。当饲喂更多谷物时，例如小麦和大麦，要把它们混合到一起放进同一个料槽中。

• 供给蛋鸡的饲料原料应该具有明显不同的营养水平。例如，谷物含有高淀粉和高能量，补充料含有高蛋白和高维生素，而石灰石含钙高。当喂给这种营养水平差异明显的饲料时，蛋鸡能够学会识别相应的料槽，并且相应的采食量也能满足其营养需要。如果饲喂一些成分差异不明显的饲料，比如小麦和豌豆都含有很高的淀粉和适量的蛋白，蛋鸡就可能无法识别。分别盛有小麦和豌豆的料槽，因其营养成分差异不大，蛋鸡就不能辨别。

• 在开产前（大约 15 周龄）采用整粒谷物和“选择-饲喂”饲养蛋鸡 1 个月。这个适应期可以使鸡在开产前学会如何选择性采食以满足产蛋时的营养需要。还可以使小母鸡在开产前增加钙的摄入，使骨骼内储备足够的钙。最后，肌胃需要 3 周时间长出肌肉层，这样，蛋鸡刚开始产蛋时就能够在肌胃内有效地磨碎谷物。

• 不要用单独的料槽饲喂维生素或者微量矿物元素，这些营养素应该采用补充料的方式进行饲喂。如果将维生素或者微量矿物元素放在单独的料槽中饲喂，可能一些鸡因为不喜欢其味道而不采食，而另一些鸡可能会因为采食过多而引起中毒反应。

• 给鸡适当的采食空间。大群饲养时，每种原料需要设置多个料槽。建议每 100 只蛋鸡设置谷物、补充料、石灰石的悬挂式料槽各两个。

• 购买浓缩料，与谷物混合或者与谷物和石灰石（或贝壳）混合，为蛋鸡提供全价日粮。用这种方式配制的浓缩料粗蛋白含量为 25%～40%。在开产前应使用生长鸡浓缩料，一旦开产，应使用蛋鸡浓缩料。

禽类容易消化整粒小麦、燕麦和大麦，但是它们很难消化整粒玉米，因此需要将其碾磨为一定大小的颗粒。当母鸡选择采食整粒谷物时，消化率可达 70%。需要注意的是，当整粒谷物、补充料和石灰石混合到传统的蛋鸡饲料中饲喂蛋鸡时，整粒谷物不应该超过总量的 50%。饲粮中其余的谷物应该磨碎。蛋鸡在采食含谷物比较多的日粮时，很难从中找到补充料。当谷物、补充料和石灰石放在不同的料槽时，可以避免这一问题。

Jones 和 Taylor(2001)的研究表明，整粒黑小麦可成功用于肉鸡颗粒料中，其生产结果接近或者高于含有磨碎黑小麦的颗粒料。此外，饲喂含有整粒谷物的颗粒料可减少由腹水引起的腺胃扩张和死亡。也有证据表明，肉鸡颗粒料中加入整粒谷物后，外源酶添加可减少或者取消。

Pousga 等(2005)对其它种类和品种进行“选择-饲喂”的研究进行了总结。Olver 和 Malan(2000)报道，给 7～16 周龄育成鸡提供“选择-饲喂”日粮比商品化日粮有更高的体增重。这些鸡比对照组每天多消耗约 7 g 的玉米，但是整体采食量是下降的，因为它们具有较高的能量利用率。他们还发现，“选择-饲喂”的雏鸡消耗石灰石的量是饲喂全价日粮的 2 倍以上。

关于肉鸡“选择-饲喂”的研究显示，鸡可以有效地选择能使它们得到最优生产性能的一种组合。Cumming(1992a)证明，在热应激条件下，随着白天温度上升至 33℃，与对照组相比(20℃)肉鸡的谷类（能量）摄入量降低了 34%，但是蛋白摄入量只降低了 7%。值得注意的是，研究发现“选择-饲喂”的家禽具有“蛋白记忆”功能，在第二天温度升高之前采食前一天高温时段未采食的蛋白饲料。因此，在热环境下，与饲喂配方精准的全价饲料的肉鸡比，“选择-饲喂”的肉鸡生产性能显著提高(Mastika 和 Cumming，1985)。这个研究也表明了经验和群体学习在“选择-饲喂”中的重要性。它们约花 10 d 时间学习，使其蛋白浓缩料和整粒谷物摄入量之间达到一种精准的平衡。它们需要至少 8 只为一组，并在相邻相似的料槽或同一个料槽中提供蛋白浓缩料（粉料或碎料形式）和整粒谷物。

Cumming(1992a)报道，不同品系对“自由-选择-饲喂”的适应能力具有遗传学差异，蛋鸡品种比肉鸡品种适应快。该作者还发现，成年蛋鸡品种之间适应“自由-选择-饲喂”的能力也有很大的差异。褐壳蛋鸡似乎比白壳或有色壳的蛋鸡更容易适应。但是，所有澳大利亚的商品蛋鸡和肉鸡品系都需要10～14 d时间来学会平衡能量和蛋白质的准确摄入量，并达到最大的生产性能和经济回报。

Emmerson等(1990)研究了蛋用型火鸡的日粮选择。对照组日粮为全价日粮，含18.1%粗蛋白、11.23 MJ/kg代谢能。通过添加高蛋白和低蛋白成分，使日粮粗蛋白和代谢能分别调整为35.1%和8.12 MJ/kg。"选择-饲喂"的火鸡能量摄入量相同，但采食量降低10%，蛋白摄入量降低44%，且与传统饲喂的蛋用型火鸡的产蛋数相似。后来Emmerson等(1991)设计了一个类似的试验，结果表明，在试验期的20周中，产蛋量没有因为饲喂方式不同而产生差异，但"选择-饲喂"的鸡就巢行为趋于减少，繁殖力和孵化率相对较低。

Bui等(2001)在越南设计了一个不同蛋白水平的商品料自由饲喂生长肉鸭的试验，发现鸭更倾向于采食高蛋白日粮，导致蛋白摄入过量，蛋白转化率提高。通过这个试验可知，"选择-饲喂"对于生长肉鸭来说不是一个经济可行的方式。

7.4 草料

关于草料的研究有两个令人感兴趣的方面：散养家禽对草料的消耗率和利用率。草料采食量、草料与营养需要量的相关性是重要的研究课题。而蛋黄颜色是消费者最关注的蛋品质参数，蛋黄颜色受草料摄入量及其品质的影响(图7.3)。

图7.3　优质牧草是有机生产的重要资源

Fuller(1962)报道，与传统的粉状谷物日粮相比，当给予小母鸡适当的牧草时，可以使总饲料消耗量降低6%；与给予谷物、矿物质、蛋白-维生素混合料可选择性日粮相比，可节省13%；与只给予谷物和微量矿物元素相比，可节省20%。尽管蛋鸡可以利用大量的粗饲料(Steenfeldt等，2001)，但是关于放养型高产蛋鸡采食草料的信息却很少。一些研究指出，除自由采食的浓缩料外，放养型蛋鸡每天能够从采食的草料中获得30～35 g干物质(Hughes和

Dun,1983)。但是,不同的草料作物因其营养价值不同,对蛋鸡具有不同的吸引力。此外,限饲可以增加小母鸡对草料的采食量(Fuller, 1962),但会导致蛋白和一些氨基酸摄入量严重不足,同时出现啄羽,对羽毛状况有负面影响(Ambrosen 和 Petersen, 1997;Elwinger 等,2002)。所以限饲时需要供应足量的草料。

丹麦的研究人员已经开始这方面的研究(Horsted 等,2007),旨在研究当给予不同的草料时,蛋鸡对正常混合饲料以及整粒小麦+贝壳组成的日粮的采食量。试验 1,草料为牧场来源的牧草/三叶草(多年生黑麦草和白三叶)或者非禾本科草本植物混合物(荞麦、法色草和亚麻,这些植物会吸引昆虫)。试验 2,草料为牧场来源的牧草/三叶草或者菊苣(菊苣品种:草原普纳)。

这个试验中用检测嗉囊内容物的方法评估采食量。食物消化的限速部位在嗉囊,这使饲料成分的鉴定变得很简单。其它研究人员也用过这种方法,如 Jensen 和 Korschgen(1947)发现,分析鹌鹑嗉囊内容物比分析粪便或肌胃内容物更准确。Antell 和 Ciszuk(2006)发现,限饲母鸡的牧草摄入量和白天结束时嗉囊内牧草含量呈线性相关关系,这说明,检测傍晚屠宰的母鸡嗉囊内植物性饲料的含量,可以确定每天草料的摄入量。

试验使用 25 周龄的蛋鸡(罗曼银)。试验期间,母鸡从日出到日落均可采食到草料。对照组饲喂颗粒饲料,主要营养成分含量为粗蛋白 18.4%、赖氨酸 0.87%、蛋氨酸 0.46%和钙 4.1%,而整粒小麦含粗蛋白 12%、赖氨酸 0.34%、蛋氨酸 0.19%、低于 1%的钙(全基于干物质基础)。在户外放养时供应饲料、饮水、贝壳和不溶性砂粒供鸡自由采食。

结果显示,饲喂颗粒饲料时,试验 1 中母鸡平均每天每只消耗 129 g 饲料,试验 2 消耗 155 g。饲喂小麦日粮的母鸡,在两个试验中平均每天每只鸡分别消耗 92 和 89 g 饲料。与饲喂颗粒饲料的母鸡相比,饲喂小麦日粮的母鸡对贝壳的采食量显著提高。试验 1 中采食小麦日粮的母鸡日产蛋率显著下降(0.91 vs. 0.75),但是在试验 2 中没有差别(都是 0.83)。

试验结果显示,嗉囊中食物含量在早晨和傍晚有巨大差别,这说明蛋鸡在傍晚的采食量更高。草料采食量的对比结果见表 7.6。

表 7.6 在饲喂浓缩料或小麦的基础上自由采食草料(包括牧草/三叶草或者菊苣)的母鸡傍晚嗉囊中饲料成分总量

(来源:Horsted 等,2007) g

饲料成分	牧草/三叶草		菊苣	
	浓缩料	小麦	浓缩料	小麦
补充料	22.1	28.7	20.4	27.4
植物性饲料	5.8	7.1	5.8	10.3
种子	0.105	0.047	0.282	0.121
昆虫	0.048	0.036	0.029	0.048
蚯蚓、幼虫、蛹	0.687	0.254	0.698	0.559
贝壳	1.381	2.645	1.623	2.423
砂粒	0.235	1.056	0.692	1.297
泥土	0	15.0	0	8.2

这些结果显示，日粮的类型影响嗉囊中植物性饲料的含量，饲喂小麦日粮的母鸡嗉囊中植物性饲料更多。这说明尽管小麦粒比颗粒饲料大，但因饲喂谷物日粮而缺乏营养的母鸡还是会增加植物性饲料的采食量。在这两个试验中，饲料的类型显著影响嗉囊中种子的数量，采食颗粒饲料的母鸡比采食小麦饲料的母鸡采食更多的种子。可能的原因是，对饲喂小麦的母鸡来说，杂草种子的附加营养价值很低，因此会优先采食其它饲料原料。母鸡在饲喂营养完全的日粮时采食量较高，可归因于其对草料的行为学需要。采食菊苣比采食牧草/三叶草的蛋鸡嗉囊中含有更多的种子。这可能是因为在菊苣周围有更多的杂草。母鸡对不同植物性饲料的采食部位也是不同的。采食小麦日粮的母鸡嗉囊中是叶、茎和根的混合物，而饲喂颗粒饲料的母鸡嗉囊中植物性饲料主要由叶片组成。这可能是由于营养缺乏时，母鸡会寻觅和刨开地面来寻找蚯蚓和昆虫作为营养来源。同时嗉囊中发现了大量蚯蚓，这就解释了采食小麦日粮的母鸡嗉囊中发现大量泥土的原因。傍晚时鸡的嗉囊中发现的大量泥土，过夜后可能消失了，因为早晨嗉囊中仅仅发现极少量泥土。令人惊讶的是，蚯蚓及其幼虫的数量与饲料类型并没有相关性。因为小麦日粮缺乏蛋白，母鸡嗉囊中应该发现更多的昆虫和蚯蚓，但是饲喂到 9～10 d 后进行第一次屠宰时，两组之间没有差异，原因在于此时试验母鸡采食区域可能没有蚯蚓了。屠宰第二天在母鸡嗉囊中发现大量的蚯蚓，这可能是由于天气潮湿，导致地面出现了大量的蚯蚓。

傍晚时嗉囊中砂粒更多，同时采食小麦日粮的母鸡嗉囊中也发现了更多的砂粒。由于这些母鸡嗉囊中有大量的粗饲料，所以肌胃中更多的砂粒会把食物磨得更碎。

一项相关研究发现，屠宰第二天时嗉囊中整粒小麦的数量增多，但是浓缩料的数量没有变化。这说明当持续饲喂一种饲料时，嗉囊容纳粗饲料如整粒小麦的能力会增加。有报道认为，受过快速采食训练的鸡其嗉囊容纳能力增加，因为这些鸡单位时间内能将更多的饲料纳入嗉囊中。此外，受过训练的鸡嗉囊更重，这反映了采食能力的增强（Lepkovsky 等，1960）。嗉囊容纳能力的增强可能和整粒小麦在嗉囊中滞留的时间较长有关；Heuser（1945）发现，小麦和整粒玉米比玉米粉或破碎的玉米在嗉囊中滞留的时间更长。

由以上结果可以看出，早晨和傍晚嗉囊内容物成分有很大的不同，说明母鸡在傍晚时的采食量更高，且不受饲喂方式和植物性草料种类的影响。研究结果进一步说明，以上研究使用的植物性草料的种类几乎不影响嗉囊中饲料成分的平衡。相比之下，补充料的类型影响了几种饲料成分的摄入量，暗示减少补充料中的养分含量可以作为户外饲养鸡增加草料摄入的方法。因此，饲喂整粒小麦和贝壳作为唯一的补充料比饲喂全价混合料的母鸡嗉囊中植物性饲料、贝壳、不溶性砂粒和泥土的含量更高。

Horsted 等（2006）进行了更加深入的研究，包括采食量的其它方面以及饲喂系统对生产性能的影响。生产性能和产蛋性能的结果显示，如果条件允许，蛋鸡会消耗大量的草料。尽管生产性能和基于干物质的蛋白数据显示，采食小麦日粮的母鸡短期内不能通过增加采食草料而完全补充氨基酸和蛋白的缺乏，营养限饲的母鸡（饲喂小麦日粮）采食草料会在一定程度上补充氨基酸和代谢能的不足。在已经研究过的草料中，采食菊苣可以补充母鸡的营养。蛋壳指数显示，贝壳和草料可以满足蛋鸡对钙的需要。蛋黄颜色充分显示，母鸡采食了大量的绿色饲料，与补充料的种类无关。采食菊苣的母鸡比采食牧草/三叶草的母鸡产出的鸡蛋蛋黄颜色更深、更红，但黄色变浅。

表 7.7 估计了草料的采食量（非禾本科草本植物混合物除外）。菊苣草地中母鸡采食的草本植物很多。结果显示，草地中只剩下野草，菊苣基本被母鸡采食完。

在这两个试验中，两种补充料的消耗量有显著差异（表 7.8）。母鸡每天大约消耗 90 g 小麦，然而它们消耗了大量的浓缩料（试验 1 和 2 分别为 129 和 155 g）。草料没有影响到补充料的采食量。两个试验中，饲喂小麦日粮比饲喂浓缩料的母鸡贝壳采食量更高。草料作物没有显著影响贝壳的采食量。砂粒的采食量也没有显著不同。

表 7.7　产蛋鸡对小试验田中牧草采食量的估算值

（来源：Horsted 等，2006）

日粮处理	初期草料的干物质的量(g/m²)	末期草料的干物质的量(g/m²)	采食草料的干物质的量[g/(只·d)]
牧草/三叶草			
小麦	269	228	17
浓缩料	252	228	9
菊苣			
小麦	423	231	73
浓缩料	372	236	51

表 7.8　可自由采食草料的母鸡对补充料的消耗量和产蛋性能

（来源：Horsted 等，2006）

日粮处理	采食量(g/d)	贝壳采食量 (g/d)	产蛋率(%)	蛋重(g)
试验 1				
小麦	92	5.7	75	55.2
浓缩料	129	1.7	91	59.6
牧草/三叶草	111	4.2	83	57.6
非禾本科草本植物混合物	110	3.2	83	57.2
试验 2				
小麦	89	7.2	83	56.5
浓缩料	155	3.1	82	59.2
牧草/三叶草	119	4.6	80	58.0
菊苣	126	5.8	85	57.8

试验 2 中，饲喂小麦日粮的母鸡采食牧草/三叶草后体重减轻，采食菊苣后则保持体重不变。草料的类型没有完全影响产蛋量和蛋重（表 7.8）。试验 1 中，饲喂小麦日粮和饲喂浓缩料的母鸡相比，每天的产蛋量显著降低，但是试验 2 中没有变化。两个试验中都观察到，饲喂小麦日粮的母鸡蛋重会显著下降。试验 1 中，饲喂小麦日粮的母鸡产的蛋蛋黄颜色显著变浅，蛋白部分水分增多。日粮处理不影响蛋壳强度，说明不管何种日粮，母鸡都能通过增加对贝壳和草料的摄入量满足对钙的需要。

结果表明，尽管体重有些下降，但母鸡可以通过采食草料来满足其一部分营养需要。采食菊苣的母鸡，与采食牧草/三叶草或非禾本科草本植物混合物的母鸡相比，产蛋性能相对较高，体重也不会下降那么多。这与采食牧草的数量、菊苣中含有高浓度的赖氨酸（12.1 g/kg DM）和蛋氨酸（4.0 g/kg DM）有关。

其它的植物性饲料也能为家禽提供营养物质。Steenfeldt 等(2007)做了一个试验(表7.9),研究了玉米青贮、大麦豌豆青贮和胡萝卜作为草料对产蛋母鸡的适应性,测定的指标有生产性能、营养物质消化率、胃肠性状、小肠微生物组成和啄羽发生率。草料干物质基础下粗蛋白含量平均分别为,胡萝卜 6.9%,玉米青贮 9.4%,大麦豌豆青贮 12.5%。淀粉含量以玉米青贮最高,干物质基础下为 31.2%,非淀粉多糖含量从 19.6%～39.0%不等,以胡萝卜最低。青贮饲料中含有微量的糖类,但胡萝卜含糖量平均为 49.6%(干物质基础)。采食胡萝卜或玉米青贮的蛋鸡产蛋量最高(219 枚),但采食大麦豌豆青贮的母鸡产蛋量较少(208 枚)。总采食量中,草料采食量分别高达 33%、35%和 48%。饲喂玉米青贮的母鸡能量摄入量与对照组相似[分别为 12.61 和 12.82,译者注:单位可能为 MJ/(只 · d)],然而,采食大麦豌豆青贮和胡萝卜的母鸡能量摄入量略低[分别为 12.36 和 12.42,译者注:单位可能为 MJ/(只 · d)]。采食青贮的母鸡与对照组或采食胡萝卜组相比,其肌胃较重。日粮补充料对小肠微生物组成影响较小。这个研究重要的发现是,饲喂草料组死亡率(0.5%～2.5%)显著低于对照组(15.2%,译者注:原文如此,与表 7.9 不同),同时发现啄羽损伤减少,严重啄羽行为较少,54 周龄的羽毛质量得到改善。

表 7.9　日粮中添加或不添加玉米青贮、大麦豌豆青贮或胡萝卜的蛋鸡产蛋性能、体重和死亡率

(来源:Steenfeldt 等,2007)

项目	蛋鸡日粮	蛋鸡日粮+玉米青贮	蛋鸡日粮+大麦豌豆青贮	蛋鸡日粮+胡萝卜
产蛋率(%)	89.9	91.4	87.2	92.0
蛋重(g)	61.5	61.1	61.5	61.9
采食量[g/(只 · d)]	130.1	177.7	165.4	221.7
青贮/胡萝卜(%)	—	33.4	35.1	48.5
体重(g)				
开始	1 750	1 742	1 718	1 726
结束	1 813	1 787	1 805	1 917
死亡率(%)	15.3	1.5	2.5	0.5

以上的发现说明,高质量的草料能够为家禽提供大量的营养需要,那么,饲料中微量营养物是否能相应减少呢?这是生产者经常想到的问题。现有的资料表明,这种建议并不可取,尽管生产者在夏天可能会尝试以饲喂充足的高质量草料来减少 10%～25%的维生素和微量矿物元素预混料。还需要对鸡群进行严密的监测来决定这种减少维生素和微量矿物元素预混料使用的措施是否可行。此外,需要确保家禽的整体福利,即使是在微量营养物质的摄入高于需要量的时候。

利用土壤和草料作为饲料来源的结果之一是,家禽采食大量的节肢动物,如昆虫和蚯蚓,这些为家禽提供了额外的营养来源。

原鸡和野生雏火鸡对昆虫的采食量会超过其总采食量的 50%,成年雌性禽类在繁殖期会采食更多的昆虫(Klasing, 2005)。在可能发生驯化的东南亚地区,原鸡的首选饲料是白蚁和竹子(Klasing, 2005)。但是,正如 Hossain 和 Blair(2007)以及第 4 章所讨论的,硬壳昆虫含有壳多糖，家禽很难消化，尽管较高的壳多糖含量看起来对家禽生产性能没有不利影响(Ravindran 和 Blair，1993)。因为昆虫是家禽天然的食物，一些禽类可能会比其它动物更好地利用壳多糖，但是这方面的证据尚显不足。在一些采食昆虫的家禽胃中确实发现了壳多糖酶。Austin等(1981)报道，奶制品作为一种乳糖来源，可以为家禽提供相应的微生物，从而有利于壳多糖的消化。

Ravindran 和 Blair(1993)的研究发现，家禽更喜欢吃软体昆虫。这种昆虫有较高的粗蛋白，含量在 42.0%～76.0%之间(Ravindran 和 Blair，1993)。昆虫粉蛋白水平的准确测定需要校正壳多糖中的非蛋白氮。

有研究报道，家蝇(*Musca domestica*)蛹粉可以作为一种家禽饲料原料(Ravindran 和 Blair，1993)。结果显示，家蝇蛹粉可成功取代家禽饲料中的豆粕，而且对家禽肉产品的风味没有负面影响。Inaoka 等(1999)报道，肉鸡育雏日粮中添加 7%磨碎的干家蝇幼虫粉或相似水平的鱼粉，对体增重、饲料转化率、屠宰率和肉质都没有显著影响。最近，Zuidhof 等(2003)报道了家蝇幼虫作为幼龄火鸡饲料补充料的营养价值。试验中，给幼龄火鸡饲喂脱水的家蝇幼虫或商品日粮。家蝇幼虫的总能、表观代谢能和粗蛋白分别为 23.1 MJ/kg、17.9 MJ/kg 和 59.3%，而商品日粮中三者分别为 17.0 MJ/kg、13.2 MJ/kg 和 31.8%。禽类对家蝇幼虫的消化率较高，显示其可以作为家禽的蛋白来源，与豆粕相比毫不逊色。

蚕蛹粉可以完全替代蛋鸡日粮中的鱼粉和雏鸡日粮中 50%以上的鱼粉(Ravindran 和 Blair，1993)。蚕蛹大约含 48%的粗蛋白和 27%的粗脂肪，所以需要脱油来改善其品质。脱油可以去除不饱和脂肪酸，而不饱和脂肪酸影响家禽肉的风味(Gohl，1981)。脱油蚕蛹含大于 80%的粗蛋白。日本的生产者对于这些发现很感兴趣，因为在日本蚕蛹粉允许用作饲料原料。

蚱蜢中含有高达 76%的粗蛋白，但其氨基酸含量比鱼粉少(Ravindran 和 Blair，1983)。而且粗蛋白消化率只有 62%。饲喂试验显示，用蚱蜢粉部分替代鱼粉或豆粕是可行的，肉的风味也没有改变。

Wang 等(2005)发现，成年野蟋蟀(*Gryllus testaceus* Walker)粉含 58%的粗蛋白，10.3%的乙醚提取物，8.7%的壳多糖，2.96%的灰分(干物质基础)。总蛋氨酸、胱氨酸、赖氨酸含量分别为 1.93%、1.01%和 4.79%，其真消化率系数分别为 0.94、0.85 和 0.96。这种昆虫粉真代谢能为 2 960 kcal/kg。当用相同的粗蛋白和真代谢能为基础配制玉米豆粕饲料时，结果发现用 15%的蟋蟀粉替代对照组日粮对孵化后 8～20 日龄肉鸡的体增重、采食量和饲料转化效率没有任何负面影响。

Salmon 和 Szabo(1981)评估了用淘汰的蜜蜂干粉作为饲料原料饲喂育成火鸡的可行性。尽管其粗蛋白相对较高，氨基酸组成不同，但蜜蜂干粉在总氨基酸和真代谢能含量上与豆粕相似。饲喂添加 15%或 30%蜜蜂干粉的日粮会降低雏鸡体增重。可能是受蜜蜂粉中非蛋白氮或蜜蜂毒毒性的影响。

对白蚁的研究表明，相比大鼠，鸡更能有效地利用白蚁粉。其它研究者发现，家禽日粮中，螺粉能够部分替代鱼粉或肉骨粉(Ravindran 和 Blair，1983)。

对于自由放养的家禽，蚯蚓是天然的食物来源，不管鲜活的还是脱水的，对于家禽来说都非常可口。蚯蚓粉大约含 60%的粗蛋白，氨基酸组成与鱼粉相似(Ravindran 和 Blair，1983)，能够替代雏鸡或蛋鸡日粮中的鱼粉，但是一定要注意日粮钙磷含量的平衡，因为蚯蚓缺少外骨骼,所以导致这些矿物质的缺乏。而且,众所周知,蚯蚓会富集重金属和农业化学品而引起家禽中毒。

Reinecke 等(1991)用商业鱼粉或蚯蚓粉(*Eisenia fetida*, *Eudrilus eugeniae* 或 *Perionyx excavatus*)分别配制成含 4.5%、9.0%和 13.5%蛋白的日粮饲喂 10~17 日龄肉鸡,结果显示蛋白利用率和生长情况差异显著。Son(2006)报道,55 周龄蛋鸡日粮中补充 0.3%的蚯蚓粉能改善其产蛋率和蛋品质。这些研究者比较关注蚯蚓粉中的重金属含量(如砷、镉、铬和铅分别为 4.41、1.23、1.18 和 3.39 mg/kg),而对照组中没有检测到这些重金属。

蚯蚓粉被认为是日本鹌鹑重要的蛋白来源。Das 和 Dash(1989)对 1 周龄雄性和雌性日本鹌鹑进行饲喂试验,在玉米基础日粮中添加 6%的鱼粉或蚯蚓粉。56 d 后,对照组和蚯蚓粉组总体增重分别为 96.1 和 98.5 g,采食量分别为 533 和 511 g,饲料转化率分别为 5.54 和 5.19 g/g,而蛋品质没有受到日粮的影响。

以上发现说明,蚯蚓能够为家禽提供有用的蛋白来源。值得关注的是,蚯蚓能够富集重金属和土壤中的污染物,有时可能成为绦虫的中间寄主和病媒,如引起火鸡黑头的病媒。对此,一些热带国家的做法是,收集蚯蚓并在饲喂家禽前置于太阳下暴晒,从而使疾病传播最小化。

对于有机生产者来说,以上结果表明,放养家禽会通过采食昆虫、蚯蚓等得到充足的营养补充,但其摄入量很难量化。因此,最适合的方式就是“选择-饲喂”谷物和补充饲料。通过这种饲喂方式,家禽可根据昆虫、蚯蚓和其它土壤有机体的数量,调整其蛋白和能量的摄入量。

7.5　健康与福利

有机禽的健康与疾病问题分为两类——直接影响家禽本身;影响蛋和肉并可能影响消费者。我们将结合日粮处理(可以控制家禽健康与疾病)对这两方面分别展开讨论。

7.5.1　有机禽的健康与福利问题

有机农场疾病预防的原则为:可以让动物展示自然行为,不受应激,与传统饲养的动物相比,当饲喂最佳的(有机的)日粮时,动物将有更大的能力来应对感染和健康问题(Kijlstra 和 Eijck,2006)。较少的治疗是必需的,如果动物生病,应该用一些方法来替代传统的药物治疗。但是需要有严格的生物安全措施来防范疾病,如禽流感。还有其它避免或减少疾病风险的措施,包括使用“全进全出”管理系统,这样清群结束时可减少病原体媒介,因为当没有宿主时,有些病原体就死亡。另一个相关措施是,不能将不同年龄或品种的家禽混养在一起。老年家禽可能携带疾病但没有感染症状,它们能把疾病传播给幼禽。同样的,鸭和鹅能携带疾病并传染给鸡。

禽类户外活动的好处是能得到锻炼、呼吸到新鲜空气,但不足是会遭受食肉动物的侵害,受到来自土壤、水体、自然界野生鸟类和其它动物的疾病威胁。因此,合适的禽舍设计很重要,并由执业兽医提供接种疫苗等服务,这样的话,这些威胁会降至最低。

Lampkin(1997)证实,球虫病、啄羽、同类相残以及寄生虫都是有机禽生产中潜在的问题。丹麦一个大型有机蛋鸡养殖场的调查显示,有机蛋鸡的死亡率(15%~20%)高出标准笼养的蛋鸡 2～3 倍(Kristensen,1998)。荷兰一项关于有机蛋鸡的研究发现,啄羽现象非常严重,占鸡群的 50%。Koene(2001)总结得出,通过改进饲养方式、改善禽舍设计以及使用不需要修喙的适应粗放饲养的基因品种等综合措施,也许能持续地解决有机蛋鸡生产中的啄羽和同类相残问题。也有迹象表明,蛋鸡蠕虫(鸡蛔虫、鸡异刺线虫和毛细线虫)感染发生率在有机生产系统中远高于传统生产系统(Hovi 等,2003)。尽管严令禁止使用抗球虫药,但球虫病并不是有机肉鸡生产中的主要问题。

最近的数据表明,在有机生产中(至少在蛋鸡上)其损失之高让人无法接受。Bestman 和 Maurer(2006)报道,在荷兰有机蛋鸡生产中,由大肠杆菌、传染性支气管炎、球虫病、非致病性螺旋体等传染病造成的平均死亡率达到 11%(0～21%)。其原因可能是,荷兰的感染压力较高(250 万只蛋鸡主要在两个地方饲养)以及抗病能力不足。据报道,在瑞士有机蛋鸡的平均死亡率为 8%(幅度为 3%～25%)。这些研究中,有机生产中大多饲养与传统家禽系统相同的杂交禽,并进行了一些疫苗接种。Maurer 等(2002)报道,有机农场的蛋鸡存在更多的寄生虫问题。

Bestman 和 Maurer(2006)建议,将啄羽作为有机蛋鸡生产中动物福利的一个很好的指标,因为啄羽程度与应激有关,与户外运动减少关系更大。据报道,荷兰蛋鸡 70%出现啄羽,小母鸡为 54%。在养殖农场,啄羽行为与饲养密度、环境恶劣程度呈正相关。然而,在许多家禽养殖场,没有很好地使用家禽的活动场所,使家禽在里面感到不安全。

从上述调查结果可以明显看出,许多有机蛋鸡场的环境条件需要改善。

在荷兰和瑞士,有机蛋鸡比有机肉鸡更重要。肉鸡的主要健康问题与蛋鸡有所不同(Bestman 和 Maurer,2006)。潜伏期长的疾病(如蛔虫),在肉鸡上不经常发生,即使在生长期稍长的有机肉鸡中也是如此。肠道疾病(如腹泻),对肉鸡的影响更大。建议在有机农场中,用接种疫苗的方式来抵抗球虫病。球虫病是这些作者和 Lampkin(1997)报道的另一个主要健康问题。据他们报道,在有机肉鸡生产中,使用生长迟缓的杂种鸡可以减少骨骼病变的发生率。在自由放养的系统中,肉食动物(鹰、狐狸和貂)是肉鸡丢失的主要原因。

与商品家禽生产有关的另一个健康问题是脚垫皮炎(foot-pad dermatitis,FPD),这是一类感染鸡脚垫部位的疾病。FPD 与"踝关节灼伤"(hock burns)密切相关,发生 FPD 时踝关节皮肤会变成深褐色。在瑞典和丹麦,用脚垫健康评分来评估肉鸡的健康与福利。FPD 有比较高的遗传性,并且与体重的遗传相关性较低(Kjaer 等,2006)。这表明基于减少 FPD 发生率的选育应该不会对生长速率造成负面影响。

各种各样的细菌感染是家禽生产中的一个问题。大肠杆菌病由大肠杆菌感染所致。最常见的大肠杆菌是 *E. coli*。慢性轻度感染引起较低的死亡率,而严重的急性感染可导致高死亡率的发生。Ask 等(2006)曾报道,在大肠杆菌病的易感鸡群中,有相当大的遗传变异,提示对这种病进行抗病选育是可能的,或许可以替代那些在有机禽生产中禁用的抗生素。

肠道寄生虫广泛地存在于所有家禽生产系统中,特别是家禽可以接触到粪便的无笼养殖系统中。Abdelqader 等(2007)认为,在有机生产系统中,本地家禽品种的天然抵抗能力可以替代化学处理。他们比较了约旦本地鸡品种和罗曼 LSL 系白鸡对不同 *A. galli* 菌株的抗性。*A. galli* 菌株来自不同的地域:第一个试验中使用德国菌株,第二个试验使用约旦菌株。研究结果表明,两个鸡品种不同的遗传背景与对 *A. galli* 的抵抗力有关。此外,他们还指出,来自不同地域的 *A. galli* 分离株对不同基因型鸡的感染能力也不同。约旦当地品种与罗曼品种相比蛔虫感染明显减少，而且约旦当地品种鸡感染的雌性蛔虫比罗曼品种感染的雌性蛔虫繁殖性能更差。蛔虫繁殖性能的下降表明，自然感染约旦本地鸡的野生 *A. galli* 菌株比德国 *A. galli* 菌株对这两种品种鸡的传染性要低。

在较发达的国家，随着收入的增加，消费者对他们的食物越来越挑剔。家禽养殖者关注家禽的生长率与产肉量，但是消费者则越来越关注肉品质。此外，从整禽市场向深加工产品的转变，也使得禽肉品质越来越受到关注，并用肉的韧性、黏结性、颜色和保水性能作为评估指标(Sosnicki 和 Wilson，1991)。

一些研究阐述了肌肉生长和禽肉品质之间的关系，并暗示通过遗传选择来提高胸肌重将导致胸肉颜色变浅和保水性能变差(Berri 等，2001)。与生长缓慢的动物相比，生长速度快的动物肌纤维更多更大(Dransfield 和 Sosnicki，1999)。较小的纤维直径允许纤维高密度的堆积，因此增加了肉的韧性。这一点在鱼上已得到证实(Hurling 等，1996)，但是在猪肉和牛肉上还没有定论(Dransfield，1997)。随着生长率的增加，肌纤维的糖分解能力增强，并具有更快速的尸僵反应。尸僵比率增加可能会导致肉色变淡以及肉品质下降(Dransfield 和 Sosnicki，1999)。

7.5.2　禽类日粮与传染性疾病

一些试验研究了日粮对家禽疾病严重程度的影响。研究表明，饲喂高 ω-3 脂肪酸日粮可对抗某些原虫感染。Allen 等(1997)报道，饲喂添加亚麻籽作为 ω-3 脂肪酸来源的日粮有助于减少某种球虫(艾美耳球虫，可攻击盲肠)造成的病变，但是对另一种球虫(巨型艾美耳球虫，可攻击小肠)造成的病变没有影响。靠饲喂含亚麻籽的日粮来生产"设计"蛋的生产者对这些发现会比较感兴趣。

有机产品生产中，在禁止常规药物治疗(包括在饲料中使用抗生素)的情况下，可以采取多种营养相关的方法保持有机禽类的健康。这些可归纳如下，读者也可以从兽医学出版物中获得有关操作程序的更详细的信息。

综上所述，家禽的主要问题是胃肠疾病。处理这个问题的办法包括提高免疫力，在日粮中使用整粒谷物促进肌胃发育，以及在日粮中加入纤维成分促进大肠发酵。另外的方法是用有益微生物(竞争排斥)替代肠道里的病原微生物，从而使肠上皮及其微生物群落建立天然屏障来抵抗肠道病菌、抗原以及有毒物质带来的损害。

7.5.3　整粒谷物饲料与健康

一些研究结果已经证明，饲喂整粒谷物对消化道菌群以及家禽的整体健康是有益的。这些结果显示，发育良好的肌胃可以作为预防病原菌进入消化道远端的一道屏障。因此，许多研究者建议，整粒谷物可以有效替代抗生素从而促进生长。

喂养整粒谷物后，Engberg 等(2004)报道肠道内有益乳酸菌的总数增多，Glünder(2002)发现大肠杆菌数量减少，Engberg 等(2002，2004)发现沙门氏菌或者产气荚膜梭菌(导致坏死性肠炎)等病原菌数量减少。Taylor 和 Jones(2004)报道，在颗粒饲料中加入 20%整粒谷物时，肉鸡腺胃扩张的发生率和由腹水导致的死亡率降低。酶制剂没有影响腺胃扩张的发生率。Evans 等(2005)研究了饲喂两种日粮(含小麦面粉或整粒小麦)对蛋鸡遭受球虫病时球虫产卵数量的影响。与加入小麦面粉的日粮相比，饲喂整粒小麦日粮的禽类显著降低了产卵数量，这表明肌胃在抗球虫病上能起到积极的作用。其它的研究表明，自由采食高蛋白浓缩料（粗蛋白42%）和整粒小麦饲料比饲喂高纤维全价日粮的鸡抗球虫病能力更强（Cumming，1989）。在雄性肉鸡中，饲喂传统的全价饲料或“自由-选择-饲喂”的情况下，球虫产卵数都与肌胃的大小呈负相关（Cumming，1992b）。Cumming在相关研究中还指出，无论是雏鸡饲喂全价日粮还是自由选择采食谷物和补充料，加入不溶性砂粒都减少了球虫的产卵量。

Bjerrum等（2005）报道了15日龄肉鸡被耐利福平鼠伤寒沙门氏菌株感染的试验结果。与颗粒料相比，采食整粒小麦的禽类肌胃和回肠里的细菌更少。

7.5.4 肠道菌群的改善

胃肠道正常菌群通过抵抗入侵病原体保护宿主的现象被称为竞争排斥。已占领潜在附着位点的细菌群落可以通过竞争阻止病原体进入胃肠道或者在胃肠道建立细菌群落。为了能够成功黏附在肠壁上，后来的菌群必须更好地适应所处的环境，并建立或维持自己的菌群或者必须分泌化合物抑制与其竞争的菌落。

Numi和Rantala（1973）首先将这个概念应用于家畜，主要是家禽上。他们指出，利用来自成年禽类的含有活厌氧细菌的肠道内容物，能防止幼禽感染沙门氏菌。因此，这个概念最初是源自于减少育成鸡沙门氏菌感染，后来延伸到其它肠道致病菌上，如致病的大肠杆菌、产气荚膜梭菌、李斯特菌和弯曲杆菌。本书第4章列出了在有机生产中允许使用的这些产品，即主要来源于家禽盲肠内容物和肠壁的混合培养物。正常来说，应在雏鸡和幼火鸡孵化后尽可能快地给予处理，可选择在孵化场或在农场喷雾，也可在第一次饮水中添加。

竞争排斥在维持老年家禽健康中也起到重要的作用。肠道微生物能与家禽竞争消化后的产物。肠道健康与肠道抗病力取决于日粮组成和饲料原料的消化率。难以消化的饲料原料会导致肠道后端未消化物质数量的增加，导致这部分肠道有害细菌增殖，结果有毒代谢产物增加，危及肠道健康。这就解释了为什么在含有高水平难消化蛋白质的禽类日粮中，抗生素是最有效的（Smulders等，2000）。同样的，用含有高水平难消化的非淀粉多糖（NSP）的小麦、大麦或黑麦饲喂禽类时，禽类更容易发生肠道疾病，如坏死性肠炎（Burel和Valat，2007）。Langhout（1999）观察到，日粮中的非淀粉多糖会减少肠道有益菌数量，而显著增加肠道致病细菌数量。因此，通过改变日粮可以改变肠道微生物种群，用无害菌甚至有益菌替代有害菌（Burel和Valat，2007）。这些作者建议，在日粮中缺乏抗生素时，应小心使用高浓度非淀粉多糖的饲料。据推测，添加适量的酶混合物可能减少或预防这一潜在问题的发生。

通过处理日粮也能改变消化道菌群（Burel和Valat，2007）。饲料制粒有助于增加回肠大肠菌和肠球菌，减少后肠产气荚膜梭菌和乳酸杆菌。饲料调制过程中的温度和蒸汽能影响肠道菌群，这表明可以通过饲料加工工艺来控制和改善胃肠道微生物。

7.5.5 益生元

益生元被定义为对宿主有利、在其后肠能选择性地刺激有益菌（双歧杆菌和某些革兰氏阳性菌）的生长和活动、不消化或者消化率很低的饲料成分（Burel和Valat，2007）。菊苣和菊芋都属于这类物质，在其汁液和块根中含有菊糖型果聚糖。乳果糖、低聚半乳糖、果寡糖（fructooligosaccharides，FOS）、麦芽低聚糖和抗性淀粉也可作为益生元。使用在大肠里发酵的纤维的部分原因是因为它们会产生一种短链脂肪酸(short-chain fatty acids,SCFA)——丁酸。丁酸和其它SCFA一样,在大肠中对电解质吸收起重要作用,并在防止某些类型的腹泻(和人类癌症)中可能发挥作用。一些草本植物,例如葱、百里香和大茴香,可以在乳酸菌的作用下产生酸,可能成为对动物和人类营养有益的益生元。

有很多关于日粮中加入FOS对家禽胃肠道菌群影响的研究。Hidaka等(1991)发现,每天摄入8 g FOS,会增加双歧杆菌数量、改善血脂、抑制肠道内容物腐烂。Patterson等(1997)发现,青年肉鸡日粮中加入FOS后,盲肠双歧杆菌含量增加了24倍,乳酸杆菌含量增加了7倍。双歧杆菌通过产生大量挥发性脂肪酸(volatile fatty acids,VFAs)或分泌细菌素样肽(bacteriocin-like peptides),来抑制其它微生物(Burel和Valat,2007)。日粮中添加FOS提高肠道健康状况后会改善生长性能。Ammerman等(1988)研究表明,在1～46日龄期间,在日粮中添加0.25%或0.5%FOS,能提高饲料转化效率,大幅降低死亡率。但是,Waldroup等(1993)发现,在肉鸡日粮中添加0.375%FOS,对生产性能参数和胴体沙门氏菌的浓度并未发现上述影响。

另外有些试验研究了在日粮中加入低聚糖的影响。Li等(2007)进行了一项研究,在蛋鸡日粮含有20 mg/kg杆菌肽锌的基础上添加4 mg/kg硫酸黏杆菌素或2 000、4 000和6 000 mg/kg的FOS。结果显示,添加2 000 mg/kg FOS可提高蛋鸡的产蛋量、耗料量和饲料转化效率,同时也增加了蛋壳厚度、蛋黄颜色和哈夫单位,并且使蛋黄中胆固醇浓度下降。但是,更大剂量的FOS没有提高蛋鸡的产蛋性能。

最近的数据表明,可以合成抗病原作用更强的新型低聚糖(Burel和Valat,2007)。

在日粮中添加难以完全消化的碳水化合物的一个缺点是,可能会增加寄生虫的感染。例如,Petkevicius等(2001)发现,能导致猪产生大量有齿食道口线虫的日粮,一般都具有高水平的不溶性纤维和消化率相对较低的特征。而日粮中含有大量可降解碳水化合物时,可以减少蠕虫的出现及其大小,降低雌性蠕虫的繁殖力。这一结果表明,在蠕虫感染暴发期,家禽生产者应该使用高度易消化的日粮。如果条件允许,应使用液体乳清作为饲料补充剂。这种产品对控制蛔虫感染很有效。此外,还应该使用放养式管理方法。大多数寄生虫有严格的寄主专一性,混合放养有利于控制寄生虫。

7.5.6　益生菌

有些益生菌,如果不是通过遗传改造技术获得,已经确认允许添加到有机日粮中。益生菌已被定义为“有活力的、微生物明确的且数量足够改变宿主微生物区系(植入或建群)、对宿主有益的一种制剂或产品”(Roselli等,2005)。这个定义显示益生菌可以裸露在消化液中生存,并且有足够的数量来发挥有益作用。益生菌最熟为人知的特征是,能附着在小肠黏膜,并抑制有害菌的附着;在小肠中增殖,抑制腹泻等多种小肠疾病的发生;调整宿主的免疫系统(Roselli等,2005)。益生菌基本的益生作用是,它能恢复肠道正常的微生物菌群。

益生菌(及益生元)能够在肠道产生有益作用的原理尚不清楚。但是,至少存在三种可能的机制:(a)由益生菌产生的抗菌物质可能对病原微生物产生了抑制作用;(b)增强免疫反应并抑制了潜在病原菌;(c)在肠道上皮细胞的竞争性抑制作用可能使乳酸菌和双歧杆菌替代了病原微生物。

已有文献详细地阐述了益生菌的作用(Burel 和 Valat,2007)。Hollister 等(1999)通过饲喂未感染沙门氏菌的家禽盲肠活培养物来减少雏鸡沙门氏菌定殖。在用抗生素治疗后,通常给家禽饲喂乳酸菌、肠球菌、片球菌、芽孢杆菌和双歧杆菌等革兰氏阳性菌以及酵母菌(酵母片)等真菌,以在其肠道重新形成有益菌菌群(Burel 和 Valat, 2007)。它们通过增强胃肠道微生物的竞争性排斥来抵抗肠道外来病原微生物,靠简单竞争使乳酸杆菌和双歧杆菌增殖,从而减少病原微生物数量。

益生菌的使用存在一个问题(至少在北美),即商业化兽用益生菌制剂标签未精确地标明其组成(Weese, 2002)。在该研究中,用定量细菌培养法培养了 8 种兽用益生菌和 5 种人用益生菌,并用生物化学方法进行了鉴定。研究表明,13 种产品中只有 2 种微生物及其浓度在标签上得到正确描述。5 种兽用产品没有明确列出含量,大多数产品活菌浓度较低。5 种产品不含有其标签上标示的一种或多种微生物。3 种产品含有标签上没有的细菌。有些产品含有益生作用没有得到报道的细菌,有些甚至含有病原菌。作者总结认为,商业化兽用益生菌的质量控制太薄弱。

迄今为止的研究结果表明,益生菌不如抗生素有效,且其效果随饲料类型变化而变化。

锌是一种对抗感染的重要元素,在传统生产中有时会用于控制疾病。在有机生产中不允许以这种目的来使用这种微量矿物元素,应该推荐家禽生产者在日粮配方中使用植酸酶,以确保日粮中的锌尽可能有效地被家禽利用,而不是与日粮成分中的植酸结合。

7.6 消费者关心的食品安全问题

沙门氏菌或弯曲杆菌感染可能对禽类本身健康没有显著影响,但是当它们出现在禽蛋或禽肉中时,则会对消费者造成危害。

在发达国家,空肠弯曲杆菌是最常见的肠道细菌性病原体,人们认为它可以通过食物传播。在夏季,弯曲杆菌感染的少许病例主要是由于对未煮熟的家禽处理或食用不当、食用未经高温消毒的原料奶和饮用污染的水。美国农业部食品安全检验局(USDA)在 1994—1995 年进行的一项研究显示,浸泡冷却的家禽胴体弯曲杆菌检出率为 88.2%(USDA, 1996)。Sulonen 等(2007)报道,根据粪便样本检查,在芬兰有机蛋鸡农场,76%～84%存在弯曲杆菌污染。但是在 360 个鸡蛋样品中只有一个发现蛋壳污染,未发现蛋黄污染。在荷兰,Rodenburg 等(2004)对 31 个有机农场进行了研究,发现沙门氏菌感染发生率为 13%,弯曲杆菌感染发生率为 35%。与传统的肉鸡群相比,有机肉鸡群沙门氏菌发生率较低,而弯曲杆菌发生率较高。

目前的数据表明,弯曲杆菌主要通过家禽肠道的消化液和排泄物转移到家禽屠体中,因为在这些液体中发现了大量弯曲杆菌(Franco 和 Williams,2001)。然后这些生物体附在皮肤上,并一直存在于终产品中。Davis 和 Conner(2000)报道,在未加工的零售家禽产品中,整鸡的检出率为 76%,带皮分割胸肉的检出率为 48%,剔骨去皮鸡胸肉的检出率只有 2%。

与禽肉相比,禽蛋中弯曲杆菌对消费者构成的危害较小。Hauser 和 Fölsch(2002)发现,来自 4 种不同生产系统的禽蛋微生物状况并无差异。

全球范围内,与禽类产品消费有关的人类食源性感染的主要原因是沙门氏菌(Van Immerseel 等,2002)。家禽可能受到垫料、粪便、土壤、昆虫和啮齿类动物的感染,最严重的沙门氏菌血清型可以穿过禽类肠道到达组织并感染肉和蛋。采取适当的管理制度预防感染(包括适当的卫生管理),是最重要的控制方法。饲料相关的控制措施,包括饲料的蒸汽制粒和在混合料中添加允许使用的添加剂(如益生元、益生菌及短链脂肪酸),可有效地控制沙门氏菌污染。

一些欧洲国家发现,与室内饲养的蛋鸡相比,自由放养鸡产出的鸡蛋中二噁英水平较高(DeVries 等,2006)。这个情况主要出现在小农场,可能是因为蛋鸡在室外活动较多。植物和商品饲料都不是二噁英的主要来源。由此可以得出结论,高浓度二噁英与鸡采食了蠕虫、昆虫和土壤有关。

(王晓鹃、宋志刚译校)

参考文献

Abdelqader, A., Gauly, M. and Wollny, C.B.A. (2007) Response of two breeds of chickens to *Ascaridia galli* infections from two geographic sources. *Veterinary Parasitology* 145, 176–180.

Allen, P.C., Danforth, H. and Levander, O.A. (1997) Interaction of dietary flaxseed with coccidia infections in chickens. *Poultry Science* 76, 822–827.

Ambrosen, T. and Petersen, V.E. (1997) The influence of protein level in the diet on cannibalism and quality of plumage of layers. *Poultry Science* 76, 559–563.

Ammerman, E., Quarles, C. and Twining, P. (1988) Broiler response to the addition of dietary fructooligosaccharides. *Poultry Science* 67 (Suppl 1), 46.

Antell, S. and Ciszuk, P. (2006) Forage consumption of laying hens – the crop as an indicator of feed intake and AME content of ingested feed. *Archiv für Geflügelkunde* 70, 154–160.

Apajalahti, J. and Kettunen, A. (2003) Analysis and dietary modulation of the microbial community in the avian gastrointestinal tract. In: *Proceedings of the 26th Technical Turkey Conference*. Turkeys Magazine, Manchester, UK, 24–25 May, 2003, pp. 49–55.

Arad, Z., Moskovits, E. and Marder, J. (1975) A preliminary study of egg production and heat tolerance in a new breed of fowl (Leghorn × Bedouin). *Poultry Science* 54, 780–783.

Arad, Z., Marder, J. and Soller, M. (1981) Effect of gradual acclimation to temperatures up to 44°C on productive performance of the desert Bedouin fowl, the commercial White Leghorn and the two reciprocal crossbreeds. *British Poultry Science* 22, 511–520.

Ask, B., van de Waaij, E.H., Stegeman, J.A. and van Arendonk, J.A.M. (2006) Genetic variation among broiler genotypes in susceptibility to colibacillosis. *Poultry Science* 85, 415–421.

Austin, P.R., Brine, C.J., Castle, J.E. and Zikakis, J.P. (1981) Chitin: new facets of research. *Science USA* 212(4496), 749–753.

Bennett, C. (2006) Choice-feeding of small laying hen flocks. Extension Report, Manitoba Agriculture, Food and Rural Initiatives, Winnipeg, Canada, pp. 1–2.

Berri, C., Wacrenier, N., Millet, N. and Le Bihan-Duval, E. (2001) Effect of selection for improved body composition on muscle and meat characteristics of broilers from experimental and commercial lines. *Poultry Science* 80, 833–838.

Bestman, M. and Maurer, V. (2006) Health and welfare in organic poultry in Europe: state of the art and future challenges. *Proceedings of Joint Organic Congress*. Odense, Denmark, 30–31 May, 2006.

Bjerrum, L., Pedersen, A.K. and Engberg, R.M. (2005) The influence of whole wheat feeding on Salmonella infection and gut flora composition in broilers. *Avian Diseases* 49, 9–15.

Blair, R., Dewar, W.A. and Downie, J.N. (1973) Egg production responses of hens given a complete mash or unground grain together with concentrate pellets. *British Poultry Science* 14, 373–377.

Boelling, D., Groen, A.F., Sørensen, P., Madsen, P. and Jensen, J. (2003) Genetic improvement of livestock for organic farming systems. *Livestock Production Science* 80, 79–88.

Bui, X.M., Ogle, B. and Lindberg, J.E. (2001) Effect of choice feeding on the nutrient intake and performance of broiler ducks. *Asian-Australian Journal of Animal Science* 14, 1728–1733.

Burel, C. and Valat, C. (2007) Feeding animal or microflora The nutritional dilemma. *Proceedings of the XVIth European Symposium on Poultry Nutrition*. Strasbourg, France, 26–30 August, 2007 (in press).

Cowan, P.J. and Michie, W. (1978a) Environmental temperature and turkey performance The use of diets containing increased levels of protein and use of a choice-feeding system. *Annals of Zootechnology* 17, 175–180.

Cowan, P.J. and Michie, W. (1978b) Environmental temperature and choice feeding of the broiler. *British Journal of Nutrition* 40, 311–314.

Cumming, R.B. (1989) Further studies on the dietary manipulation of coccidiosis. *Australian Poultry Science Symposium*, University of Sydney, Sydney, Australia, pp. 96.

Cumming, R.B. (1992a) The advantages of free-choice feeding for village chickens. *Proceedings of XIX World's Poultry Congress*. Amsterdam, pp. 627.

Cumming, R.B. (1992b) The biological control of coccidiosis by choice-feeding. In: *Proceedings of XIX World's Poultry Congress*. Amsterdam, pp. 525–527.

Das, A.K. and Dash, M.C. (1989) Earthworm meal as a protein concentrate for Japanese quails. *Indian Journal of Poultry Science* 24, 137–138.

Davis, M.A. and Conner, D.E. (2000) Incidence of Campylobacter from raw, retail poultry products. *Poultry Science* 79 (Suppl. 1), 54.

DeVries, M., Kwakkel, R.P.O. and Kijlstra, A. (2006) Dioxins in organic eggs: a review. *NJAS-Wageningen Journal of Life Sciences* 54, 207–222.

Dove, F.W. (1935) A study of individuality in the nutritive instincts and of the causes and effects of variations in the selection of food. *American Naturalist* 69 (Suppl.), 469–543.

Dransfield, E. (1997) When the glue comes unstuck. In: *Proceedings of the 43rd International Congress of Meat Science and Technology*. Auckland, New Zealand, pp. 52–61.

Dransfield, E. and Sosnicki, E.A. (1999) Relationship between muscle growth and poultry meat quality. *Poultry Science* 78, 743–746.

Elwinger, K., Tauson, R., Tufvesson, M. and Hartmann, C. (2002) Feeding of layers kept in an organic feed environment. In: *11th European Poultry Conference*. Bremen, Germany.

Emmerson, D.E., Denbow, D.M. and Hulet, R.M. (1990) Protein and energy self-selection by turkey hens: reproductive performance. *British poultry Science* 31, 283–292.

Emmerson, D.E., Denbow, D.M., Hulet, R.M., Potter, L.M., and van Krey, H.P. (1991) Self-selection of dietary protein and energy by turkey breeder hens. *British Poultry Science* 32, 555–564.

Engberg, R.M., Hedemann, M.S. and Jensen, B.B. (2002) The influence of grinding and pelleting of feed on the microbial composition and activity in the digestive tract of broiler chickens. *British Poultry Science* 43, 569–579.

Engberg, R.M., Hedemann, M.S., Steenfeldt, S. and Jensen, B.B. (2004) Influence of whole wheat and xylanase on broiler performance and microbial composition and activity in the digestive tract. *Poultry Science* 3, 925–938.

Evans, M., Singh, D.N., Trappet, P. and Nagle, T. (2005) Investigations into the effect of feeding laying hens complete diets with wheat in whole or ground form and zeolite presented in powdered or grit form, on performance and oocyst output after being challenged with coccidiosis. In: Scott, T.A. (ed.) *Proceedings of the 17th Australian Poultry Science Symposium*. Sydney, New South Wales, Australia, 7–9 February 2005, pp. 187–190.

Franco, D.A. and Williams, C.E. (2001) *Campylobacter jejuni*. In: Hui, Y.H., Pierson, M.D., and Gorham, J.R. (ed.) *Foodborne*

Disease Handbook, 2nd edn. Marcel Dekker, New York, pp. 83–106.

Fuller, H.L. (1962) Restricted feeding of pullets. 1. The value of pasture and self-selection of dietary components. *Poultry Science* 41, 1729–1736.

Glünder, G. (2002) Influence of diet on the occurrence of some bacteria in the intestinal flora of wild and pet birds. *Deutsche Tierarztliche Wochenschrifte* 109, 266–270.

Gohl, B. (1981) Tropical feeds. Feed information summaries and nutritive values. *FAO Animal Production and Health Series*, Food and Agriculture Organization of the United Nations, Rome, pp. 529.

Hauser, R. and Fölsch, D. (2002) How does the farming system affect the hygienic quality of eggs? *Proceedings of the Eleventh European Symposium on Poultry Nutrition*, Bremen, Germany, CD–Rom.

Henuk, Y.L. and Dingle, J.D. (2002) Practical and economic advantages of choice feeding systems for laying poultry. *World's Poultry Science Journal* 58, 199–208.

Henuk, Y.L., Thwaites, C.J., Hill, M.K. and Dingle, J.G. (2000a) The effect of temperature on responses of laying hens to choice feeding in a single feeder. In: Pym, R.A.E., (ed.) *Proceedings of the Australian Poultry Science Symposium*, University of Sydney, Sydney, Australia, pp. 117–120.

Henuk, Y.L., Thwaites, C.J., Hill, M.K. and Dingle, J.G. (2000b) Dietary self-selection in a single feeder by layers at normal environmental temperature. *Proceedings of the Nutrition Society of Australia* 24, 131.

Hermansen, J.E., Strudsholm, K. and Horsted, K. (2004) Integration of organic animal production into land use with special reference to swine and poultry. *Livestock Production Science* 90, 11–26.

Heuser, G.F. (1945) The rate of passage of feed from the crop of the hen. *Poultry Science* 24, 20–24.

Hidaka, H., Hirayama, M. and Yamada, K. (1991) Fructooligosaccharides enzymatic preparations and biofunctions. *Journal of Carbohydrate Chemistry* 10, 509–522.

Hollister, A.G., Corrier, D.E., Nisbet, D.J. and Delaoch, J.R. (1999) Effect of chicken derived cecal microorganisms maintained in continuous culture on cecal colonization by *Salmonella typhimurium* in turkey poults. *Poultry Science* 78, 546–549.

Horsted, K., Hammershøj, M. and Hermansen, J.E. (2006) Short-term effects on productivity and egg quality in nutrient-restricted versus non-restricted organic layers with access to different forage crops. *Acta Agriculturae Scandinavica* Section A Animal Science 56, 42–54.

Horsted, K., Hermansen, J.E. and Ranvig, H. (2007) Crop content in nutrient-restricted versus non-restricted organic laying hens with access to different forage vegetations. *British Poultry Science* 48, 177–184.

Hossain, S.M. and Blair, R. (2007) Chitin utilisation by broilers and its effect on body composition and blood metabolites. *British Poultry Science* 48, 33–38.

Hovi, M., Sundrum, A. and Thamsborg, S.M. (2003) Animal health and welfare in organic livestock production in Europe: current state and future challenges. *Livestock Production Science* 80, 41–53.

Howlider, M.A.R. and Rose, S.P. (1987) Temperature and the growth of broilers. *World's Poultry Science Journal* 43, 228–237.

Hughes, B.O. (1984) The principles underlying choice feeding behaviour in fowls - with special reference to production experiments. *World's Poultry Science Journal* 40, 141–150.

Hughes, B.O. and Dun, P. (1983) A comparison of laying stock: housed intensively in cages and outside on range. *Research and Development Publication No. 18*, The West of Scotland Agricultural College, Auchincruive, Ayr, UK, 13 pp.

Hurling, R., Rodel, J.B. and Hunt, H.D. (1996) Fiber diameter and fish texture. *Journal of Texture Studies* 27, 679–685.

Inaoka, T., Okubo, G., Yokota, M. and Takemasa, M. (1999) Nutritive value of house fly larvae and pupae fed on chicken feces as food source for poultry. *Japanese Poultry Science* 36, 174–180.

Jensen, G.H. and Korschgen, L.J. (1947) Contents of crops, gizzards, and droppings of bobwhite quail force-fed known kinds and quantities of seeds. *Journal of Wildlife Management* 11, 37–43.

Jones, G.P.D. and Taylor, R.D. (2001) The incorporation of whole grain into pelleted broiler chicken diets: production and physiological responses. *British Poultry Science* 42, 477–483.

Karunajeewa, H. (1978) Free-choice feeding of poultry: a review. In: *Recent Advances in Animal Nutrition 1978* (Farrell, D.J., Ed.), University of New England, Armidale, Australia, pp. 57–70.

Kijlstra, A. and Eijck, I.A.J.M. (2006) Animal health in organic livestock production systems: a review. *NJAS – Wageningen Journal of Life Sciences* 54, 77–94.

Kjaer, J.B. and Sørensen, P. (2002) Feather pecking and cannibalism in free-range laying hens as affected by genotype, level of dietary methionine + cystine, light intensity during rearing and age at access to the range area. *Applied Animal Behaviour Science* 76, 21–39.

Kjaer, J.B., Su, G., Nielsen, B.L. and Sørensen, P. (2006) Foot pad dermatitis and hock burn in broiler chickens and degree of inheritance. *Poultry Science* 85, 1342–1348.

Klasing, K.C. (2005) Poultry nutrition: a comparative approach. *Journal of Applied Poultry Research* 14, 426–436.

Koene, P. (2001) Breeding and feeding for animal health and welfare in organic livestock systems – animal welfare and genetics in organic farming of layers: the example of cannibalism. In: *Proceedings of the fourth NAHWOA Workshop (Network for Animal Health and Welfare in Organic Agriculture)*, Wageningen, The Netherlands, pp. 62–85.

Kristensen, I. (1998) Organic egg, meat and plant production – bio-technical results from farms In: Kristensen, T. (ed.) *Report of the Danish Institute of Agriculture Science* vol 1, pp. 95–169.

Lampkin, N. (1997) *Organic Poultry Production, Final report to MAFF*. Welsh Institute of Rural Studies, University of Wales, Aberystwth, UK, 84 pp.

Langhout, D.J. (1999) The role of the intestinal flora as affected by NSP in broilers. *Proceedings of the Twelfth European Symposium on Poultry Nutrition*, Veldhoven, The Netherlands, pp. 203–212.

Lepkovsky, S., Chari-Bitron, A., Lemmon, R.M., Ostwald, R.C. and Dimick, M.K. (1960) Metabolic and anatomic adaptations in chickens 'trained' to eat their daily food in two hours. *Poultry Science* 39, 385–389.

Li, X., Liu, L., Li, K., Hao, K. and Xu, C. (2007) Effect of fructooligosaccharides and antibiotics on laying performance of chickens and cholesterol content of egg yolk. *British Poultry Science* 48, 185–189.

Leeson, S. (1986) Nutritional considerations of poultry during heat stress. *World's Poultry Science Journal* 42, 69–81.

Leeson, S. and Summers, J.D. (1978) Voluntary food restriction by laying hens mediated through self-selection. *British Poultry Science* 19, 417–424.

Leeson, S. and Summers, J.D. (1979) Dietary self-selection by layers. *Poultry Science* 58, 646–651.

Mastika, I.M. and Cumming, R.B. (1985) Effect of nutrition and environmental variations on choice feeding of broilers. In *Recent Advances in Animal Nutrition in Australia*. University of New England, New England, New South Wales, Australia, pp. 101–114.

Maurer, V., Hertzberg, H. and Hördegen, P. (2002) Status and control of parasitic diseases of livestock on organic farms in Switzerland. *Proceedings of the 14th IFOAM organic world congress*. EKO/Partalan kirjasto, 636.

Numi, E. and Rantala, M.W. (1973) New aspect of Salmonella infection in broiler production. *Nature* 241, 210–211.

Olver, M.D. and Malan, D.D. (2000) The effect of choice-feeding from 7 weeks of age on the production characteristics of laying hens. *South African Journal of Animal Science* 30, 110–114.

Patterson, J.A., Orban, J.I., Sutton, A.L. and Richards, G.N. (1997) Selective enrichment of Bifidobacteria in the intestinal tract of broilers by thermally produced kestoses and effect on broiler performance. *Poultry Science* 68, 1351–1356.

Petkevicius, S., Knudsen, K.E., Nansen, P. and Murrell, K.D. (2001) The effect of dietary carbohydrates with different digestibility on the populations of Oesophagostomum dentatum in the intestinal tract of pigs. *Parasitology* 123, 315–324.

Pousga, S., Boly, H. and Ogle, B. (2005) Choice feeding of poultry: a review. *Livestock Research for Rural Development* 17, Art. # 45. Available at: www.cipav.org.co/lrrd17/4/pous17045.htm

Ravindran, V. and Blair, R. (1993) Feed resources for poultry production in Asia and the Pacific. III. Animal protein sources. *World's Poultry Science Journal* 49, 219–235.

Rodenburg, T.B., van der Hulst-van Arkel, M.C. and Kwakkel, R.P. (2004) Campylobacter and Salmonella infections on organic broiler farms. *NJAS-Wageningen Journal of Life Sciences* 52, 101–108.

Reinecke, A.J., Hayes, J.P. and Cilliers, S.C. (1991) Protein quality of three different species of earthworms. *South African Journal of Animal Science* 21, 99–103.

Rose, S.P. and Kyriazakis, I. (1991) Diet selection of pigs and poultry. *Proceedings of the Nutrition Society* 50, 87–98.

Roselli, M., Finamore, A., Britti, M.S., Bosi, P., Oswald, I. and Mengheri, E. (2005) Alternatives to in-feed antibiotics in pigs: evaluation of probiotics, zinc or organic acids as protective agents for the intestinal mucosa. A comparison of *in vitro* and *in vivo* results. *Animal Research* 54, 203–218.

Salmon, R.E. and Szabo, T.I. (1981) Dried bee meal as a feedstuff for growing turkeys. *Canadian Journal of Animal Science* 61, 965–968.

Shariatmadari, F. and Forbes, J.M. (1993) Growth and food intake responses to diets of different protein contents and a choice between diets containing two concentrations of protein in broiler and layer strain of chicken. *British Poultry Science* 34, 959–970.

Smulders, A.C.J.M., Veldman, A. and Enting, H. (2000) Effect of antimicrobial growth promoter in feeds with different levels of undigestible protein on broiler performance. In: *Proceedings of the 12th European Symposium on Poultry Nutrition*, WPSA Dutch Branch, Veldhoven, The Netherland, 15–19 August, 1999.

Son, J.H. (2006) Effects of feeding earthworm meal on the egg quality and performance of laying hens. *Korean Journal of Poultry Science* 33, 41–47.

Sosnicki, A.A. and Wilson, B.W. (1991) Pathology of turkey skeletal muscle: implications for the poultry industry. *Food structure* 10, 317–326.

Steenfeldt, S., Engberg, R.M. and Kjaer, J.B. (2001) Feeding roughage to laying hens affects egg production, gastrointestinal parameters and mortality. *Proceedings of 13th European Symposium on Poultry Nutrition*. Blankeberge, Belgium, pp. 238–239.

Steenfeldt, S., Kjaer, J.B. and Engberg, R.M. (2007) Effect of feeding silages or carrots as supplements to laying hens on production performance, nutrient digestibility, gut structure, gut microflora and feather pecking behaviour. *British Poultry Science* 48, 454–468.

Sørensen, P. and Kjaer, J.B. (2000) Non-commercial hen breed tested in organic system. In: Hermansen, J.E., Lund, V. and Thuen, E. (eds) *Ecological Animal Husbandry in the Nordic,* Countries, DARCOF Report vol 2, Tjele, Denmark, pp. 59–63.

Sulonen, J., Kärenlampi, R., Holma, U. and Hänninen, M.L. (2007) Campylobacter in finnish organic laying hens in autumn 2003 and spring 2004. *Poultry Science* 86, 1223–1228.

Taylor, R.D. and Jones, G.P.D. (2004) The influence of whole grain inclusion in pelleted broiler diets on proventricular dilatation and ascites mortality. *British Poultry Science* 45, 247–254.

USDA (1996) *Nationwide Broiler Chicken Microbiological Baseline Data Collection*. US Department of Agriculture, Food safety and inspection Service. Available at: www.fsis.usda.gov/OPHS/baseline/broiler1.pfd

Van Immerseel, F., Cauwerts, K., Devriese, L.A., Haesebrouck, F. and Ducatelle, R. (2002) Feed additives to control Salmonella in poultry. *World's Poultry Science Journal* 58, 501–513.

Van Kampen, M. (1977) Effects of feed restriction on heat production, body temperature and respiratory evaporation in the White Leghorn hen on a 'tropical' day. *TiJdrchrifr voor Diergeneeskunde* 102, 504–514.

Waldroup, A.L., Skinner, J.T., Hierholzer, R.E. and Waldroup, P.W. (1993) An evaluation of fructooligosaccharide in diets for broiler chickens and effects on Salmonellae contamination of carcasses. *Poultry Science* 72, 643–650.

Wang, D., Zhai, S.W., Zhang, C.X., Bai, Y.Y., An, S. and Xu, Y. (2005) Evaluation on nutritional value of field crickets as a poultry feedstuff. *Asian-Australasian Journal of Animal Sciences* 18, 667–670.

Washburn, K.W., Peavey, R. and Renwick, G.M. (1980) Relationship of strain variation and feed restriction to variation in blood pressure and response to heat stress. *Poultry Science* 59, 2586–2588.

Weese, J.S. (2002) Microbiologic evaluation of commercial probiotics. *Journal of the American Veterinary Medical Association* 220, 794–797.

Wilson, H.R., Wilcox, C.J., Voitle, R.A., Baird, C.D. and Dorminey, R.W. (1975) Characteristics of White Leghorn chickens selected for heat tolerance. *Poultry Science* 54, 126–130.

Zuidhof, M.J., Molnar, C.L., Morley, F.M., Wray, T.L., Robinson, F.E., Khan, B.A., Al-Ani, L. and Goonewardene, L.A. (2003) Nutritive value of house fly (*Musca domestica*) larvae as a feed supplement for turkey poults. *Animal Feed Science and Technology* 105, 225–230.

第8章 结论及展望

目前，有机养禽业的规模还很小，但随着人们对有机食品需求的增加，将可能会发展、壮大。希望本书能对有机养禽的发展有所帮助。现在正缺乏可供养禽者咨询的信息来帮助他们发展成功的有机养殖系统。

随着消费者对有机肉蛋类食品越来越熟悉，明智的做法是尽可能快地淘汰那些没有达到有机原则要求及其允许例外的做法。当消费者发现某些有机食品不是100%有机，就会感到失望甚至产生怀疑。一些作者提出，为了增强消费者对有机食品的信心，有必要做些研究（如Siderer 等，2005）。当前，推行有机规范和标准是当地认证机构的职责。最终执行认可的国际规范和标准有助于确保标准的一致性，提高消费者的信任度。像新西兰一样，越来越多的国家都出版了被认可的饲料原料详细名录，这也有助于本行业在世界范围内生产出符合所要求的标准的日粮。

在一些地区，由于有机饲料原料特别是蛋白来源的缺乏，存在着对必要的饲养标准打折扣和允许例外的情况。这一事实与有机生产者想要最终实现自给自足的愿望将会导致本地蛋白质作物的种植增加。在农场或合作工厂中，加工和混合设备将会变得越来越普遍。在一些非洲和亚洲国家，加工本地产谷物的小型榨油工厂是农业系统的一个组成部分（Panigrahi，1995），更多国家可能会用在有机禽生产系统中。

前文已经提到，必须有效地生产有机食品，以使其在价格上能与传统食品竞争：很明显，消费者愿意为有机食品支付的价格不是无限制的。这就需要对有机禽生产中用到的日粮——主要的生产成本——进行正确配制，使上市家禽达到令人满意的增重速度、饲料转化效率，同时获得满意的肉蛋品质。最近，在有机禽生产中允许使用合成维生素作为饲料成分，这是有机规范中一个令人可喜的改变，因为这有利于实现以上的生产目标。

有机蛋生产者能够用来证明生产这些有机产品花费了额外成本的一个例子就是，要在这些有机禽日粮中添加亚麻仁等饲料原料。那些在常规日粮中添加亚麻仁的母鸡所下的蛋，将会作为含有较多脂肪酸的食品上市，这些食品有助于促进人类心脑血管健康（如 Van Elswyk，1997）。由有机母鸡所下的蛋可视为增强了两倍好处。

在获得令人满意的增重速率以及饲料转化效率的同时，还要考虑粪污排放问题。生长缓慢的动物需要消耗更多的饲料才能达到上市体重，在此期间，会排放更多的粪便。这样导致吸收了所有排出的营养素的土地粪便承载量加大，相当于增加了载畜率。本书推荐的日粮配方含有的矿物元素余量最少，而且建议在日粮中使用植酸酶以减小粪便排放的矿物元素对环境的影响。将纯氨基酸作为许可的饲料原料在日粮中添加将有助于减少粪中氮的排出，因为很明显至少一些获得推荐（使用中）的日粮粗蛋白含量往往超出所需。但是，在大多数国家有机日粮中现在还不允许使用纯氨基酸。

日渐发展的有机养禽业一个令人欢迎的特点就是，它可以促使人们对家禽传统品种产生兴趣，这些品种群体数量都非常少。因此，人们迫切需要研究这些品种在有机生产中的优点。

另外，适合于有机生产的、生长缓慢的传统家禽品种的营养需要还不十分清楚。这些方面也需要研究。本书中解决这一问题的方法仍是套用生长快的杂交家禽的营养标准，设计了有相似营养素平衡的低能量日粮。这是目前所能采取的最合理的措施，但还需要研究来验证和足够详细地确定传统家禽品种的营养需要量。此外，饲草、土壤和相关的有机物质对有机禽维生素和矿物质需要量的影响也需要研究。目前有机禽维生素和矿物质需要的证据自相矛盾，而且很多数据不适合作为标准被科学界所接受。这方面研究也应该拓展至天然维生素和合成维生素这些不同形式。给有机禽日粮中添加的维生素添加剂最好是天然的，这使人联想到美好的画面，但这种添加形式也需要研究证实。这方面研究也应包括天然维生素的生物活性以及稳定性研究。

在有机生产中还要研究日粮对健康的影响，尤其在禁用抗生素时。目前的研究表明，益生素和益生菌没有抗生素有效，更有效的替代品还有待发现。

有关饲料原料的转基因特性还需要更多的关注。在有机生产中禁止使用来源于转基因技术的饲料原料还在争论，但这种禁用所衍生出来的问题还需要进行考察。例如，在巴西种植的大豆作物绝大部分都是转基因大豆，引起了该国有机产业的饲料供应问题。正如本文所提到的那样，如严格地禁用转基因成分就会限制一些重要维生素在有机禽日粮中的添加，结果会导致缺乏症。此外，使用产品，如工业淀粉生产中的蛋白浓缩料，作为氨基酸来源，可能会给有机日粮中引入转基因产品。所以有必要检测蛋白浓缩料等产品中是否存在转基因微生物的基因片段，以保证这些产品可以用于有机生产。

人们应定期审查转基因技术与有机生产的关系问题，因为现今的科学证据表明，在那些饲喂常规谷物与日粮中含有市场上可买到的转基因谷物的动物中，它们肉、奶、蛋组成并没有生物学上的有关差异（CAST，2006）。在饲喂了改变农学性状的转基因谷物后，动物的肉、奶、蛋、淋巴细胞、血液或器官中，人们并没有发现完整的或者有免疫活性的转基因植物蛋白或DNA片段（CAST，2006）。

相关的一个问题是，在有机生产中人们对发酵来源的纯氨基酸（赖氨酸、色氨酸、苏氨酸）可能的接受程度。一些国家一直在呼吁将这些纯氨基酸用于有机禽生产，但这些氨基酸目前遭到禁用的部分原因在于它们可能来源于转基因生物体。目前迫切需要进行科学研究来证实这一禁令是否公正。同时需要研究源于转基因生物体的DNA是否与氨基酸产品有关。这些研究有助于利用科学的证据决定是否继续禁止使用由发酵技术生产的氨基酸产品；如果禁令解除，这些氨基酸产品作为饲料成分的潜在重要性就能表现出来：使稀缺的蛋白资源可以更有效地利用，通过减少粪中氮的排出而维持环境的可持续性。

禁止添加纯氨基酸的另一个原因是因为它是合成产品，如蛋氨酸。现有的有机规范强调，天然来源的营养素优于合成来源的产品。天然产品和合成产品之间的这种关系未免太过简单，因为需要证明在有机饲料中使用合成维生素不会损害动物福利。鉴于以上提到的应用发酵生产纯氨基酸的方法，可以对合成氨基酸的利弊进行科学分析，这样有助于确定合成氨基酸的现存禁令是否科学公正并符合伦理。

以上这些建议均要求，家禽和动物营养领域的专家应在建立有机禽生产的将来标准中投入更多的关注。

最后，建议重新审核合成的和天然的概念的另一个原因是，好像没有证据显示消费者特别在意在有机饲料中使用合成来源的营养物质。消费者判定有机肉、蛋最重要的标准是，有益于健康，新鲜，没有化学合成物质、抗生素和激素残留，并且生产方法人道。

在考虑合成或天然物质的优点时，记住生物化学之父，法国著名化学家拉瓦锡(Antoine Laurent Lavoisier，1743—1794)说过的一句话："生活就是化学的功能"，也许有益。

（杨培歌译，顾宪红校）

参考文献

Council for Agricultural Science and Technology (CAST) (2006) *Safety of Meat, Milk, and Eggs from Animals Fed Crops Derived from Modern Biotechnology*. Issue Paper number 24. CAST, Ames, Iowa.

Panigrahi, S. (1995) The potential for small-scale oilseed expelling in conjunction with poultry production in developing countries. *World's Poultry Science Journal* 51, 167–175.

Siderer, Y., Maquet, A. and Anklam, E. (2005) Need for research to support consumer confidence in the growing organic food market. *Trends in Food Science & Technology* 16, 332–342.

Van Elswyk, M.E. (1997) Nutritional and physiological effects of flax seed in diets for laying fowl. *World's Poultry Science Journal* 53, 253–264.

索 引

H

J

K

M

P

Q

R

S

W

X

Y

(张伟、郝月译校)